"十三五"国家重点出版物出版规划项目

机械基础与机器人机构学

主　编　周伯荣

副主编　许有熊

参　编　汤玉东　王建红

U0190796

机械工业出版社

本书共分三篇，上篇为工程力学基础，内容包括静力学，运动学，动力学，拉伸与压缩，剪切、挤压与扭转，弯曲，动载荷；中篇为机械基础，内容包括连杆机构、凸轮机构、齿轮机构、轮系、螺纹与螺旋传动、带传动与链传动、其他传动机构、常用零部件；下篇为机器人机构学，内容包括驱动方式与传动机构，机身与臂部机构，腕部、手部与行走机构，位姿描述与坐标变换，运动学分析。每章后都有习题。

本书可以作为普通高等院校机器人工程专业机械基础与机构学课程的教材，也可以作为工科非机械类专业机械基础课程的教材，还可以作为成人教育、远程教育、自学考试等相关专业课程的教材或参考书，对于从事工业机器人技术研究与技术开发的工程技术人员也有一定的参考价值。

本书配有电子课件、教学大纲和习题答案等教学资源，欢迎选用本书作教材的老师登录 www.cmpedu.com 注册下载，或发邮件至 jinacmp@163.com 索取。

图书在版编目（CIP）数据

机械基础与机器人机构学/周伯荣主编. —北京：机械工业出版社，2022.2（2025.1重印）

"十三五" 国家重点出版物出版规划项目

ISBN 978-7-111-69970-5

Ⅰ.①机… Ⅱ.①周… Ⅲ.①机械学-高等学校-教材②机器人机构-高等学校-教材 Ⅳ.①TH11②TP24

中国版本图书馆 CIP 数据核字（2021）第 267406 号

机械工业出版社（北京市百万庄大街22号 邮政编码100037）
策划编辑：吉 玲 责任编辑：吉 玲 安桂芳
责任校对：潘 蕊 王 延 责任印制：郜 敏
北京富资园科技发展有限公司印刷
2025 年 1 月第 1 版第 3 次印刷
184mm×260mm · 17.75 印张 · 450 千字
标准书号：ISBN 978-7-111-69970-5
定价：55.00 元

电话服务 网络服务
客服电话：010-88361066 机 工 官 网：www.cmpbook.com
 010-88379833 机 工 官 博：weibo.com/cmp1952
 010-68326294 金 书 网：www.golden-book.com
封底无防伪标均为盗版 机工教育服务网：www.cmpedu.com

前　言

随着中国经济从粗放型、劳动密集型的模式向资金密集型、技术密集型转变，国内制造业也迎来了重大的战略升级转型，制造装备进一步向着自动化、信息化、智能化转变。在这个转型过程中，机器人处于一个特殊的位置，它可以全部或部分取代工人，并且加工质量稳定、效率更高，甚至可以连续24h不停歇地工作，在企业中得到越来越广泛的应用。

机器人技术是一门综合性的应用技术，涉及机械设计与制造、自动控制技术、计算机技术、电子技术、嵌入式技术及人工智能等多门学科，是当前科学技术发展最为活跃的领域之一。机器人本体是机器人自身及功能部件的依托和支承部分，机械设计与制造技术主要用于机器人机械本体的结构设计与加工制造，对机器人工作时的性能参数起决定作用。

本书是根据教育部有关高等学校本科教学基本要求，结合编者多年来从事高等工科院校应用型人才培养的教学改革和教学实践经验而编写的。本书具有以下几个特点。

1. 以培养应用型人才为目标，做到理论联系实际，将传统的结构设计理论和计算方法应用于机器人的结构设计中，针对性强，适合机器人工程专业、非机械类的工科学生使用。

2. 根据初学者的特点和认知规律，本书分为工程力学基础、机械基础、机器人机构学三篇，由浅入深，从理论到应用，系统地讲述了机械基础与机器人机构学的基本概念、基本理论以及基本原理指导下的工程应用。

3. 精心设计课程知识体系。本书面向非机械类的学生，适当降低门槛，对于典型零件（如齿轮）、典型机构（如四连杆机构），做到理论和应用并重，既讲解其原理，也介绍具体的应用；而对于其他零件和机构，突出其应用于实际工况时的选型和性能参数的计算。

4. 内容取舍合理，通俗易懂，满足新形势下机器人工程专业的教学目标和要求，突出了"理论先行、强化应用"的特色。

5. 例题学习目标明确，富于启发性。典型实例讲解的重点放在解题思路上，让学生了解和掌握工程实际中需要着重关注的知识点。例如在机器人机械臂的强度计算中，对于复杂的截面形状，如何在满足安全的前提下，忽略臂部结构的细微差别来近似估算。

6. 精选习题，促进教学。各章所选习题大部分出自工程实际，所选习题突出少而精。在预习的基础上完成适量的习题，可以培养学生分析问题、解决实际问题的能力，加深学生对机械基础及机器人机构学的理解，富有启发性。

IV

参加本书编写工作的有汤玉东、许有熊、王建红、周伯荣，其中，汤玉东编写上篇工程力学基础，许有熊、王建红编写中篇机械基础，周伯荣编写下篇机器人机构学。本书由周伯荣担任主编，并负责全书的统稿，许有熊担任副主编。

本书的编写得到了机械工业出版社的指导和支持以及编者所在学校院系领导的支持和帮助，在此一并表示感谢。

由于编者水平有限，加之行文仓促，错漏之处在所难免，敬请广大读者批评指正。

编　者

目　　录

下篇　机器人机构学

上 篇

工程力学基础

第1章

概述

本章中首先简要介绍力学的概念和发展，以及力学的研究内容和研究方法。在此基础上，阐述了基本模型、基本量、参考系、基本单位、导出单位、量纲理论和力的基本性质等力学中的一些基本概念，为后面的学习打下基础。

1.1 力学与工程的关系

力学是研究物质宏观机械运动规律的科学。机械运动是物体之间或物体内各部分之间在空间的相对位置随时间的变化，它是物质运动最基本的形式。力是物质间的一种相互作用，机械运动状态的变化是由这种相互作用引起的。力学是力与运动的科学。

17世纪初，欧洲资本主义萌芽，科学挣脱神学的束缚而开始复苏。伽利略是进行系统实验研究的先驱，提出了加速度的概念和惯性原理。开普勒根据天文观测资料，总结出行星运动的规律。牛顿继承和发扬了前人的成果，提出了物体运动三定律和万有引力定律。可见，至牛顿时代，力学形成了一门科学，同时推动了微积分的发展，其后，随着欧洲逐步工业化，力学得到了很大的发展。到19世纪末，力学已发展到了很高的水平，建立起相当完善的理论体系，同时也开始解决工程技术问题。蒸汽机、内燃机与机械工业、大型水利工程、大跨度的桥梁、铁路与机车、轮船、枪炮等，无一不是在力学知识积累的基础上产生和发展起来的。

力学的飞速发展是伴随着第一次世界大战后航空工业的发展而进行的。尽管当时几乎所有的大生产部门都依赖于力学理论的指导，但只有航空工业对飞机设计提出了轻、快、安全的高难度要求，使得航空工业离开了力学寸步难行，从而极大地推动了空气动力学，以及固体力学中的板壳理论、结构分析、塑性力学和疲劳理论的发展，而反过来，力学一旦形成一门科学，就会从完善本身学科的要求出发而提出众多基础问题。这些基础研究的储备，又大大缩短了解决实际问题的时间。与此同时，在力学理论的指导和支持下，工程技术取得了巨大的发展，如航天技术、航空技术、机械技术、土木建筑技术、水利工程技术和造船技术等。

力学发展的历史充分说明：力学是随着人类认识自然现象和解决工程技术问题的需要而发展起来的，力学又对认识自然和解决工程技术问题起着极为重要，甚至是关键的作用。因此，力学既是一门基础科学，它所阐明的规律带有普遍性；又是一门技术科学，是许多工程技术的理论基础，并在广泛的应用过程中不断得到发展。

1.2 力学的研究范围

力学往往被分成三部分：刚体力学、变形体力学和流体力学，如图1-1-1所示。

本篇工程力学基础主要论述静力学、运动力学和材料力学三部分。

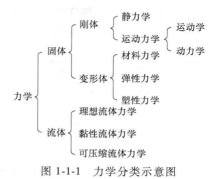

图 1-1-1　力学分类示意图

1.2.1　静力学

静力学是研究物体在力的作用下平衡的学科，也就是研究物体在力的作用下处于平衡状态的规律及其应用。平衡是指物体相对于惯性参考系静止或做匀速直线运动的状态，是物体机械运动中的一种特殊运动状态。在一般工程实际中，常把固连于地球上的参考系视为惯性参考系。因此，平衡是指物体相对于地球处于静止或做匀速直线运动的状态。

静力学主要研究以下三个方面的问题：

1）研究物体的受力分析。讨论和研究对象所受诸力作用的位置、大小和方向。

2）研究力系的简化。将作用于物体上的一个力系用另一个与该力系等效的力系来替换，这两力系互为等效力系。用一个简单力系等效地替换一个复杂力系的过程，称为力系的简化。

3）建立不同类型力系的平衡条件。在工程实际中，力系的平衡条件极为重要，它是设计结构、构件及机械零件时进行静力计算的基础。

1.2.2　运动力学

运动力学是从运动学和动力学的角度研究物体运动的学科。

1）运动学是研究运动的几何学，而不考虑运动的原因。运动学论述位置、位移、速度、加速度和时间等物理量，这些量被称为运动学量。

2）动力学是研究力和受力作用物体的运动之间关系的学科。

因为在研究动力学时，总要用到运动学里的那些关系，所以动力学这个名词也经常用来代替运动力学。

1.2.3　材料力学

各种机械和工程结构都由若干构件组成。构件在工作时，都要承受力的作用，为确保构件能正常工作，它必须满足强度、刚度和稳定性要求。

1. 有足够的强度

构件在外力作用下，应不发生破坏。例如，起吊重物的钢索不能被拉断，减速器中齿轮的轮齿在传递载荷时不允许被折断。也就是要求构件在外力作用下，具有一定的抵抗破坏的能力，这种能力称为构件的强度。

2. 有一定的刚度

构件在外力作用下，应不产生影响其工作的变形。例如，车床的主轴在变形过大时，会破坏主轴上齿轮的正常啮合，引起轴承的不均匀磨损，影响车床的加工精度，甚至使它不能正常工作。因此要求构件具有一定抵抗变形的能力，这种能力称为构件的刚度。

3. 有足够的稳定性

一些细长或薄壁构件在轴向压力达到一定程度时，会失去原有平衡形式而导致工作能力

4

丧失，这种现象称为构件丧失了稳定性。例如液压缸中的长活塞杆，若其丧失了稳定性，就会突然变弯，甚至由此导致折断。因此对这类构件，还要求具有一定的维持原有平衡形式的能力，这种能力称为稳定性。

综上所述，为了确保构件正常工作，一般必须满足上述三方面要求，即构件应具有足够的强度、刚度和稳定性。

在构件设计中，除了上述要求外，还需要满足经济要求。构件的安全与经济是材料力学要解决的一对主要矛盾。

由于构件的强度、刚度和稳定性与其材料力学性能有关，而材料的力学性能必须通过实验来测定；很多复杂的工程实际问题目前尚无法通过理论分析来解决，而必须依赖于实验来解决，因此，实验研究在材料力学研究中是一个重要方面。

由上可见，材料力学的任务是，在保证构件既安全又经济的前提下，为构件选择合适的材料，确定合理的截面形状和尺寸，提供必要的计算方法和实验技术。

实际构件的形状是多种多样的，大致可简化归纳为杆、板、壳和块四类，如图 1-1-2 所示。

凡长度远大于其他两方向尺寸的构件，称为杆。杆的几何形状可用其轴线（横截面形心的连线）和垂直于轴线的几何图形（横截面）表示。轴线是曲线的杆，称为曲杆；轴线是直线的杆，称为直杆。各横截面相同的直杆，称为等直杆，它是材料力学的主要研究对象，也是本书中主要的讨论对象。

杆件受力后，所发生的变形是多种多样的，其基本形式是轴向拉伸（压缩）、剪切、扭转和弯曲四种，如图 1-1-3 所示，这四种变形是本书的重点讨论内容。其他复杂的变形形式，均可看成是上述两种或两种以上基本变形形式的组合，称为组合变形。

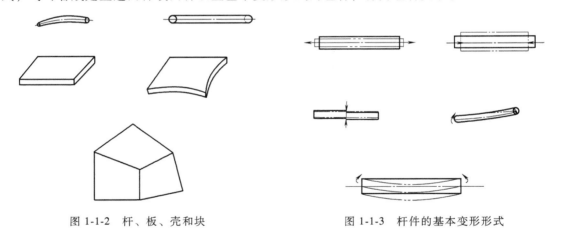

图 1-1-2　杆、板、壳和块　　　　　　图 1-1-3　杆件的基本变形形式

1.3　力学的基本研究方法

力学的研究需要观察和实验、测量和计算，以及理论分析这三方面工作的密切配合。实验是提出理论模型和工程准则的基本出发点，也是检验它们的准绳。现代力学问题的解决需要巧妙设计的实验，需要精确的现代化测量手段，而贯穿始终的则是去粗取精、去伪存真的理论分析工作。当今计算机的功能发展很快，各种大型应用软件面世，从根本上改善了力学

的计算能力，并行计算技术、智能化计算和计算机仿真已经成为可能，计算力学和实验力学一起，已成为带动力学发展的重要分支学科。

本书中要叙述的一些力学原理都是一些成熟的、经典性的结果，学习的重点不应是这些原理的建立和论证，而是这些原理的合理应用。

应用工程力学解决问题的一般步骤如下：

1）确定研究对象。

2）建立和选择力学模型。这一步包括对研究对象性能的研究，以及对真实情况的理想化和简化，即力学建模。

3）建立数学模型。就是将力学原理应用于理想模型，进行理论分析和数学演绎，建立方程或其他表达式，即数学建模。

4）求解数学问题。除少数问题能进行分析求解外，大多数工程问题都需要首先将问题离散化，然后制订算法、编制程序，并进一步优化程序，最后进行数值计算，得到结果或结论。

5）验证结论。将结论与真实系统的性能进行比较，这一般要依靠实验来完成。

6）更改或修正。对未能满意的一致性和精度，应重新考虑上述步骤来改进。通常对力学模型进行更改或修正，就可以取得进展。

在本课程中，我们将把主要精力放在前三步上。步骤2）和步骤3）就是理论分析的过程，它们是认识力学规律、形成力学理论的关键步骤。在工程静力学中，理论分析通常包括以下三方面的内容：

1）力的研究，包括物体的受力分析、平衡方程的建立。

2）变形的研究，包括变形几何关系的建立，以及物体各单独部分的变形与整体变形相协调的条件。

3）力和变形规律的研究和应用。此时我们必须考虑特定材料所具有的特殊性质，这些信息一般由实验得到。工程材料性质的研究是固体力学的一个关键的、内容丰富的分支学科，而本书内容仅用到这些研究的最终结果。

上述三个基本方面形成本篇的核心。

1.4　一些基本概念

1.4.1　基本模型

在大多数情况下，我们可以采用一些理想化的概念来建立简化的基本模型，以便用数学语言说明物理现象，这些模型被称为理想数学模型，简称数学模型或理想模型。

以一块金属，例如一个铁球，作为具体物体，物理工作者会把它看作一个由许多空隙隔开的铁原子离散系统。然而在力学中，我们可以认为它是一个连续体。连续体就是理想化了的概念。我们还可以做进一步的理想化，即认为这块金属中任意两点之间的距离是常量，而不考虑作用在其上的力的影响。这个假定意味着做了如下理想化：物体不发生变形，力的方向都不改变，因而力对物体的影响也不改变。到此，我们已认为这块金属是一个连续刚体。如果在研究这个物体的运动时可以忽略它的尺寸，那么我们可以做更进一步的理想化而把它看成一个质点。图1-1-4表示了按这样的办法把一个物质实体理想化的例子。

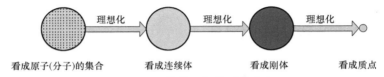

看成原子(分子)的集合   看成连续体   看成刚体   看成质点

图 1-1-4   物体理想模型的建立

质点是具有一定质量而不计大小尺寸的物体。当一个物体有质量，并且形状、大小对于所研究的问题可以忽略时，就可以把它看作是质点。

刚体是在任何力的作用下，体积和形状都不发生改变的物体。可将刚体当作一个特殊的质点组，质量连续分布，各质点间的距离保持不变。而变形体在外力作用下体积和形状将发生变化。

除了把物质实体理想化外，还可以把物质作用理想化。例如，对于集中力，是把它简化为一个作用在无穷小面积（点）上的有限力，在这个理想化的过程中，还用到了不发生变形的刚体的概念。

1.4.2   基本量

在开始研究力学前，我们必须接受一些在直观和经验的基础上建立起来的基本概念：**质量、力、长度**和**时间**。

质量是物质的一种特性，它由某些基本实验结果来确定，能用来规定物体或比较物体。例如，把两个同样质量的物体分别挂在完全相同的两个弹簧上，就可以看到这两个弹簧的伸长量是相同的（图 1-1-5）。

力是一个物体对另一个物体的作用，借以影响被作用物体的静止或运动状态。可以通过实际接触来施加力，也可以隔着一段距离通过场来施加力。力完全由它的大小、作用点、方位和指向来规定。力是两个物体间的相互作用，永远按相等、相反的关系成对地出现。

长度是定量地描述物体大小的概念。一点 P 的位置可由三个长度来确定，这些长度是从某一基准点（原点 O）出发，沿相互正交的三个方向而量取的，如图 1-1-6 所示，把某一长度和标准长度做比较，数它占有该标准长度的整倍数和多余的分数，就能确定这个长度。

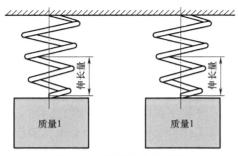

图 1-1-5   弹簧悬挂示意图

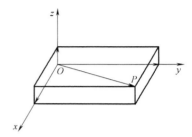

图 1-1-6   长度确定示意图

时间是把一些事件排成序列所用的概念，它和事件发生在何时的概念相联系。

当采用质量（或力）、长度、时间为基本量时，所有其他的量都是派生量和导出量，它们可由这些基本量来表达。例如，速度可以用每单位时间中的长度来表示，体积可以由长度的三次方来表示，密度可由单位体积中的质量来表示等。

1.4.3 参考系

在说明物理量时，我们假定存在一个可相对于它做度量的参考基架。所谓的"惯性参考系"是指固定在空间某个恒星上的坐标系。任何一个相对于该恒星做匀速直线运动而不转动的坐标系都可作为惯性参考基架。在大多数工程问题中，坐标系是固定在地球表面上的，笛卡儿坐标系和柱坐标系是两种最常用的坐标系，分别如图1-1-7和图1-1-8所示。

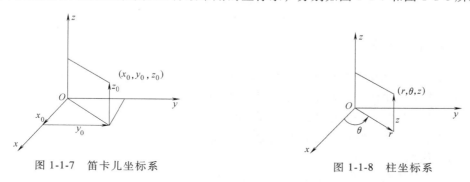

图 1-1-7　笛卡儿坐标系　　　　　　　　　图 1-1-8　柱坐标系

1.4.4 基本单位和导出单位

一个物理量可用它的样本与已知标准做比较来加以量度。比较时所参考的已知量称为单位。当规定任何一个物理量时，需要说明所用单位的种类和样本中含有的该标准单位的数目。

米制和英制是两种最常用的单位制，每种又分为绝对制（基本单位是质量、长度、时间）和重力制（基本单位是力、长度、时间）。在绝对制中，力、速度、体积等是导出单位；在重力制中，质量、速度、体积等是导出单位。

1.4.5 量纲理论

在诸如物理定律的校核、量纲分析和模型理论中，有时需要把数据或结果的单位从一种量制换到另一种量制，这就会用到有特殊符号的量纲理论。

量纲符号：基本量力、长度和时间的量纲用［F］、［L］和［T］表示。派生量也用符号表示：面积用［L^2］表示，速度用［LT^{-1}］表示，体积用［L^3］表示，加速度用［LT^{-2}］表示等。

基本量纲和导出量纲，与基本量和派生量、基本单位和导出单位分别相对应。［F］、［L］、［T］和［M］、［L］、［T］都可以用作基本量纲，分别对应重力制和绝对制。力和质量的量纲关系为

$$［F］=［MLT^{-2}］$$
$$［M］=［FL^{-1}T^2］$$

任一个物理量 Q 的量纲，可根据所用的基本量纲是［F］、［L］、［T］还是［M］、［L］、［T］，而分别表示为

$$［Q］=［F^\alpha L^\beta T^\gamma］或［Q］=［M^\alpha L^\beta T^\gamma］$$

例 1-1 试问在下列两种情况下，每单位体积中重量 ω 的量纲是什么？

1）以［F］、［L］、［T］为基本量纲。

2）以［M］、［L］、［T］为基本量纲。

解：1）每单位体积中重量的量纲是

$$[\omega] = [F L^{-3}]$$

2）因为

$$[F] = [M L T^{-2}]$$

所以

$$[\omega] = [ML^{-2}T^{-2}]$$

1.4.6　力的基本性质

为研究力系的简化和平衡条件，以及物体的受力分析，必须对力的基本性质有所认识。在二力合成平衡及两物体相互作用等方面存在着一些基本的力学规律，这些规律是人类长期实践积累的经验的总结，并经过实践的反复检验，被证明是符合客观真实的普遍规律，这些规律统称为静力学原理，它们是静力学理论的基础。

1.二力平衡原理

作用在刚体上的两个力使刚体处于平衡的充要条件是，这两个力等值、反向，且作用在同一直线上，这就是二力平衡原理，如图1-1-9所示。该原理总结了作用于刚体上的最简单力系平衡时所必须满足的条件。对于刚体，这个条件既充分又必要；但对于非刚体，该条件是不充分的，如软绳受两等值、反向的拉力作用可以平衡，而受两等值、反向的压力作用则不能平衡。

图 1-1-9　二力平衡原理示意图

2.加减平衡力系原理

在作用于刚体的已知力系上，增加或减去任意的平衡力系，将不会改变原力系对刚体的作用效应，这就是加减平衡力系原理。它表明，若两个力系只相差一个或若干个平衡力系，它们对刚体的作用效应是相同的，彼此可以等效替换。

应当明确，该原理只适用于刚体。对于变形体，增加或减去任意一个平衡力系，均会改变变形体内各处的受力状态。这必将导致其外效应和内效应的变化。

推论：作用于刚体上某点的力，可沿力的作用线移至刚体内任意一点而不改变该力对刚体的作用，这种规律称为**力在刚体上的可传性原理**。

3.力的平行四边形原理

作用在刚体上同一点的两个力可以合成为一个力，其作用点不变，方向和大小由原两个力构成的平行四边形的对角线决定，如图1-1-10所示。这种性质称为力的平行四边形原理，即合力 F_R 等于分力 F_1 和 F_2 的矢量和。

显然，运用力的平行四边形原理求合力时，对于变形体，二分力要有共同的作用点；而对于刚

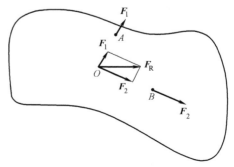

图 1-1-10　力的平行四边形原理示意图

体，二分力的作用线只要相交就可合成，这是因为按力的可传性原理，可将分力沿其作用线移至作用线的交点。

4. 三力平衡汇交定理

当物体受到同平面内不平行的三个力的作用而平衡时，三个力的作用线必汇交于一点，这就是**三力平衡汇交定理**。

5. 作用与反作用原理

任何两物体间相互作用的一对力总是等值、反向、共线的，并同时分别作用在这两个物体上。这两个力互为作用力和反作用力，这就是**作用与反作用原理**。

6. 刚化原理

当变形体在已知力系作用下处于平衡时，若把变形后的变形体刚化为刚体，则其平衡状态保持不变，这个结论称为**刚化原理**。

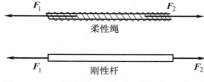

该原理提供了把变形体抽象化为刚化模型的条件。如图 1-1-11 所示，绳索在两等值、反向、共线的拉力作用下处于平衡状态，若将绳索刚化为刚体，其平衡状态保持不变。然而，绳索在两等值、反向、共线的压力作用下不能平衡，绳索也就不能刚化为刚体。当

图 1-1-11　柔性绳刚化为刚性杆示意图

然，对于类似的刚性杆，其在上述两种力系的作用下均能保持平衡状态。

显而易见，如果变形体在某一力系作用下是平衡的，那么刚体在该力系作用下就一定是平衡的。也就是说，变形体的平衡条件包含了刚体的平衡条件。因此，在研究静力学问题时，可以把任何处于平衡状态的变形体视为刚体，而对其应用刚体静力学理论，这就是刚化原理的意义所在。

7. 受力分析与受力图

在工程实际中，未知约束力需依据已知力和平衡条件求解。为此，要首先确定构件（物体）受多少力的作用及各力的作用位置和方向。这个分析和确定过程称为**物体的受力分析**。

在研究刚体平衡和运动问题时，为分析清晰起见，总是把所研究刚体的受力状况用简图形式表示出来。设想将所研究刚体从与它相联系的周围物体中"隔离"出来，单独画出。这种从周围物体中单独隔离出来的研究对象称为**分离体**（或**自由体**）。分离体上的约束已全部解除，代之以相应的约束力。将研究对象受到的全部主动力和约束力，无一遗漏地画在分离体的示意简图上，这样得到的受力示意简图称为**刚体的受力图**。对刚体进行受力分析和绘制受力图是解决静力学和动力学问题的前提。下面举例说明刚体受力分析的方法。

例 1-2　用力 F 拉动压路的碾子。已知碾子重 P，受到固定石块 A 的阻挡，如图 1-1-12a

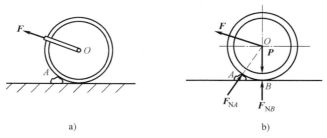

a)

b)

图 1-1-12　碾子的受力分析图

所示，试分析碾子平衡时的受力情况。

解：1）取碾子为研究对象。解除约束，绘出碾子的轮廓图，如图 1-1-12b 所示。

2）受力分析。作用于碾子上的主动力有拉力 F、重力 P，其作用线和指向都是已知的。由于碾子在 A、B 两点均受约束力，即石块对碾子的约束力 F_{NA} 和地面对碾子的支承力 F_{NB}，它们都沿着对应点而指向碾子的圆心。将受力分析结果画入碾子的轮廓图中，就构成了碾子的受力图。

很明显，在碾子开始越过石块的瞬间，碾子就会在点 B 处脱离地面，约束力 F_{NB} 同时消失。

习　　题

1-1　什么是静力学？它的研究内容有哪些？

1-2　什么是运动力学？它的研究内容有哪些？

1-3　什么是材料力学？它的研究内容有哪些？

1-4　试表示出密度的量纲：①以 [F]、[L]、[T] 为基本量纲；②以 [M]、[L]、[T] 为基本量纲。

1-5　试用 [M]、[L]、[T] 基本量纲给出以下各物理量的量纲：速度、加速度、力、力矩、线动量和功。

1-6　请举例说明采用刚体模型的合理性。

1-7　若将刚体上的作用力沿着非作用线方向进行平移，力对刚体的作用效应是否会改变？为什么？

第 2 章

静力学

静力学主要研究物体在力系作用下的平衡规律。理论力学中，静力学的研究对象为理想化的力学模型——刚体和刚体系，因此静力学也称为刚体静力学。刚体静力学主要研究以下三个基本问题。

1. 物体的受力分析

研究工程中的力学问题，首先要选取一个适当的研究对象，并将它从周围物体中分离出来，将周围物体对它的作用以约束力来代替。然后分析研究对象所受的全部力并将其表示在受力图中，这样一个过程就是物体的受力分析。

2. 力系的等效替换及简化

作用于刚体上的一组力称为力系。各力的作用线都在同一平面内的力系称为平面力系，平面力系是工程应用中最常见的力系，是静力学研究的重点。如果两个不同的力系对同一刚体产生同样的作用，则称此二力系互为等效力系，与一个力系等效的力称为该力系的合力。

如何判断任意两个力系是否等效？怎样寻求一个已知力系的更简单的等效力系？这两个问题对于工程实践中力学问题的简化具有十分重要的意义。力系的简化是静力学研究的基本问题之一。

3. 力系的平衡条件及其应用

使刚体的原有运动状态不发生改变的力系称为**平衡力系**，平衡力系所要满足的数学条件称为**平衡条件**。显然，刚体在平衡力系的作用下并不一定处于静止状态，它也可能处于某种惯性运动状态，如做匀速直线运动或绕固定轴匀速转动。因此，力系平衡仅仅是刚体处于静止状态的必要条件。但在静力学中，它们被认为是等同的，因为刚体静力学研究的是在惯性系中静止的物体在力系作用下继续保持静止的规律。

各种力系的平衡条件及其应用是静力学研究的重点内容，在工程实践中有十分广泛的应用。

2.1 物体受力分析

2.1.1 约束与约束力

在空间中能够沿任何方向自由运动的物体称为**自由体**，如在空中飞行的飞机、宇宙中运行的卫星等；而在某些方向上受到限制而不能完全自由运动的物体称为**非自由体**，如沿轨道行驶的火车、摩天轮等。限制非自由体运动的物体称为**约束**。

我们将约束施于被约束物体的力称为**约束力**。静力学中常常把力分为**主动力**和**约束力**，**主动力**是指除约束力之外的一切力。工程中也把主动力称为**载荷**。刚体静力学问题就是运用平衡条件，根据已知载荷去求解未知的约束力。工程中的常见约束有以下七种。

1. 柔索

工程中的绳索、链条、皮带等物体可简化为**柔索**。理想化的柔索不可伸长，不计自重，且完全不能抵抗弯曲。因此，柔索的约束力是沿轴向背离物体的，为拉力。图 1-2-1 所示为一根绳索悬吊一重物，绳索作用于重物的约束力是沿绳向上的拉力 F_T。

2. 光滑接触面

两物体的接触面，若其间摩擦力很小、可忽略不计，则可简化为**光滑接触面**。此时的约束只能阻碍物体沿接触处的公法线方向往约束内部的运动，而不能阻碍物体沿切线方向的运动，也不能阻碍物体脱离约束。因此，光滑接触面的约束力沿接触处的法线方向指向被约束物体，如图 1-2-2 中的 F_{NA} 和 F_{NB} 所示。

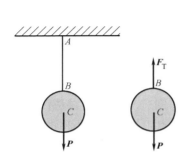

图 1-2-1　柔索的约束力

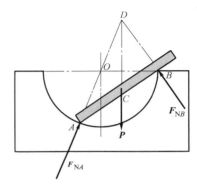

图 1-2-2　光滑接触面约束

3. 光滑圆柱铰链

如图 1-2-3a 所示，用圆柱销将两个具有相同圆柱孔的物体 A 和 B 连接在一起，并假设接触面是光滑的，这样构成的约束称为**光滑圆柱铰链**，简称**铰链**。被连接的两个物体可绕销的轴线做相对转动，但在垂直于销轴线的平面内的相对移动则被限制。在多数情况下，我们并不需要单独分析销的受力，因为一般认为销与被它连接的物体之一是固接在一起的，只考虑两物体之间的相互作用即可。由于销与圆柱孔的接触面是光滑接触面，故约束力应在垂直于销轴线的平面内且沿接触处的公法线方向，即在接触点与圆柱中心的连线方向上，如图 1-2-3b 中的 F_N 所示。但因为接触点的位置不可预知，约束力的方向也就无法预先确定。因此，光滑圆柱铰链的约束力是一个大小和方向都未知的二维矢量 F_N。在受力分析时，为了方便起见，我们常常用两个大小未知的正交分力 F_x 和 F_y 来表示它。

连接两个构件的铰链用简图 1-2-3c 表示，其约束力如图 1-2-3d、e 所示。

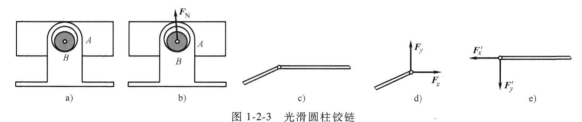

图 1-2-3　光滑圆柱铰链

铰链连接的两个构件之一与地面或机架固接，则构成**固定铰链支座**，如图 1-2-4a 所示，其简图和约束力如图 1-2-4b、c 所示。

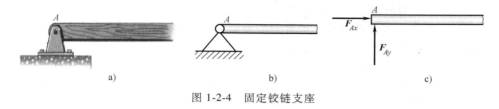

图 1-2-4 固定铰链支座

4. 光滑球形铰链

固连于构件的小球嵌入另一构件上的球窝内，如图 1-2-5a 所示，若接触面的摩擦力可以忽略不计，则构成**光滑球形铰链**，简称**球铰**。与铰链相似，球铰提供的约束力是一个过球心、大小和方向都未知的三维矢量 F_N，常用三个大小未知的正交分力 F_x、F_y 和 F_z 表示。球形铰链的简图和约束力如图 1-2-5b、c 所示。

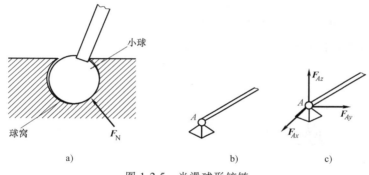

图 1-2-5 光滑球形铰链

5. 可动铰链支座

在铰链支座与支承面之间装上辊轴，就构成**可动铰链支座**或**辊轴铰链支座**，如图 1-2-6a 所示。这种支座不限制物体沿支承面的运动，而只阻碍垂直于支承面方向的运动。因此，可动铰链支座的约束力过铰链中心且垂直于支承面，可动铰链支座的简图和约束力如图 1-2-6b、c 所示。

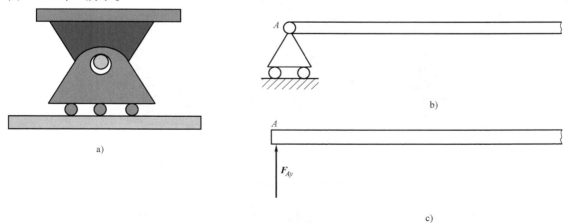

图 1-2-6 可动铰链支座

6. 链杆

两端用光滑铰链与其他构件连接且中间不受力的刚性轻杆（自重可忽略不计）称为**链杆**。工程中常见的拉杆或撑杆多为链杆约束，如图 1-2-7a 中的杆 *AB* 所示。链杆处于平衡状态时是二力杆，根据二力平衡定理，链杆的约束力必然沿其两端铰链中心的连线，且大小相等、方向相反，如图 1-2-7b 所示。

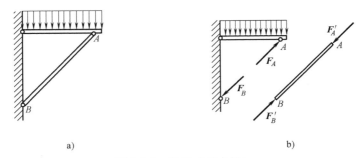

图 1-2-7　链杆（二力杆）

固定铰链支座可用两根相互不平行的链杆来代替，如图 1-2-8a 所示；而可动铰链支座可用一根垂直于支承面的链杆来代替，如图 1-2-8b 所示。它们是这两种支座画简图时的另一种表示方法。

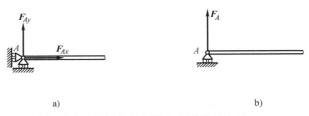

图 1-2-8　链杆代替铰链支座的表示方法

7. 固定端

物体的一部分固嵌于另一物体的约束称为**固定端约束**，如夹紧在车床刀架上的车刀（图 1-2-9a）、固定在车床卡盘上的工件（图 1-2-9b）、建筑物上的阳台（图 1-2-9c）等。固定端约束的特点是既限制物体的移动又限制物体的转动，即约束与被约束物体之间可认为是完全刚性连接的。

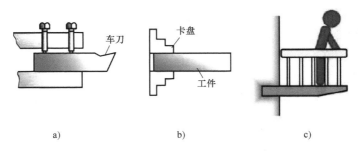

图 1-2-9　工程结构中的固定端约束

约束是对物体运动的限制，约束力阻止物体运动是通过约束与被约束物体之间的接触来实现的。**判断每种约束的约束力未知量个数的基本方法是**，观察被约束物体在空间可能的各种独立位移中，有哪几种位移被约束所阻碍。阻碍相对移动的是约束力，阻碍相对转动的是约束力偶。对于任何形式的约束，都可用上述基本方法来确定究竟存在哪些约束力的分量及约束力偶矩的分量。

在平面载荷的作用下，受平面固定端约束的物体，如图 1-2-10a 所示，既不能在平面内移动，也不能绕垂直于该平面的轴转动，因此，平面固定端约束的约束力可用两个正交分力和一个力偶矩表示，如图 1-2-10b 所示。与铰链约束相比较，正是固定端多了一个约束力偶，才限制了约束和被约束物体之间的相对转动。

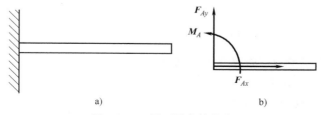

图 1-2-10　平面固定端约束

对于空间固定端约束，如图 1-2-11a 所示，由于物体沿空间三个方向的移动和绕三个坐标轴的转动均被限制，故其约束力可用三个正交分力和三个正交分力偶矩来表示，如图 1-2-11b 所示。

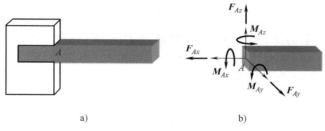

图 1-2-11　空间固定端约束

2.1.2　物体的受力分析

研究力学问题时，应根据问题的不同要求，首先选取适当的研究对象，然后把它从周围的物体中分离出来，将周围物体对它的作用以相应的约束力来代替。这个过程就是物体的受力分析。

被选取作为研究对象，并已解除约束的物体称为**分离体**。画有分离体及其所受的全部主动力和约束力的图称为**受力图**。画受力图的步骤如下。

1）选取研究对象，画出分离体的结构简图。

2）画出分离体所受的全部主动力。

3）在分离体各个解除约束的位置，根据约束的类型逐一画出约束力。

当选取由几个物体所组成的系统作为研究对象时，系统内部的物体之间的相互作用力称为**内力**，系统之外的物体对系统内部的物体的作用力称为**外力**。内力系是一个平衡力系，去掉它并不改变原力系对刚体的作用，因此在作受力图时不必画出内力。

例 2-1　等腰三角形构架 ABC 的顶点都用铰链连接，杆 AB 的中点 D 受到水平力 F 的作用，如图 1-2-12a 所示。不计自重，试画出杆 AB 和杆 BC 的受力图。

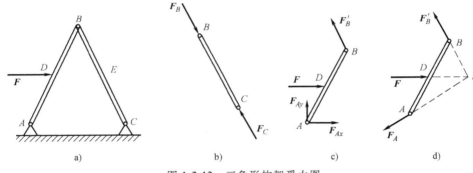

图 1-2-12　三角形构架受力图

解： 1）杆 BC 两端受力，根据二力平衡分析，两端的力 F_B 和 F_C 大小相等、方向相反且均沿着杆，如图 1-2-12b 所示。

2）杆 AB 的受力分析有两种方法。

方法一：杆 AB 受的主动力只有 F，在 A 端和 B 端解除约束。

A 端为固定铰链支座，约束力用两个正交分力 F_{Ax} 和 F_{Ay} 表示。

B 端为铰链连接，约束力 F'_B 过铰链中心且沿着杆 BC 的方向，大小与 F_B 相等。

AB 的受力图如图 1-2-12c 所示，其中正交分力 F_{Ax} 和 F_{Ay} 的指向可以任意假定，如果某个计算值为负，则表明它的实际方向与假定方向相反。

方法二：可用三力平衡汇交定理来确定未知约束力的方向。杆 AB 受三力作用而平衡，固定铰链支座 A 的约束力 F_A 的作用线必然通过 F 和 F'_B 作用线的交点 H，如图 1-2-12d 所示。

例 2-2　滑轮结构如图 1-2-13a 所示，试画出：

1）滑轮 B 和重物的受力图。

2）杆 AB 的受力图。

解： 1）滑轮 B 和重物的受力图。忽略滑轮和绳子的重量。滑轮中心铰链 B 与杆 AB 相连接，解除约束后，按铰链约束的特征，将铰链 B 上的约束力表示为两个正交分力 F_{Bx} 和 F_{By}，此外，F_T 为作用于滑轮的沿绳的拉力，P 为重物的重力，如图 1-2-13b 所示。

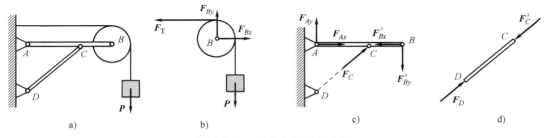

图 1-2-13　滑轮和重物受力图

2）杆 AB 的受力图。A 端为固定铰链支座，约束力为两个正交分力 F_{Ax}、F_{Ay}。B 端为连接滑轮的铰链，作用有正交分力 F_{Bx}、F_{By} 的反作用力 F'_{Bx} 和 F'_{By}。注意到撑杆 CD 是二力杆，其受力图如图 1-2-13d 所示，故铰链 C 处的约束力 F_C 应沿杆 CD 方向，如图 1-2-13c 所示。

当事先不能确定链杆受拉还是受压时，即二力杆的约束力指向不能确定时，可以任意假定。如果计算值为负，则表明它的实际方向与假定方向相反。

2.2　力系的简化

　　寻求一个与已知力系等效的更简单的力系，称为**力系的简化**。力系的简化是静力学研究的基本问题之一，本节介绍汇交力系的简化和任意力系的简化。

2.2.1　汇交力系的简化

　　各力作用线汇交于一点的力系称为**汇交力系**。设任意汇交力系汇交于点 O，则汇交力系简化的结果为一作用线通过汇交点的合力 F，如图 1-2-14 所示。

$$F = \sum F_i \qquad (2\text{-}1)$$

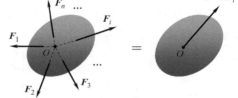

2.2.2　任意力系的简化

1.　力线平移定理

　　作用在刚体上某点的力的作用线可以等效地平行移动到刚体上任一指定点（平移点），但必须

图 1-2-14　汇交力系的简化

在该力和平移点所决定的平面内附加一力偶，其力偶矩等于原力对指定点之矩，如图 1-2-15 所示。上述结论称为**力线平移定理**。

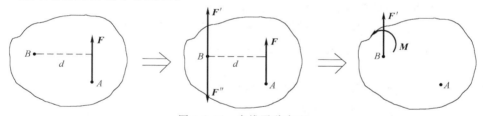

图 1-2-15　力线平移定理

　　反之，当力和力偶矩相互垂直时，可通过力线平移把力和力偶矩合成为一个力。

2.　空间任意力系向一点简化

　　对于作用于刚体的空间任意力系（F_1，F_2，…，F_n），在刚体上任取一点 O，将力系中的各力平移至点 O，则根据力线平移定理，可得到一个汇交于点 O 的汇交力系（F'_1，F'_2，…，F'_n）和一个由全部附加力偶组成的力偶系（M_1，M_2，…，M_n），做进一步简化，可得到一个作用于点 O 的合力 F'_R 及一个合力偶 M_O，如图 1-2-16 所示，且有

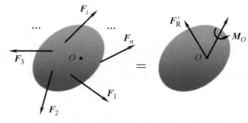

$$F'_R = \sum F'_i \qquad (2\text{-}2)$$

$$M_O = \sum M_i = \sum M_O(F_i) \qquad (2\text{-}3)$$

图 1-2-16　空间任意力系向一点简化

3.　空间任意力系的简化结果

　　空间任意力系向简化中心 O 简化，得到一个作用于点 O 的力 F'_R 和一个力偶 M_O 之后，还可视以下四种不同情况做进一步简化。

（1）$F'_R = 0$，$M_O = 0$　简化后的力和力偶均为0，刚体的原运动状态不会发生改变，故原力系为一平衡力系。

（2）$F'_R = 0$，$M_O \neq 0$　简化为一合力偶，其力偶矩等于原力系中各力对点 O 的矩之和，其大小与点 O 的选择无关。

（3）$F'_R \neq 0$，$M_O = 0$　简化为一合力，合力作用线通过简化中心 O。

（4）$F'_R \neq 0$，$M_O \neq 0$　当 $F'_R \perp M_O$ 时，根据力线平移定理，F'_R 和 M_O 可合成为一个合力 F_R，如图 1-2-17 所示。

当 F'_R 与 M_O 共线时，这种共线的一个力与一个力偶的组合称为**力螺旋**。力螺旋是最简单的力系之一，不能进一步简化。当力与力偶同向时，称为右手力螺旋，如图 1-2-18 所示；反向时，称为左手力螺旋。

当 F'_R 与 M_O 的夹角为任意角时，可将 M_O 沿 F'_R 及垂直于 F'_R 的方向分解，最终仍然简化为一力螺旋，如图 1-2-19 所示。

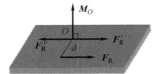
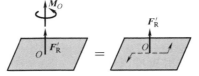
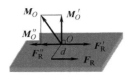

图 1-2-17　合成 F_R 示意图　　　图 1-2-18　右手力螺旋示意图　　　图 1-2-19　简化成力螺旋示意图

从以上结果可知，并不是所有力系都有合力，只有满足一定条件的力系才能简化为一个力。**力系仅简化为合力的条件**：$F'_R \neq 0$，且 $F'_R \cdot M_O = 0$。

例 2-3　长方体的长、宽、高分别为 a、b、c，沿其三条棱边作用了 F_1、F_2 和 F_3 三力，如图 1-2-20 所示。求此三力仅简化为合力的条件及合力的大小。

解：力系（F_1，F_2，F_3）向点 O 的简化结果为

$$F'_R = F_1 i + F_2 j + F_3 k$$

$$M_O = -(F_2 c i + F_3 b j + F_1 a k)$$

$$F'_R \cdot M_O = -(F_1 F_2 c + F_2 F_3 b + F_3 F_1 a)$$

根据力系仅简化为合力的条件，可得

$$F_1 F_2 c + F_2 F_3 b + F_3 F_1 a = 0$$

合力的大小等于合力 F'_R 的模，即

$$|F'_R| = \sqrt{F_1^2 + F_2^2 + F_3^2}$$

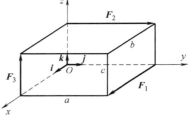

图 1-2-20　长方体受力图

例 2-4　一汇交力系作用于边长为 2m 的正六面体，如图 1-2-21 所示，$F_1 = 3\text{N}$，$F_2 = \sqrt{2}\,\text{N}$，$F_3 = 2\sqrt{2}\,\text{N}$。求力系（$F_1$，$F_2$，$F_3$）合力的大小和方向。

解：汇交力系（F_1，F_2，F_3）的合力 F 为

$$F = 1i + 3j + 5k$$

合力的大小为

$$|F| = \sqrt{1^2 + 3^2 + 5^2} = \sqrt{35}$$

合力的方向为

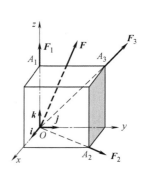

图 1-2-21　汇交力系作用示意图

$$\alpha = \arccos(1/\sqrt{35}) = 80.27°$$

$$\beta = \arccos(3/\sqrt{35}) = 59.53°$$

$$\gamma = \arccos(5/\sqrt{35}) = 32.31°$$

式中　α——合力 $\boldsymbol{F}$ 与 Ox 轴的夹角；

　　　β——合力 $\boldsymbol{F}$ 与 Oy 轴的夹角；

　　　γ——合力 $\boldsymbol{F}$ 与 Oz 轴的夹角。

2.3　力系的平衡

　　力系的平衡条件及其应用是刚体静力学研究的重点内容。本节的主要内容包括平面和空间力系的平衡方程及其应用。

2.3.1　平衡方程

1. 空间力系平衡方程

　　力系平衡的充分必要条件：力系向任意一点简化后的合力和合力偶矩同时等于零，即

$$\boldsymbol{F}_R' = \sum \boldsymbol{F}_i' = \boldsymbol{0}$$

$$\boldsymbol{M}_O = \sum \boldsymbol{M}_O(\boldsymbol{F}_i) = \boldsymbol{0}$$

　　以矩心 O 为原点建立直角坐标系 $Oxyz$，将以上两个矢量方程分别投影到各个坐标轴上，则得到 6 个代数方程为

$$\left. \begin{array}{l} \sum F_{ix} = 0 \\ \sum F_{iy} = 0 \\ \sum F_{iz} = 0 \\ \sum M_x(\boldsymbol{F}_i) = 0 \\ \sum M_y(\boldsymbol{F}_i) = 0 \\ \sum M_z(\boldsymbol{F}_i) = 0 \end{array} \right\} \tag{2-4}$$

式中　F_{ix}——$\boldsymbol{F}_i$ 在 Ox 轴上的投影，F_{iy} 和 F_{iz} 类似；

　　　$M_x(\boldsymbol{F}_i)$——$M_O(\boldsymbol{F}_i)$ 在 Ox 轴上的投影，$M_y(\boldsymbol{F}_i)$ 和 $M_z(\boldsymbol{F}_i)$ 类似。

　　式（2-4）称为**空间力系平衡方程**。**空间力系平衡的充分必要条件**：力系中各力在直角坐标系每一坐标轴上投影的代数和等于零，对各个坐标轴之矩的代数和等于零。对于空间汇交力系、空间平行力系和空间力偶系等特殊情况，式（2-4）中的某些方程将变成恒等式，独立方程的个数相应减少。

　　（1）**空间汇交力系**　力系汇交于任意点 O，以点 O 为直角坐标系的原点，则各力对各个坐标轴的矩恒等于零，于是式（2-4）中的力矩方程变成恒等式，独立的平衡方程为

$$\left. \begin{array}{l} \sum F_{ix} = 0 \\ \sum F_{iy} = 0 \\ \sum F_{iz} = 0 \end{array} \right\} \tag{2-5}$$

　　（2）**空间平行力系**　设 Oz 轴平行于平行力系中的各力，则各力在 Ox 轴和 Oy 轴上的投影恒等于零，各力对 Oz 轴的矩也恒等于零，独立的平衡方程为

$$\left.\begin{array}{l} \sum F_{iz} = 0 \\ \sum M_x(\boldsymbol{F}_i) = 0 \\ \sum M_y(\boldsymbol{F}_i) = 0 \end{array}\right\} \tag{2-6}$$

（3）**空间力偶系**　力偶系的合力恒等于零，独立的平衡方程为

$$\left.\begin{array}{l} \sum M_x(\boldsymbol{F}_i) = 0 \\ \sum M_y(\boldsymbol{F}_i) = 0 \\ \sum M_z(\boldsymbol{F}_i) = 0 \end{array}\right\} \tag{2-7}$$

2. 平面力系平衡方程

设力系所在平面与 Oxy 平面重合，这是空间任意力系的另一种特殊情况，则各力在 Oz 轴上的投影以及对 Ox 轴和 Oy 轴的矩恒等于零，独立的平衡方程为

$$\left.\begin{array}{l} \sum F_{ix} = 0 \\ \sum F_{iy} = 0 \\ \sum M_O(\boldsymbol{F}_i) = 0 \end{array}\right\} \tag{2-8}$$

式（2-8）称为**平面力系平衡方程**。**平面力系平衡的充分必要条件：** 力系中各力在其作用面内任选的两个直角坐标轴上投影的代数和分别等于零，各力对该平面内任意点之矩的代数和等于零。

平面任意力系的平衡方程除上述基本形式之外，还有所谓等价形式，即在三个平衡方程中包含两个或三个力矩方程，分别称为平面任意力系平衡方程的**二矩式**或**三矩式**。

二矩式平衡方程为

$$\left.\begin{array}{l} \sum F_{ix} = 0 \\ \sum M_A(\boldsymbol{F}_i) = 0 \\ \sum M_B(\boldsymbol{F}_i) = 0 \end{array}\right\} \tag{2-9}$$

此时，矩心 A、B 的连线不能垂直于 Ox 轴。

三矩式平衡方程为

$$\left.\begin{array}{l} \sum M_A(\boldsymbol{F}_i) = 0 \\ \sum M_B(\boldsymbol{F}_i) = 0 \\ \sum M_C(\boldsymbol{F}_i) = 0 \end{array}\right\} \tag{2-10}$$

此时，矩心 A、B、C 不能共线。

同样地，对于平面汇交力系、平面平行力系和平面力偶系等特殊情况，独立方程的个数相应减少。

（1）**平面汇交力系**　平面汇交力系的平衡方程为

$$\left.\begin{array}{l} \sum F_{ix} = 0 \\ \sum F_{iy} = 0 \end{array}\right\} \tag{2-11}$$

（2）**平面平行力系**　设平面平行力系的各力平行于 Oy 轴，平衡方程为

$$\left.\begin{array}{l} \sum F_{iy} = 0 \\ \sum M_O(\boldsymbol{F}_i) = 0 \end{array}\right\} \tag{2-12}$$

（3）**平面力偶系**　平面力偶系（$\boldsymbol{M}_1$, $\boldsymbol{M}_2$, $\cdots$, $\boldsymbol{M}_n$）的平衡方程为

$$\sum \boldsymbol{M}_i = 0 \tag{2-13}$$

2.3.2 平衡方程的应用

力系的平衡方程主要用于求解单个刚体或刚体系统平衡时的未知约束力，也可用于求刚体的平衡位置和确定主动力之间的关系。应用平衡方程解题的步骤大致如下。

1）选择适当的研究对象。

2）对研究对象进行受力分析，画出受力图。

3）建立坐标系（在平面问题中，除非另有说明，本书默认 Ox 轴沿水平方向，Oy 轴沿铅垂方向），选取合适的平衡方程，尽量用 1 个方程解 1 个未知量。

4）求解方程（组）。

5）校核。

下面就单个刚体的平衡问题举例说明平衡方程的应用。

例 2-5 有一水平梁 AB，A 端为固定铰链支座，B 端为滚动支座，梁长为 $4a$，梁重 P 作用在梁的中点，梁的左半部分受均布载荷 q 的作用，右半部分受力偶的作用，力偶矩 $M = Pa$，如图 1-2-22 所示，求 A 和 B 处的支座约束力。

解：取水平梁 AB 为研究对象，受力图如图 1-2-23 所示。

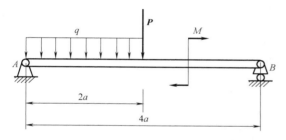

图 1-2-22 例 2-5 水平梁示意图

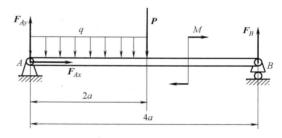

图 1-2-23 水平梁受力图

由平面任意力系的平衡方程有

$$\sum F_{ix} = 0: \quad F_{Ax} = 0$$

$$\sum F_{iy} = 0: \quad F_{Ay} - q \cdot 2a - P + F_B = 0$$

$$\sum M_A(\boldsymbol{F}_i) = 0: \quad F_B \cdot 4a - M - P \cdot 2a - q \cdot 2a \cdot a = 0$$

解平衡方程可得

$$F_{Ax} = 0$$

$$F_{Ay} = \frac{1}{4}P + \frac{3}{2}qa$$

$$F_B = \frac{3}{4}P + \frac{1}{2}qa$$

例 2-6 重 P 的均质杆 AB 一端靠在光滑的铅垂墙面上，另一端与绳 BD 相连，如图 1-2-24a 所示。已知 $AB = l$，$BD = a$，且有 $a/2 < l < a$，求平衡时绳与墙之间的夹角 θ。

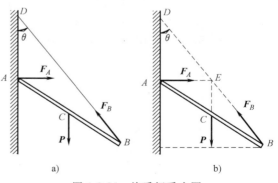

图 1-2-24 均质杆受力图

解：（1）方法一 取杆 AB 为研究对象，受力图如图 1-2-24a 所示。设 $AD = y$，由平面任

意力系平衡方程的基本形式有

$$\sum F_{ix} = 0: \quad F_A - F_B \sin\theta = 0$$

$$\sum F_{iy} = 0: \quad -P + F_B \cos\theta = 0$$

$$\sum M_D(\boldsymbol{F}_i) = 0: \quad F_A y - P \frac{a}{2} \sin\theta = 0$$

由几何关系

$$l^2 = a^2 + y^2 - 2ay\cos\theta$$

即可解得

$$\theta = \arccos \frac{2}{3a} \sqrt{3(a^2 - l^2)}$$

（2）方法二　杆 AB 受三力作用而平衡，根据三力平衡汇交定理，此三力的作用线必汇交于一点，如图 1-2-24b 所示。设 $AD = y$，注意到点 C 是杆 AB 的中点，则由图中的几何关系有

$$\cos\theta = \frac{y}{a/2}$$

$$l^2 = (a\cos\theta - y)^2 + (a\sin\theta)^2$$

消去 y，解出 θ，即得与方法一相同的结果。

<h2 align="center">习　　题</h2>

2-1　求图 1-2-25 中各支座的约束力。

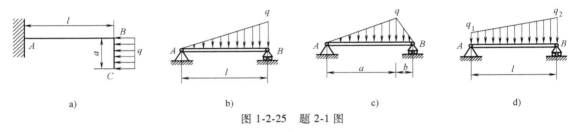

a)　　　　　　b)　　　　　　c)　　　　　　d)

图 1-2-25　题 2-1 图

2-2　有一顶角为 30° 的等腰三角形薄板 ABC，其三个顶点上分别作用了力 $\boldsymbol{F}_1$、$\boldsymbol{F}_2$ 和 $\boldsymbol{F}_3$，如图 1-2-26 所示。已知 $F_1 = F_2 = F_3 = 10\text{N}$，试求各力在 Ox 轴和 Oy 轴上的投影。

2-3　如图 1-2-27 所示，已知 $OA = OB = OC = a$，大小均等于 F_P 的力 $\boldsymbol{F}_1$、$\boldsymbol{F}_2$ 和 $\boldsymbol{F}_3$ 分别作用于点 A、B 和 C。试求该力系向 O 点简化的合力和合力偶矩。

图 1-2-26　题 2-2 图　　　　　　图 1-2-27　题 2-3 图

2-4　如图 1-2-28 所示简易起吊装置，已知 $AB = 2a$，$BC = a$，$BD = 4a$，滑轮尺寸不计，重 P 的物体在力 $\boldsymbol{F}_T$ 的作用下匀速上升，$P = qa$，求铰链 A 和 B 的约束力。

2-5　将重 $P = 20\text{kN}$ 的物体用绳子挂在支架的滑轮 B 上，绳子的另一端接在绞车 D 上，如图 1-2-29 所示。转动绞车，物体便能升起。设滑轮的大小、杆 AB 与杆 CB 自重及摩擦略去不计，A、B、C 三处均为铰链连接。当物体处于平衡状态时，试求拉杆 AB 和支杆 CB 所受的力。

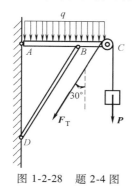

图 1-2-28　题 2-4 图

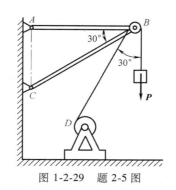

图 1-2-29　题 2-5 图

2-6　如图 1-2-30 所示将自重 $P = 100\text{kN}$ 的 T 字形钢架 ABD 置于铅垂面内，载荷 $F = 400\text{kN}$，$M = 20\text{kN·m}$，$q = 20\text{kN/m}$，$l = 1\text{m}$。求固定端 A 的约束力。

2-7　杆 AB 及其两端滚子的整体重心在点 G，滚子搁置在倾斜的光滑刚性平面上，如图 1-2-31 所示。对于给定的 θ 角，试求平衡时的 β 角。

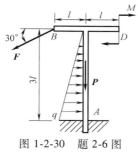

图 1-2-30　题 2-6 图

图 1-2-31　题 2-7 图

2-8　电动机重 $P = 5\text{kN}$，放在水平梁 AB 的中央，如图 1-2-32 所示。已知 $\theta = 30°$，不计梁 AB 和撑杆 BC 的自重，求支座 A 的约束力和撑杆 BC 的内力。

2-9　有一边长为 l 的正方形薄板 $ABCD$，其顶点 A 靠在铅垂的光滑墙面上，顶点 B 用一长 l 的柔绳拉住，如图 1-2-33 所示。求平衡时绳与墙面间的夹角 θ。

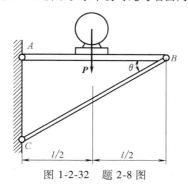

图 1-2-32　题 2-8 图

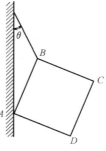

图 1-2-33　题 2-9 图

2-10　图 1-2-34 所示为可沿轨道移动的塔式起重机。已知轨距 $b = 3\text{m}$，机身重 $P_1 = 500\text{kN}$，其作用线与右轨的距离 $e = 1.5\text{m}$；最大起吊重量 $P_2 = 250\text{kN}$，其作用线与右轨的距离 $l = 10\text{m}$。在与左轨的距离 $a = 6\text{m}$ 处附加一重 P_3 的平衡块，试求 P_3 的取值范围，使起重机在满载和空载时均不会翻倒。

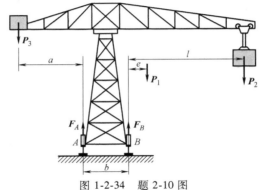

图 1-2-34 题 2-10 图

2-11 均质杆 AB 长 l，重 P，A 端用光滑球形铰链固定在地面上，B 端自由地靠在铅垂墙面上，如图 1-2-35 所示。已知墙面与铰链 A 的水平距离等于 a，B 端与墙面间的静摩擦因数为 f_s。设 OB 与 Oz 轴的夹角为 α，在杆 AB 开始沿墙滑动的瞬间，α 应等于多大？

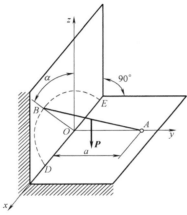

图 1-2-35 题 2-11 图

第 **3** 章

运动学

工程力学的研究内容包括静力学和运动力学两部分。静力学研究静止或做匀速直线运动物体的平衡，而运动力学研究加速运动的物体。一般来说，运动力学比静力学要复杂。运动力学通常分成两部分：与运动的几何形态有关的运动学，与引起物体运动的力有关的动力学。本章和第 4 章将分别介绍这两部分的相关内容。

3.1 质点运动学

若物体的运动完全由其质心的运动来描述，则可以把这样的物体看作质点。

一般来说，质点运动学由质点的位移、速度和加速度来描述。本节从研究质点的绝对运动开始，先研究直线运动，再引入一般意义的曲线运动，最后研究两质点之间的相对运动。

3.1.1 质点直线运动的速度和加速度

质点的最简单运动是沿直线轨迹的运动，称为直线运动。

（1）**位置** 考虑图 1-3-1 所示的质点 P，坐标 s 从固定的原点 O 开始度量，可用它定义任一瞬时质点的位置。若 s 为正，则质点在原点右侧；若 s 为负，则质点在原点左侧。通常，度量位置的单位为 m。

（2）**位移** 质点的位移用位置的改变量来定义，并用符号 Δs 来表示。当质点的最终位置 P' 在其初始位置 P 的右侧时，如图 1-3-1 所示，Δs 为正；在左侧时，Δs 为负。

图 1-3-1　质点的位置和位移

（3）**速度** 考虑在时间间隔 Δt 之内，质点从点 P 移动到点 P'，其位移 Δs 为正，如图 1-3-1 所示。那么在这一时间间隔 Δt 内，质点的平均速度定义为

$$\bar{v} = \frac{\Delta s}{\Delta t} \tag{3-1}$$

如果 Δt 取得越来越小，则得到质点的瞬时速度，即

$$v = \lim_{\Delta t \to 0} \frac{\Delta s}{\Delta t} \tag{3-2}$$

或者

$$v = \frac{\mathrm{d}s}{\mathrm{d}t} \tag{3-3}$$

平均速度和瞬时速度的正负取决于位移的正负。若质点移到右侧，如图 1-3-1 所示，则速度为正；反之为负。速度的大小称为速率。若位移的单位为 m，时间的单位为 s，则速度的单位为 m/s。

（4）**加速度** 若已知质点在 P 和 P' 两点的瞬时速度，则质点在从点 P 至点 P' 的时间间隔 Δt 内的平均加速度定义为

$$\overline{a} = \frac{\Delta v}{\Delta t} \tag{3-4}$$

式中 Δv——在 P、P' 两点的速度差，如图 1-3-2 所示。

图 1-3-2 质点的速度变化

如果 Δt 取得越来越小，则 Δv 也越来越小，可以得到质点在点 P 的瞬时加速度为

$$a = \lim_{\Delta t \to 0} \frac{\Delta v}{\Delta t}$$

或者

$$a = \frac{\mathrm{d}v}{\mathrm{d}t} \tag{3-5}$$

将式（3-3）再对时间取一次导数，也可得

$$a = \frac{\mathrm{d}^2 s}{\mathrm{d}t^2} \tag{3-6}$$

平均加速度和瞬时加速度的正负取决于质点速度的变化方向（加快或减慢）。若质点加速运动，速度的变化量为正，则加速度为正；反之为负。当速度是常数时，加速度为零。通常，加速度的单位为 m/s^2。

从式（3-3）和式（3-5）解出时间的微分 $\mathrm{d}t$ 并使它们相等，可以得到位移、速度、加速度的微分关系为

$$\mathrm{d}t = \frac{\mathrm{d}s}{v} = \frac{\mathrm{d}v}{a}$$

即

$$a\,\mathrm{d}s = v\,\mathrm{d}v \tag{3-7}$$

（5）**等加速度** 当加速度为常数，即 $a = a_c$ 时，可以对式（3-5）和式（3-6）进行积分，得到 v、s 和 t 的关系式。

假设在 $t = 0$ 时，初速度 $v = v_1$，可得到速度与时间的关系式为

$$v = v_1 + a_c t \tag{3-8}$$

假定在 $t = 0$ 时，初始位置 $s = s_1$，可得到位移与时间的关系式为

$$s = s_1 + v_1 t + \frac{1}{2} a_c t^2 \tag{3-9}$$

从式（3-8）解出 t，代入式（3-9），可得到速度与位移的关系式为

$$v^2 = v_1^2 + 2a_c(s - s_1) \tag{3-10}$$

物体的自由下落是一个最常见的等加速运动。若忽略空气阻力，同时下落的距离又很短，则物体自由下落的加速度近似为 9.81m/s^2。

例 3-1 一个很小的炮弹以 $v_0 = 60\text{m/s}$ 的初速度铅垂朝下地射入流体内，记初始位置 $S_0 = 0$。若流体阻力使炮弹产生 $a = fv^3$ 的加速度，$f = -0.4\text{m}^{-2} \cdot \text{s}^{-1}$，求炮弹发射 4s 后的速度 v 和位置 s。

解： 根据给定的 $a = fv^3$，利用式（3-5），可得到速度 v 为时间 t 的函数，即

$$v = \left(\frac{1}{v_0^2} - 2ft \right)^{-\frac{1}{2}}$$

再利用式（3-3），可得

$$s = \frac{1}{0.4} \left[\left(\frac{1}{v_0^2} - 2ft \right)^{\frac{1}{2}} - \frac{1}{v_0} \right] + s_0$$

由 $t = 0$ 时，$v_0 = 60\text{m/s}$，$s_0 = 0$，可得：当 $t = 4\text{s}$ 时，$v = 0.559\text{m/s}$，$s = 4.43\text{m}$。

3.1.2 质点曲线运动的速度和加速度

质点沿曲线轨迹的运动称为曲线运动。曲线运动的轨迹常常是空间曲线，可采用矢量分析方法得到质点的位置、速度和加速度。

（1）**位置** 空间曲线上一点 P (x, y, z) 的位置由位置矢量 $\boldsymbol{r} = \boldsymbol{r}(t)$ 确定，如图 1-3-3a 所示，此矢量是时间 t 的函数。一般来说，质点沿着曲线 s 运动时，位置矢量的大小和方向是改变的。

（2）**位移** 假设在很短的时间间隔 Δt 内，质点沿着曲线移动一距离 Δs 到一新的位置 $P'(x + \Delta x, y + \Delta y, z + \Delta z)$，$P'$ 的位置矢量为 $\boldsymbol{r}(t + \Delta t)$，如图 1-3-3a 所示，则质点的位移 $\Delta \boldsymbol{r}$ 可由新位置的位置矢量 $\boldsymbol{r}(t + \Delta t)$ 和初始位置的位置矢量 $\boldsymbol{r}(t)$ 相减求出，即 $\Delta \boldsymbol{r} = \boldsymbol{r}(t + \Delta t) - \boldsymbol{r}(t)$。

（3）**速度** 在 Δt 内，质点的平均速度为

$$\overline{\boldsymbol{v}} = \frac{\Delta \boldsymbol{r}}{\Delta t} \tag{3-11}$$

当 Δt 趋于 0 时，可得瞬时速度，这也意味着 $\Delta \boldsymbol{r}$ 趋近于点 P 的切线。因此

$$\boldsymbol{v} = \lim_{\Delta t \to 0} \frac{\Delta \boldsymbol{r}}{\Delta t}$$

$$\boldsymbol{v} = \frac{\mathrm{d}\boldsymbol{r}}{\mathrm{d}t} \tag{3-12}$$

$\boldsymbol{v}$ 的方向总是与运动的轨迹相切，如图 1-3-3b 所示。$\boldsymbol{v}$ 的大小称为速率，可由位移 $\Delta \boldsymbol{r}$ 的大小求得。注意位移 $\Delta \boldsymbol{r}$ 的大小是图 1-3-3a 中点 P 到点 P' 的直线段长度。当 $\Delta t \to 0$ 时，$\Delta r \to \Delta s$，故速率为

$$v = \lim_{\Delta t \to 0} \frac{\Delta r}{\Delta t} = \lim_{\Delta t \to 0} \frac{\Delta s}{\Delta t}$$

$$v = \frac{\mathrm{d}s}{\mathrm{d}t} \tag{3-13}$$

由此可见，速率可由轨迹函数 s 对时间 t 求微分得到。

（4）加速度 若质点在 t 时刻的速度为 $\boldsymbol{v}(t)$，在 $t+\Delta t$ 时刻的速度为 $\boldsymbol{v}(t+\Delta t)=\boldsymbol{v}(t)+\Delta\boldsymbol{v}$，如图 1-3-3c 所示，则在时间间隔 Δt 内，质点的平均加速度为

$$\bar{\boldsymbol{a}}=\frac{\Delta\boldsymbol{v}}{\Delta t} \tag{3-14}$$

考虑如图 1-3-3d 所示的另一个坐标系 $Ox'y'z'$，其坐标轴是以速率为单位的。将图 1-3-3c 中的两个速度矢量画在图 1-3-3d 上，矢量的起点均位于固定原点 O'，终点均落在虚曲线上，此曲线称为矢端曲线，它描述了速度矢量末端点的轨迹。图 1-3-3a ~ c 的轨迹 s 与此相类似，均是位置矢量 $\boldsymbol{r}$ 末端点的轨迹。

对式（3-14）取极限，得瞬时加速度为

$$\boldsymbol{a}=\lim_{\Delta t\to 0}\frac{\Delta\boldsymbol{v}}{\Delta t}$$

$$\boldsymbol{a}=\frac{\mathrm{d}\boldsymbol{v}}{\mathrm{d}t} \tag{3-15}$$

利用式（3-12），式（3-15）也可写成

$$\boldsymbol{a}=\frac{\mathrm{d}^2\boldsymbol{r}}{\mathrm{d}t^2} \tag{3-16}$$

由导数的定义可知，$\boldsymbol{a}$ 在点 B 与矢端曲线相切，如图 1-3-3e 所示。一般情况下，$\boldsymbol{a}$ 不与运动轨迹 s 相切，如图 1-3-3f 所示。

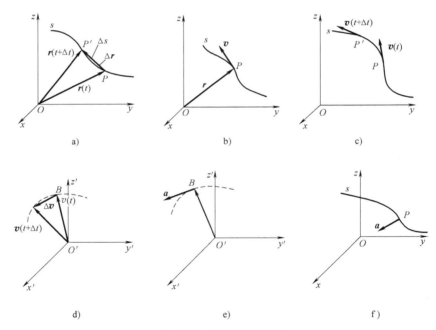

图 1-3-3 质点曲线运动

质点曲线运动有不同的描述形式，如直角坐标形式、柱坐标形式和自然坐标形式等。根据不同的场景选择合适的坐标系会更方便，如做圆周运动（半径为 r，角速度为 ω）并匀速上升（速度为 v）的质点用柱坐标系描述较为方便，如图 1-3-4 所示，其用柱坐标可表示为

$$\left.\begin{array}{l} r = r \\ \theta = \omega t \\ z = vt \end{array}\right\} \quad (3\text{-}17)$$

而用直角坐标可表示为

$$\left.\begin{array}{l} x = r\cos\omega t \\ y = r\sin\omega t \\ z = vt \end{array}\right\} \quad (3\text{-}18)$$

显然用柱坐标描述更简便。当质点绕半径为 r 的圆做角速度为 ω 的圆周运动时，质点的速度可用角速度和半径的乘积来描述，加速度可用加速度的法向向量和切向向量来描述，可参考 3.2 节中刚体绕定轴转动的速度和加速度。

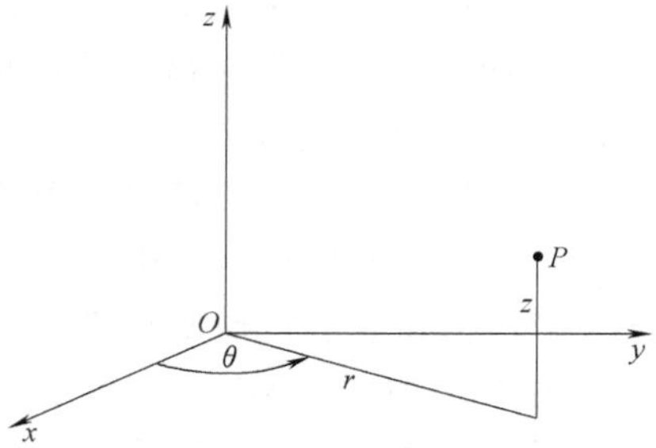

图 1-3-4 质点用柱坐标系的描述

例 3-2 一颗小珠沿着图 1-3-5 所示的螺旋形轨道下滑，小珠的位置矢量 $r = 0.5\sin(2t)i + 0.5\cos(2t)j - 0.2tk$，其中 r 的单位为 m，t 的单位为 s，正弦与余弦幅角的单位为 rad。求 $t = 0.75\text{s}$ 时，小珠的位置和这一瞬间小珠的速度和加速度的大小。

解： 当 $t = 0.75\text{s}$ 时，r 为

$$r = 0.5\sin(1.5\text{rad})i + 0.5\cos(1.5\text{rad})j - 0.2 \times 0.75k = 0.499i + 0.035j - 0.150k$$

可由 r 求得小珠离原点 O 的距离 r，即

$$r = \sqrt{0.499^2 + 0.035^2 + (-0.150)^2}\,\text{m} = 0.522\text{m}$$

r 的方向可由单位矢量的分量得到，即

$$u_r = \frac{r}{r} = 0.956i + 0.067j - 0.287k$$

因此，图 1-3-5 所示的方向角 α、β 和 γ 分别为

$$\alpha = \arccos 0.956 = 17.1°$$
$$\beta = \arccos 0.067 = 86.2°$$
$$\gamma = \arccos(-0.287) = 106.7°$$

根据速度和位置的关系可得

$$v = \cos(2t)i - \sin(2t)j - 0.2k$$

因此，在 0.75s 时，速度的大小（速率）为

$$v = \sqrt{v_x^2 + v_y^2 + v_z^2} = 1.02\text{m/s}$$

速度的方向与轨迹相切，如图 1-3-5 所示。

由速度对时间求导来确定加速度，可得

$$a = -2\sin(2t)i - 2\cos(2t)j$$

因此，在 0.75s 时，加速度的大小为

$$a = \sqrt{a_x^2 + a_y^2 + a_z^2} = 2.00\text{m/s}^2$$

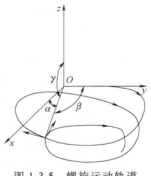

图 1-3-5 螺旋运动轨道

3.1.3 两质点的绝对相关运动的分析

在某些类型的问题中，一个质点的运动与另一个质点的运动有关。若两质点用一根不可伸长的绳子连接起来，绳子绕过滑轮，这两质点的运动关系就称为绝对相关运动，如图 1-3-6 所示，现有可视为质点的物块 A 和物块 B，物块 A 沿斜面向下运动，物块 B 在另一

斜面向上做相应的运动。物块 A 的正向运动（向下，s_A 增加的方向）引起物块 B 做相应的负向运动（向上，s_B 减小的方向）。

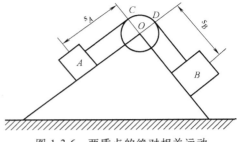

图 1-3-6　两质点的绝对相关运动

一个比较复杂的例子是多个滑轮与重物的相关运动。如图 1-3-7a 所示，因为此系统中有两根绳子，可视为质点的重物 A 和 B 的运动分别与两根绳子有关，如图 1-3-7b、c 所示，所以要研究每根绳子的运动。分析得到重物 A 的速度和加速度都是重物 B 的四倍，但方向相反。

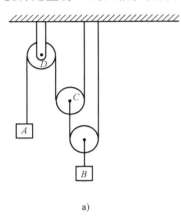
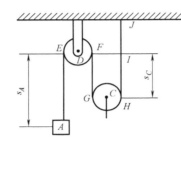
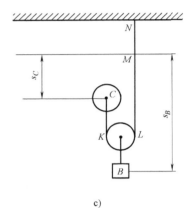

a)　　　　　　　　　　b)　　　　　　　　　　c)

图 1-3-7　滑轮组中物体的相关运动

3.2　刚体运动学

本节讨论刚体的运动学（几何运动学）。这个问题的研究极为重要，因为在许多情况下，机械运转中所用的齿轮、凸轮和机构的设计都与它们的运动学有关。

在任何力的作用下，体积和形状都不发生改变的物体称为刚体。可将刚体当作一个特殊的质点组，质量连续分布，各质点间的距离保持不变。这在力学中是一个十分重要的理想化假定，实际上所有物体都会产生形变，但是因为工程结构和机械机构等在很多情况下产生的形变相对较小，所以刚体的假定也就能够应用于对这类物体的运动分析。

当刚体的任意质点都沿着与一固定平面距离相等的轨迹移动时，则称其做平面运动。平面运动有以下三种形式。

1. 平移运动

如果刚体上任何一条线段在运动时总是平行于它的原始方向，则称该刚体做平移运动，简称平动。当刚体所有质点的运动轨迹都是如图 1-3-8a 所示的平行直线时，这种运动称为直线平动。当刚体所有质点的运动轨迹都是如图 1-3-8b 所示的平行曲线时，这种运动称为曲线平动。

2. 绕定轴转动

当刚体绕定轴转动时，其上除了转动轴位置以外的所有质点，都以圆为轨迹运动，如图 1-3-8c 所示。

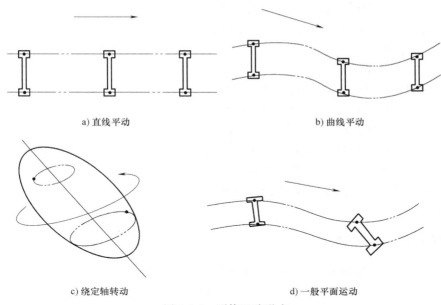

a) 直线平动

b) 曲线平动

c) 绕定轴转动

d) 一般平面运动

图 1-3-8　刚体运动形式

3. 一般平面运动

当刚体做一般平面运动时，其运动形式可视为平动和转动的组合，如图 1-3-8d 所示。平动在一个参考平面内产生，而转动则绕一个垂直于参考平面的轴产生。

以上介绍的平面运动可用图 1-3-9 所示曲柄机构的各构件运动举例说明。活塞 A 做直线平动，连杆 BC 做曲线平动，轮子 D 和 E 绕定轴转动，连杆 AB 做一般平面运动。

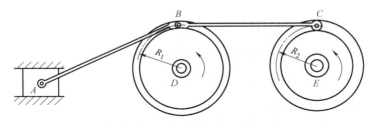

图 1-3-9　曲柄机构运动示意图

3.2.1　刚体的平动

刚体做直线平动或曲线平动的情况，如图 1-3-10 所示。

（1）**位置**　刚体内点 A 和 B 的位置用固定参考系 $Oxyz$ 中的位置矢量 r_A 和 r_B 定义。平动坐标系 $Ax'y'z'$ 固定在刚体内且以点 A 为原点，这个点称为基点，点 B 相对于点 A 的位置用相对位置矢量 $r_{B/A}$ 表示，根据矢量加法，图 1-3-10 所示三个矢量的关系为

$$r_B = r_A + r_{B/A} \tag{3-19}$$

（2）**速度**　点 A 和点 B 瞬时速度之间的关系可由式（3-19）对时间求导数得到，由此

$$v_B = v_A + \frac{\mathrm{d}r_{B/A}}{\mathrm{d}t}$$

式中　v_A、v_B——点 A、点 B 的绝对速度。

根据刚体的定义，$r_{B/A}$ 的大小是常数，又因为刚体是平动的，$r_{B/A}$ 的方向也是固定的，所以其对时间的导数为 **0**，即

$$v_B = v_A \qquad (3\text{-}20)$$

（3）**加速度**　点 A 和点 B 瞬时加速度之间的关系可由取式（3-20）对时间求导数得到，由此

$$a_B = a_A \qquad (3\text{-}21)$$

式（3-20）和式（3-21）说明，刚体的所有点都以相同的速度和加速度做曲线平动或直线平动，在 3.1 节内讨论的质点运动学的相关方程可以应用于刚体。

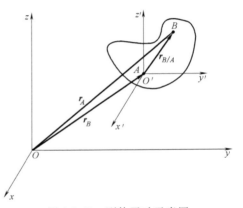

图 1-3-10　刚体平动示意图

3.2.2　刚体绕定轴的转动

为了研究刚体绕定轴的转动，我们讨论图 1-3-11a 所示的刚体，固定坐标系的原点 O 在转动轴上。

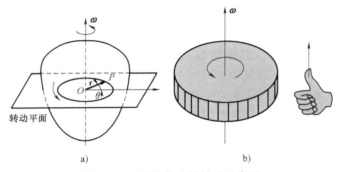

图 1-3-11　刚体绕定轴转动示意图

（1）**角位置**　在图 1-3-11 所示瞬时，径线 r 的方向与轴垂直且指向点 P。它在固定于刚体的一个平面内，以角坐标 θ 描述。

（2）**角位移**　角坐标 θ 的变化称为角位移，常用 $\mathrm{d}\theta$ 表示，用弧度（rad）或转数度量。$\mathrm{d}\theta$ 的方向由右手定则确定，如图 1-3-11b 所示。

（3）**角速度**　角位置 θ 随时间的变化率称为角速度 ω，其可表示为

$$\omega = \frac{\mathrm{d}\theta}{\mathrm{d}t} \qquad (3\text{-}22)$$

ω 的方向和角位移 $\mathrm{d}\theta$ 的方向相同，如图 1-3-11b 所示。

（4）**角加速度**　角速度随时间的变化率以角加速度 α 度量，其可表示为

$$\alpha = \frac{\mathrm{d}\omega}{\mathrm{d}t} \qquad (3\text{-}23)$$

或取角位置 θ 对时间的二阶导数，从而 α 可以表示为

$$\alpha = \frac{\mathrm{d}^2\theta}{\mathrm{d}t^2} \qquad (3\text{-}24)$$

α 的作用线与 ω 相同，它的方向取决于 ω 是随时间增加还是减小。如果 ω 是减小的，

$\boldsymbol{\alpha}$ 称为角减速度，从而它与 $\boldsymbol{\omega}$ 的方向相反，反之它与 $\boldsymbol{\omega}$ 的方向一致，如图 1-3-12 所示。

从式（3-22）和式（3-23）中消去 $\mathrm{d}t$，可以得到角加速度、角速度和角位移之间的微分关系

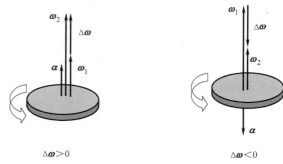

$$\boldsymbol{\alpha}\mathrm{d}\boldsymbol{\theta} = \boldsymbol{\omega}\mathrm{d}\boldsymbol{\omega} \tag{3-25}$$

角运动导出的微分关系和质点直线运动导出的微分关系相似。

图 1-3-12 角加速度方向示意图

（5）**等角加速度** 如果刚体的角加速度是常数，即 $\alpha = \alpha_c$，则对式（3-22）～式（3-25）积分时，设初始角位置和角速度分别为 θ_1 和 ω_1，就可以得到一组刚体的角速度、角位置和时间的关系式：

$$\omega = \omega_1 + \alpha_c t \tag{3-26}$$

$$\theta = \theta_1 + \omega_1 t + \frac{1}{2}\alpha_c t^2 \tag{3-27}$$

$$\omega^2 = \omega_1^2 + 2\alpha_c(\theta - \theta_1) \tag{3-28}$$

下面讨论刚体转动时，刚体内各点的速度和加速度。如图 1-3-11 所示的刚体转动时，任意点 P 沿着半径为 r 且中心在点 O 的圆运动，不同点可能会对应不同的中心点，所有的中心点均在转动轴上。

（1）**位置** 点 P 相对固定坐标系原点 O 的位置可以用位置矢量 $\boldsymbol{r}_P$ 表示。

（2）**速度** 点 P 的速度可由点 P 的极坐标分量 v_r 和 v_θ 确定。因为 r 是常数，径向分量 $v_r = 0$，所以 P 的速度 $\boldsymbol{v}_P = \boldsymbol{v}_\theta = \dot{\boldsymbol{\theta}} \times \boldsymbol{r}$。因为 $\dot{\boldsymbol{\theta}} = \boldsymbol{\omega}$，所以

$$\boldsymbol{v}_P = \boldsymbol{\omega} \times \boldsymbol{r} \tag{3-29}$$

（3）**加速度** 点 P 做圆周运动，$\dot{\boldsymbol{\theta}} = \boldsymbol{\omega}$，$\ddot{\boldsymbol{\theta}} = \boldsymbol{\alpha}$，因此点 P 的加速度 $\boldsymbol{a}_P$ 可以用它的切向分量和法向分量表示：

$$(\boldsymbol{a}_P)_t = \boldsymbol{\alpha} \times \boldsymbol{r} \tag{3-30}$$

$$(\boldsymbol{a}_P)_n = \boldsymbol{\omega} \times (\boldsymbol{\omega} \times \boldsymbol{r}) \tag{3-31}$$

加速度的切向分量 $(\boldsymbol{a}_P)_t$ 和法向分量 $(\boldsymbol{a}_P)_n$ 如图 1-3-13 所示。

对于矢量积 $\boldsymbol{C} = \boldsymbol{A} \times \boldsymbol{B}$，**矢量积右手定则** 是指右手除拇指外的四指合并，拇指与其他四指垂直，四指由 $\boldsymbol{A}$ 矢量的方向握向 $\boldsymbol{B}$ 矢量的方向，这时拇指的指向就是矢量 $\boldsymbol{A}$、$\boldsymbol{B}$ 的矢量积 $\boldsymbol{C}$ 的方向。

应用矢量积右手定则，检验式（3-30）和式（3-31）中两个加速度分量的方向与图 1-3-13 所示的方向是一致的。

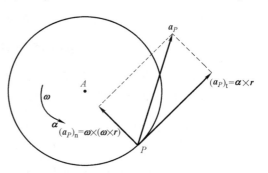

图 1-3-13 加速度的分解示意图

刚体的一般运动是平动和转动的组合，分析计算某点运动时可分别计算位移、速度和加速度，然后进行合成（矢量相加）。

例 3-3 图 1-3-14a 所示的圆盘 A，由静止开始以 $\alpha_A = 2\text{rad/s}^2$ 的角加速度转动，求其转动 10r 所需要的时间。如果圆盘 A 和圆盘 B 接触且在圆盘间没有滑动，试求恰在圆盘 A 转动 10r 时圆盘 B 的角速度和角加速度。图中圆盘半径尺寸的单位均为 mm。

解： 因为 $\alpha_A = 2\text{rad/s}^2$，所以圆盘 A 的转动可以由式（3-25）~式（3-28）确定，又因为 1r 等于 $2\pi\text{rad}$，所以

$$\theta_A = 10\text{r} \times 2\pi\text{rad/r} = 62.83\text{rad}$$

因为已知圆盘 A 由静止开始转动，所以当 $\theta_A = 62.83\text{rad}$ 时，有

$$\omega_A^2 = 0 + 2 \times 2\text{rad/s}^2 \times (62.83\text{rad} - 0)$$

$$\omega_A = 15.9\text{rad/s}$$

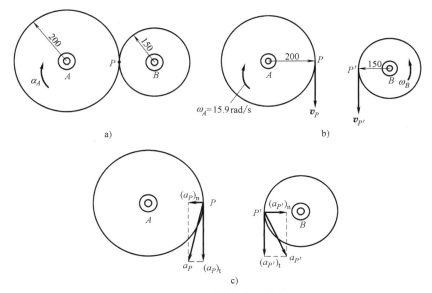

图 1-3-14　两圆盘传动分析

由 ω_A 的计算结果可得

$$t = \frac{\omega_A}{\alpha} = \frac{15.9\text{rad/s}}{2\text{rad/s}^2} = 7.95\text{s}$$

如图 1-3-14b 所示，在圆盘 A 边缘上的接触点 P 的速度为

$$v_P = \omega_A r_A = 15.9\text{rad/s} \times 0.2\text{m} = 3.18\text{m/s}$$

因为这个速度总是与运动的轨迹相切，所以圆盘 B 上点 P' 的速度和圆盘 A 上点 P 的速度相同。因此圆盘 B 的角速度为

$$\omega_B = \frac{v_P}{r_B} = \frac{3.18\text{m/s}}{0.15\text{m}} = 21.2\text{rad/s}$$

如图 1-3-14c 所示，因为圆盘彼此接触，所以两个圆盘的加速度切向分量相等，即

$$\alpha_A r_A = \alpha_B r_B$$

$$\alpha_B = \alpha_A \frac{r_A}{r_B} = 2\text{rad/s}^2 \times \frac{0.2\text{m}}{0.15\text{m}} = 2.67\text{rad/s}^2$$

习 题

3-1 图 1-3-15 中杆件以 5rad/s 的等角速度转动，且以 10mm/s 的等速率沿着螺旋轴线上升。试求杆件两端速度和加速度。

3-2 赛跑汽车 C 沿半径为 150m 的水平圆跑道运动，如图 3-1-16 所示，若汽车由静止开始以等变化率 $7m/s^2$ 加速，求加速度达到 $80m/s^2$ 时所需要的时间。

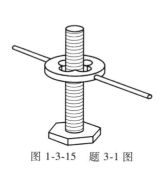

图 1-3-15 题 3-1 图

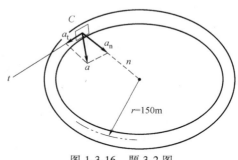

图 1-3-16 题 3-2 图

3-3 图 1-3-17 所示为运货升降机，由位于 A 处的电动机操纵。若电动机以速率 15m/s 缠绕绳索，求升降机上升的速率。

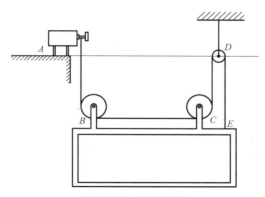

图 1-3-17 题 3-3 图

3-4 如图 1-3-18 所示的圆柱体自由地滚动在以 2m/s 速度移动的传送带上。假定圆柱体和传送带之间没有滑动，求点 A 的速度。在图 1-3-18 所示的瞬时，圆柱体的角速度 $\omega = 15rad/s$。

3-5 如图 1-3-19 所示的连杆由固定在槽内移动的两物块 A 和 B 导引。在图 1-3-19 所示的瞬时，物块 A 向下移动的速度是 2m/s，求物块 B 在这一瞬时的速度。

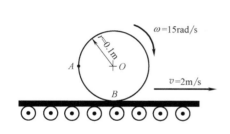

图 1-3-18 题 3-4 图

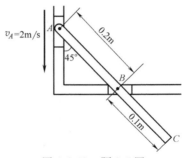

图 1-3-19 题 3-5 图

3-6 在 $\theta = 60°$ 的瞬时，图 1-3-20 中的杆具有 3rad/s 的角速度和 2rad/s² 的角加速度。在同一瞬时，滑块 C 沿杆向外移动，当它处于 $x_0 = 0.2\text{m}$ 时，其速度是 2m/s，加速度是 3m/s²，两者都是相对于杆度量的。求这一瞬时滑块的速度和加速度。

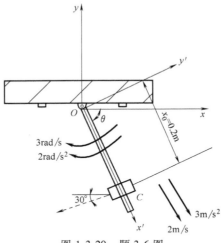

图 1-3-20　题 3-6 图

第 **4** 章

动力学

前一章介绍了与运动的几何形态有关的运动学，即位移、速度、角速度，本章介绍与引起物体运动的力相关的动力学，即运动和力的动力学方程。

4.1　质点的动力学方程

动力学中多数以牛顿第二定律为基础。

牛顿第二定律：物体加速度的大小与作用力成正比，与物体的质量成反比；加速度的方向与作用力的方向相同。

假设质点质量为 m，受到的作用力为 $\sum \boldsymbol{F}_i$，牛顿第二定律可以表示为

$$\sum \boldsymbol{F}_i = m\boldsymbol{a} \tag{4-1}$$

运动微分方程也可写为

$$\sum \boldsymbol{F}_i - m\boldsymbol{a} = 0 \tag{4-2}$$

将"$m\boldsymbol{a}$"矢量反方向作用，矢量 $-m\boldsymbol{a}$ 称为惯性力矢量，结果如图 1-4-1 所示。

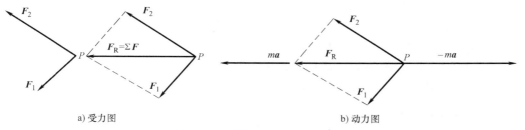

a) 受力图　　　　　　　　　　　　　　　　b) 动力图

图 1-4-1　质点的受力图和动力图

运动微分方程可以有不同的表现形式，如直角坐标形式、柱坐标形式和自然坐标形式等，根据不同的场景选择合适的表现形式会更方便。

1. 直角坐标形式

在惯性参考系 $Oxyz$ 中，如图 1-4-2 所示，运动微分方程可表示为

$$\left.\begin{array}{l} \sum F_x = ma_x \\ \sum F_y = ma_y \\ \sum F_z = ma_z \end{array}\right\} \tag{4-3}$$

2. 柱坐标形式

在柱坐标系中，如图 1-4-3 所示，运动微分方程可表示为

$$\left.\begin{array}{l} \sum F_r = ma_r \\ \sum F_\theta = ma_\theta \\ \sum F_z = ma_z \end{array}\right\} \qquad (4\text{-}4)$$

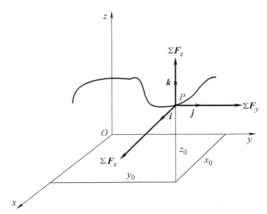

图 1-4-2 直角坐标系中质点受力分析

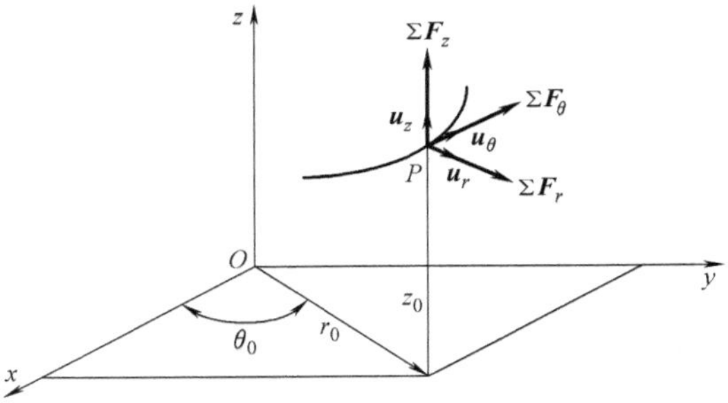

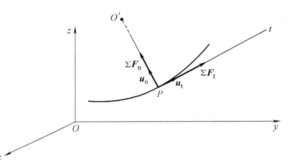

图 1-4-3 柱坐标系中质点受力分析

3. 自然坐标形式

自然坐标系是建立在质点的运动轨迹上的，有两个坐标：切向坐标和法向坐标，如图 1-4-4 所示，运动微分方程可表示为

$$\left.\begin{array}{l} \sum F_t = ma_t \\ \sum F_n = ma_n \end{array}\right\} \qquad (4\text{-}5)$$

例 4-1 由实验测知，一个 $m = 2\text{kg}$ 的质点用柱坐标表示的运动微分方程为 $r = (t^2 + 2t)\,\text{m}$，$\theta = (3t + 2)\,\text{rad}$，$z = (t^3 + 4)\,\text{m}$，方程中 t 的单位为 s。求在 $t = 1\text{s}$ 的瞬间，作用在质点上的合力大小。

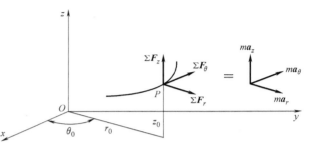

图 1-4-4 自然坐标系中质点受力分析

解：1）质点位于轨迹上任一点时的受力图和动力图如图 1-4-5 所示。

2）加速度分量 $a_r = \ddot{r} - r\dot{\theta}^2$，$a_\theta = r\ddot{\theta} + 2\dot{r}\dot{\theta}$ 和 $a_z = \ddot{z}$。应用运动微分方程可得

$$\sum F_r = m(\ddot{r} - r\dot{\theta}^2)$$

$$\sum F_\theta = m(r\ddot{\theta} + 2\dot{r}\dot{\theta})$$

$$\sum F_z = m\ddot{z}$$

3）$t = 1\text{s}$ 时，计算径向坐标 r 和各参数对时间的导数。

图 1-4-5 质点的受力图和动力图

$$r = t^2 + 2t = 3\text{m} \qquad\qquad \dot{\theta} = 3\text{rad/s}$$

$$\dot{r} = 2t + 2 = 4\text{m/s} \qquad\qquad \ddot{\theta} = 0$$

$$\ddot{r} = 2\text{m/s}^2 \qquad\qquad \ddot{z} = 6t = 6\text{m/s}^2$$

将以上结果代入运动微分方程中，可得

$$\sum F_r = 2\text{kg} \times \left[2\text{m/s}^2 - 3\text{m} \times (3\text{rad/s})^2 \right] = -50\text{N}$$

$$\sum F_\theta = 2\text{kg} \times (3\text{m} \times 0\text{rad/s}^2 + 2 \times 4\text{m/s} \times 3\text{rad/s}) = 48\text{N}$$

$$\sum F_z = 2\text{kg} \times 6\text{m/s}^2 = 12\text{N}$$

因此，作用在质点上的合力大小为

$$F = \sqrt{(-50\text{N})^2 + (48\text{N})^2 + (12\text{N})^2} = 70.3\text{N}$$

4.2　质点的功和能

4.2.1　力的功

在力学中，当质点在力 $\boldsymbol{F}$ 的作用下移动一个位移 d$\boldsymbol{s}$ 时，此力做了功。通常，若 θ 是 $\boldsymbol{F}$ 与 d$\boldsymbol{s}$ 之间的夹角，如图 1-4-6a 所示，则功 dU 是一个标量，定义为 $\boldsymbol{F}$ 和 d$\boldsymbol{s}$ 的点积，即

$$\mathrm{d}U = \boldsymbol{F}\mathrm{d}\boldsymbol{s} = F\mathrm{d}s\cos\theta \tag{4-6}$$

式（4-6）表达的功有两种解释：一是 $\boldsymbol{F}$ 与在 $\boldsymbol{F}$ 方向上的位移分量的大小 d$s\cos\theta$ 的乘积，如图 1-4-6b 所示；二是 d$\boldsymbol{s}$ 与在 d$\boldsymbol{s}$ 方向上的分力的大小 $F\cos\theta$ 的乘积，如图 1-4-6c 所示。若 $F\cos\theta$ 与 d$\boldsymbol{s}$ 是在相同的方向，功为正；反之，功为负。在两种情况下力 $\boldsymbol{F}$ 不做功，一是 $\boldsymbol{F}$ 垂直于 d$\boldsymbol{s}$，$\cos 90° = 0$；二是质点的位移为零，此时 d$s = 0$。

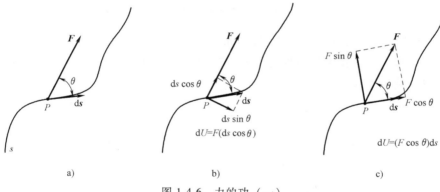

图 1-4-6　力的功（一）

功的基本单位为焦耳（J，$1\text{J} = 1\text{N} \cdot \text{m}$），它是力和位移单位的乘积。

若质点 P 在力 $\boldsymbol{F}$ 的作用下沿着轨迹从 s_1 处到 s_2 处移动了一个有限位移，如图 1-4-7 所示。$\boldsymbol{F}$ 所做的功 U_{1-2} 为

$$U_{1-2} = \int_{s_1}^{s_2} \boldsymbol{F} \cdot \mathrm{d}\boldsymbol{s} = \int_{s_1}^{s_2} F\cos\theta \mathrm{d}s \tag{4-7}$$

4.2.2　动能定理

质点 P 在任意力系（$\boldsymbol{F}_1$，$\boldsymbol{F}_2$，$\cdots$，$\boldsymbol{F}_n$）的作用下，沿图 1-4-8 所示的轨迹运动，在 t_1 时刻的位置为 s_1，速度为 v_1，在 t_2 时刻的位置为 s_2，速度为 v_2，质点的动能定理

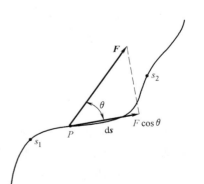

图 1-4-7　力的功（二）

可表述为

$$\sum U_{i,1-2} = \frac{1}{2}mv_2^2 - \frac{1}{2}mv_1^2 \qquad (4-8)$$

式中　　$U_{i,1-2}$——质点从位置 s_1 移动到位置 s_2 时第 i 个力 $\boldsymbol{F}_i$ 做的功；

$\quad\quad\quad\ m$——质点的质量；

$\quad\quad\quad\ v_1$——质点在位置 s_1 的速度；

$\quad\quad\quad\ v_2$——质点在位置 s_2 的速度。

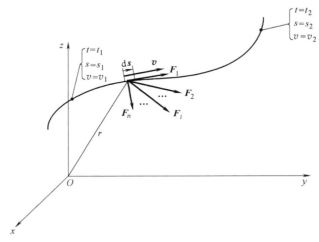

图 1-4-8　质点的运动轨迹

例 4-2　图 1-4-9a 表示 150kg 的小车以 0m/s 的初速度沿着 20°的斜坡从顶部往下自由移动（小车受到的外力仅为重力和摩擦力），沿着斜坡移动 50m 后速度为 12m/s，求路面给小车轮子的摩擦力是多少？

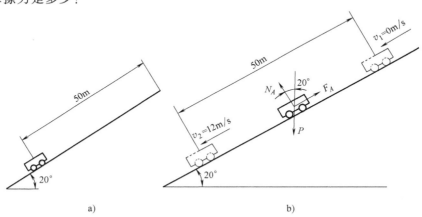

图 1-4-9　小车上坡示意图

解：1）小车的受力图如图 1-4-9b 所示。从该图可以看出，法向力 $\boldsymbol{N}_A$ 不做功，因为小车沿着法向未发生移动；摩擦力做功为负，重力做功为正。

2）应用动能定理，得

$$\sum U_{i,1-2} = \frac{1}{2}mv_2^2 - \frac{1}{2}mv_1^2$$

$$150\text{kg}\times9.8\text{m/s}^2\times(50\text{m}\times\sin20°)-F_A\times50\text{m}=\frac{1}{2}\times150\text{kg}\times(12\text{m/s})^2-0$$

$$F_A\approx286.8\text{kN}$$

4.3 质点动量定理与角动量定理

4.3.1 质点动量定理

考虑质量为 m 的一个质点，受力（F_1，F_2，…，F_n）作用，质点的运动微分方程可写为

$$\sum F=ma=m\frac{\mathrm{d}v}{\mathrm{d}t} \tag{4-9}$$

式中 a——质点的瞬时加速度；

v——质点的速度。

在 t_1（对应的速度为 v_1）和 t_2（对应的速度为 v_2）之间积分得

$$\sum\int_{t_1}^{t_2}F\mathrm{d}t=m\int_{v_1}^{v_2}\mathrm{d}v$$

或

$$\sum\int_{t_1}^{t_2}F\mathrm{d}t=mv_2-mv_1 \tag{4-10}$$

式（4-10）为质点动量定理的积分形式，力可为常数或时间的函数。

1. 冲量

式（4-10）中积分 $I=\int_{t_1}^{t_2}F\mathrm{d}t$ 定义为线冲量。它是一个矢量，度量作用在质点上的力 F_i 作用时间内的影响，冲量的作用方向与力的方向相同，它的单位是 N·s。

2. 动量

式（4-10）中如 $L=mv$ 形式的两个矢量定义为质点的动量。因为 m 为标量，所以动量的作用方向与 v 的方向相同，它的大小 mv 具有质量-速度的单位 kg·m/s 或力-时间的单位 N·s，与度量冲量所用的单位相同。

在求解问题时，将式（4-10）写成

$$mv_1+\sum\int_{t_1}^{t_2}F\mathrm{d}t=mv_2 \tag{4-11}$$

表示质点在时间 t_1 的初动量 mv_1 与在时间间隔 $t_1\sim t_2$ 加在质点上的全部冲量的矢量和等于质点在时间 t_2 的末动量 mv_2。上述定理也可在各种坐标系中进行分解得到各类坐标系下的描述形式。

4.3.2 质点系动量定理

图 1-4-10 表示 n 个质点组成的质点系，其动量定理可表述为

$$\sum\int_{t_1}^{t_2}F\mathrm{d}t=\sum m_j\int_{(v_j)_1}^{(v_j)_2}\mathrm{d}v_j \tag{4-12}$$

式中 m_j——第 j 个质点的质量；

$(v_j)_1$、$(v_j)_2$——第 j 个质点在时间 t_1 的初速度、时间 t_2 的末速度。

在求解问题时，将式（4-12）写成

$$\sum m_j(v_j)_1 + \sum \int_{t_1}^{t_2} F\,\mathrm{d}t = \sum m_j(v_j)_2 \tag{4-13}$$

表示质点系的初动量与在时间间隔 $t_1 \sim t_2$ 内作用在质点系的所有外冲量之矢量和等于质点系的末动量。

在时间间隔 $t_1 \sim t_2$ 内作用在质点系上的外冲量之和等于零时，式（4-13）可简化为

$$\sum m_j(v_j)_1 = \sum m_j(v_j)_2 \tag{4-14}$$

式（4-14）即为动量守恒定律的表达式。它表明在时间间隔 $t_1 \sim t_2$ 内，质点系的动量保持恒定，也表明了质点系的质心速度不改变。

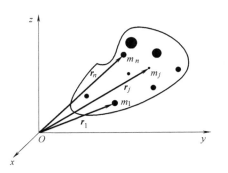

图 1-4-10 质点系

例 4-3 图 1-4-11 中 600kg 的大炮发射一颗 5kg 的炮弹，其出口速度为 525m/s。若发射时间为 0.008s（即炮弹在炮筒里的运动所需时间），大炮的支架牢固地固定在地面上，大炮水平方向的后坐能量由两个完全相同的弹簧吸收。试求：

1）炮弹刚射出后大炮的速度。

2）作用在炮弹上的平均冲击力（忽略炮筒摩擦）。

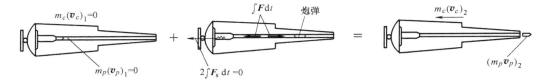

图 1-4-11 发射炮弹的大炮动量和冲量图

解：把炮弹和大炮看作一个质点系，动量和冲量图如图 1-4-11 所示。

因为大炮和炮弹之间的冲击是系统的内冲量，所以在分析系统的动量和冲量时不需要考虑。而且，在 0.008s 的发射时间内，因为作用时间很短，在这一时间内大炮仅移动一很小的距离，所以可以认为与支架相连的两个弹簧给大炮的作用力 F_s 做功为 0，则炮弹和大炮组成的质点系满足动量守恒定律。

1）对系统应用动量守恒定律，则有

$$\sum m v_1 = \sum m v_2$$
$$m_c(v_c)_1 + m_p(v_p)_1 = m_c(v_c)_2 + m_p(v_p)_2$$
$$0 + 0 = 600\text{kg} \times (v_c)_2 + 5\text{kg} \times 525\text{m/s}$$
$$(v_c)_2 = -4.37\text{m/s}$$

综上可知，炮弹刚射出后大炮的速度为 4.37m/s，方向向左。

2）炮弹动量和冲量图如图 1-4-12 所示。对炮弹应用动量定理。

因为 $\int F\,\mathrm{d}t = F_{平均}\,\Delta t = F_{平均} \times 0.008\text{s}$，则有

$$m_p(v_p)_1 + \sum \int F\,\mathrm{d}t = m_p(v_p)_2$$

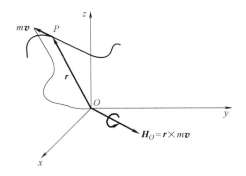

图 1-4-12　炮弹动量和冲量图

$$0 + F_{平均} \times 0.008\text{s} = 5\text{kg} \times 525\text{m/s}$$

$F_{平均} = 328100\text{N} = 328.1\text{kN}$，方向向右。

4.3.3　质点及质点系角动量

设一质点 P 沿任意曲线运动，如图 1-4-13 所示，在时刻 t 质点的动量 $L = mv$，对固定点 O 的位置矢量为 r，则定义质点 P 对点 O 的角动量 H_O 为

$$H_O = r \times mv \tag{4-15}$$

角动量 H_O 的方向用矢量积的右手定则判定。

当质点 P 做平面运动时，如图 1-4-14 所示，质点 P 对点 O 的角动量 H_O 可简化为

$$H_O = dmv \tag{4-16}$$

式中　d——点 O 到 mv 作用线的距离。

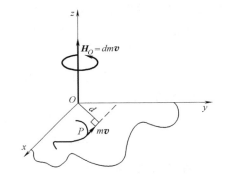

图 1-4-13　质点角动量　　　　　　　　　　图 1-4-14　平面运动下的角动量

为了便于计算，可将 r 和 mv 表达成它们的直角坐标分量，便可从行列式之值得到角动量

$$H_O = \begin{vmatrix} i & j & k \\ r_x & r_y & r_z \\ mv_x & mv_y & mv_z \end{vmatrix} \tag{4-17}$$

用运动微分方程表达所有作用在质点上的力，因为质点的质量为常数，所以

$$\sum F = m\dot{v} \tag{4-18}$$

用位置矢量 r 在此方程的两边做矢积，得到力对一惯性参考系点 O 的矩 $\sum M_O$ 为

$$\sum M_O = r \times \sum F = r \times m\dot{v} \tag{4-19}$$

因为

$$\frac{\mathrm{d}}{\mathrm{d}t}(r \times mv) = \dot{r} \times mv + r \times m\dot{v}$$

而

$$\dot{r} \times m\boldsymbol{v} = \boldsymbol{v} \times m\boldsymbol{v} = 0$$

所以

$$\sum \boldsymbol{M}_O = \frac{\mathrm{d}}{\mathrm{d}t}(\boldsymbol{r} \times m\boldsymbol{v})$$

$$\sum \boldsymbol{M}_O = \dot{\boldsymbol{H}}_O \qquad\qquad (4\text{-}20)$$

所有作用在质点上的力对点 O 的矩之矢量和等于质点对点 O 的角动量对时间的导数。

对于图 1-4-15 所示 n 个质点组成的质点系，可以导出与式（4-20）同样形式的方程。对质点系中的任意第 i 个质点，其上作用有外力合力 $\sum \boldsymbol{F}_i$ 和系统内所有其他质点对第 i 个质点的内力合力 $\sum \boldsymbol{f}_i$。将这些力对点 O 取矩，利用式（4-20），则有

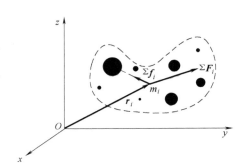

$$\boldsymbol{r}_i \times \sum \boldsymbol{F}_i + \boldsymbol{r}_i \times \sum \boldsymbol{f}_i = \dot{\boldsymbol{H}}_{Oi} \qquad (4\text{-}21)$$

式中　$\boldsymbol{r}_i$——从点 O 到第 i 个质点的位置矢量；

　　　$\boldsymbol{H}_{Oi}$——第 i 个质点对点 O 的角动量。

对系统的其他质点也可以写出类似的方程。因为内力总是成对出现，且方向相反，所以将所有的结果矢量相加时，内力产生的矩相互抵消。因此最后结果为

图 1-4-15　质点系角动量

$$\sum \boldsymbol{M}_O = \dot{\boldsymbol{H}}_O \qquad\qquad (4\text{-}22)$$

式（4-22）表明作用在质点系的所有外力对点 O 的矩之矢量和等于质点系对点 O 的总角动量对时间的导数。

将作用在质点系上的所有外力对系统的质心 G 取矩，可以得到力矩矢量和 $\sum \boldsymbol{M}_G$ 与角动量 $\boldsymbol{H}_G$ 的关系，且与式（4-22）具有同样的形式。

4.3.4　质点角动量定理

1. 角动量定理

若将式（4-20）写成 $\sum \boldsymbol{M}_O \mathrm{d}t = \mathrm{d}\boldsymbol{H}_O$ 的形式，然后在时间 t_1 和 t_2 之间积分，则得

$$\sum \int_{t_1}^{t_2} \boldsymbol{M}_O \mathrm{d}t = (\boldsymbol{H}_O)_2 - (\boldsymbol{H}_O)_1$$

或

$$(\boldsymbol{H}_O)_1 + \sum \int_{t_1}^{t_2} \boldsymbol{M}_O \mathrm{d}t = (\boldsymbol{H}_O)_2 \qquad\qquad (4\text{-}23)$$

式中　$(\boldsymbol{H}_O)_1$、$(\boldsymbol{H}_O)_2$——t_1 时刻的初角动量、t_2 时刻的末角动量。

$$\int_{t_1}^{t_2} \boldsymbol{M}_O \mathrm{d}t = \int_{t_1}^{t_2} \boldsymbol{r} \times \boldsymbol{F} \mathrm{d}t \qquad\qquad (4\text{-}24)$$

式中　$\boldsymbol{r}$——点 O 到力 $\boldsymbol{F}$ 作用点的位置矢量。

式（4-24）中积分 $\int_{t_1}^{t_2} \boldsymbol{M}_O \mathrm{d}t$ 定义为角冲量。

用类似的方法，可得质点系的角动量定理的积分形式为

$$\sum \left(\boldsymbol{H}_O \right)_1 + \sum \sum \int_{t_1}^{t_2} \boldsymbol{M}_O \mathrm{d}t = \sum \left(\boldsymbol{H}_O \right)_2 \qquad (4\text{-}25)$$

2. 角动量守恒定律

在 $t_1 \sim t_2$ 的时间间隔内，作用在质点上的力矩矢量和为零时，式（4-23）可简化为

$$\left(\boldsymbol{H}_O \right)_1 = \left(\boldsymbol{H}_O \right)_2 \qquad (4\text{-}26)$$

式（4-26）称为角动量守恒定律，它表明从 t_1 到 t_2 质点的角动量不变。若质点上没有外冲量和角冲量作用，动量和角动量都守恒。

4.4　刚体动力学

刚体运动包括平移运动、绕定轴转动和一般平面运动三种形式。本节先引入物理量——转动惯量，然后推导出刚体一般平面运动的运动微分方程，再给出刚体绕定轴转动和平动的运动微分方程。

4.4.1　转动惯量

质点动力学的研究以运动微分方程为基础，该方程说明了作用在质点上的合力 F 与其质量 m 和加速度 a 之间的关系。这个方程也同样应用于刚体上。然而，因为刚体具有一定的大小和形状，所以作用在刚体上的力系是无须共点的。其结果是，力产生的力矩给刚体一个角加速度。如图 1-4-16 所示的刚体，它沿 aa 轴固定并绕此轴转动。首先分离出一个质量微元 $\mathrm{d}m$ 作为研究对象，该微元到 aa 轴的距离为 r。由于外载荷的原因，作用在该微元上的任何不平衡的切向分力 $\mathrm{d}F_\mathrm{t}$ 将产生一个微元绕其轴的角速度。在切线方向应用运动微分方程，则有 $\mathrm{d}F_\mathrm{t} = \mathrm{d}ma_\mathrm{t}$。因为 $a_\mathrm{t} = r\alpha$，$\mathrm{d}F_\mathrm{t}$ 绕 aa 轴的力矩 $\mathrm{d}M = r^2 \alpha \mathrm{d}m$。作用在刚体所有微元上切向力的力矩可通过积分来确定。因为 α 对所有从轴至微元 $\mathrm{d}m$ 延长的径线 r

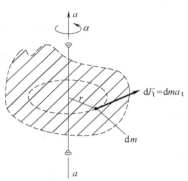

图 1-4-16　旋转的刚体

都是相同的，所以 α 可以作为因子而提到积分之外，从而得到 $M = I\alpha$，取

$$I = \int_m r^2 \mathrm{d}m \qquad (4\text{-}27)$$

式（4-27）的积分就称为**转动惯量**。

例 4-4　求图 1-4-17a 所示直圆柱体绕 z 轴的转动惯量。材料的密度 ρ 是常数。

解： 本题用图 1-4-17b 所示的薄壳元素取积分来求解。因为元素的体积是 $\mathrm{d}V = 2\pi r h \mathrm{d}r$，所以它的质量是 $\mathrm{d}m = \rho \mathrm{d}V = \rho (2\pi h r \mathrm{d}r)$。又因为整个元素位于距 z 轴相同距离 r 处，所以元素的转动惯量为

$$\mathrm{d}I_z = r^2 \mathrm{d}m = 2\pi \rho h r^3 \mathrm{d}r$$

在圆柱体的整个范围内积分，有

$$I_z = \int_m r^2 \mathrm{d}m = 2\pi \rho h \int_0^R r^3 \mathrm{d}r = \frac{\rho \pi}{2} R^4 h$$

圆柱体的质量为

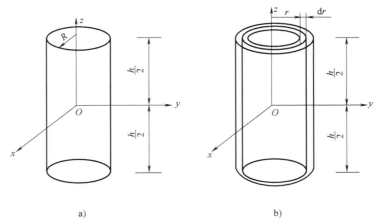

图 1-4-17 圆柱体示意图

$$m = \int_m \mathrm{d}m = 2\pi\rho h \int_0^R r\mathrm{d}r = \rho\pi hR^2$$

$$I_z = \frac{1}{2}mR^2$$

4.4.2 刚体一般平面运动的运动微分方程

如图 1-4-18 所示的刚体（薄层），它的质量为 m 并在参考平面内做图示的运动。惯性参考坐标 Oxy 的原点在点 O。讨论某一瞬时，作用的力系使刚体（薄层）产生一角加速度 $\boldsymbol{\alpha}$ 和角速度 $\boldsymbol{\omega}$，此时薄层的质量中心有一加速度 $\boldsymbol{a}_G$。此时，刚体的运动可分解为质心的运动和绕质心的转动两部分。

1. 质心运动微分方程

图 1-4-19 表示刚体上第 i 个任意质点的受力图和动力图，有两种类型的力作用在这个质点上：内力是由其他各个质点对第 i 个质点作用的力，由 $\sum \boldsymbol{f}_i$ 表示；总外力 $\sum \boldsymbol{F}_i$ 代表重力、电、磁或相邻刚体之间接触力的效应。如果对

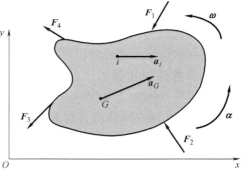

图 1-4-18 刚体（薄层）运动示意图

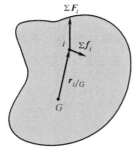

a) 受力图

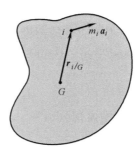

b) 动力图

图 1-4-19 第 i 质点的受力图和动力图

具有 n 个质点刚体的每个质点应用运动微分方程并进行矢量相加，可得

$$\sum \boldsymbol{F}_i = m\boldsymbol{a}_G \tag{4-28}$$

式（4-28）称为刚体质心运动微分方程。它说明所有作用在刚体上外力的合力 $\sum \boldsymbol{F}_i$，等于刚体的质量 m 乘以质量中心的加速度 $\boldsymbol{a}_G$。如果 $\boldsymbol{F}_R$ 代表作用在刚体上外力的合力，则由式（4-28）可知，$\boldsymbol{F}_R$ 的大小为 $m\boldsymbol{a}_G$，其作用线与 $\boldsymbol{a}_G$ 共线。

对于 x-y 平面的运动来说，作用在刚体上的外力系可以用它的 x 和 y 分量表示，则式（4-28）可以写成两个独立的标量方程形式

$$\left.\begin{array}{l} \sum F_x = m(a_G)_x \\ \sum F_y = m(a_G)_y \end{array}\right\}$$

2. 绕质心转动运动微分方程

现在讨论由于外力系绕刚体质心 G 的力矩产生的效应。如图 1-4-19 所示，矢量 $\boldsymbol{r}_{i/G}$ 是刚体第 i 个质点相对于质心 G 的位置。因此，外力的合力 $\sum \boldsymbol{F}_i$ 和内力 $\sum \boldsymbol{f}_i$ 绕质心 G 的力矩和必须等于 $m_i \boldsymbol{a}_i$ 绕质心 G 产生的力矩，即

$$(\boldsymbol{r}_{i/G} \times \sum \boldsymbol{F}_i) + (\boldsymbol{r}_{i/G} \times \sum \boldsymbol{f}_i) = \boldsymbol{r}_{i/G} \times m_i \boldsymbol{a}_i \tag{4-29}$$

建立加速度 $\boldsymbol{a}_i$ 与刚体质心加速度 $\boldsymbol{a}_G$ 的关系，即

$$\boldsymbol{a}_i = \boldsymbol{a}_G + \boldsymbol{\alpha} \times \boldsymbol{r}_{i/G} - \omega^2 \boldsymbol{r}_{i/G}$$

将上式代入式（4-29），得

$$(\boldsymbol{r}_{i/G} \times \sum \boldsymbol{F}_i) + (\boldsymbol{r}_{i/G} \times \sum \boldsymbol{f}_i) = (m_i \boldsymbol{r}_{i/G} \times \boldsymbol{a}_G) + m_i \boldsymbol{r}_{i/G}(\boldsymbol{\alpha} \times \boldsymbol{r}_{i/G})$$

如果刚体的 n 个质点，每个都写成同样的方程并且按矢量相加，所有的内力绕质心 G 产生的力矩相互抵消，从而可以写成

$$\sum \boldsymbol{M}_G = (\sum m_i \boldsymbol{r}_{i/G}) \times \boldsymbol{a}_G + \sum [m_i \boldsymbol{r}_{i/G} \times (\boldsymbol{\alpha} \times \boldsymbol{r}_{i/G})]$$

上述方程可以写成

$$\sum M_G = \left(\int_m \boldsymbol{r}^2 \mathrm{d}m\right)\boldsymbol{\alpha}$$

积分 $\int_m \boldsymbol{r}^2 \mathrm{d}m$ 就是转动惯量，代表刚体绕通过点 G 并垂直于运动平面的轴的转动惯量，用 I_G 表示，因此

$$\sum M_G = I_G \alpha \tag{4-30}$$

这个方程称为绕质心转动运动微分方程。它说明所有外力绕刚体质心 G 的力矩之和等于刚体绕点 G 的转动惯量与刚体角加速度 $\boldsymbol{\alpha}$ 大小的乘积。

从上面的分析可以看出，描述刚体一般平面运动的运动微分方程为

$$\left.\begin{array}{l} \sum F_x = m(a_G)_x \\ \sum F_y = m(a_G)_y \\ \sum M_G = I_G \alpha \end{array}\right\} \tag{4-31}$$

当应用以上方程解题时，应首先画出刚体在讨论瞬间的受力图和动力图。在受力图上图解表示所有外力 $\boldsymbol{F}_1$、$\boldsymbol{F}_2$、$\boldsymbol{F}_3$、$\boldsymbol{F}_4$ 和 $\boldsymbol{P}$，可求得方程中的 $\sum F_x$、$\sum F_y$ 和 $\sum M_G$，如图 1-4-20a 所示。在动力图上图解表示 $m(\boldsymbol{a}_G)_x$ 和 $m(\boldsymbol{a}_G)_y$，如图 1-4-20b 所示。在动力图上也表示了 $I_G \boldsymbol{\alpha}$，它的大小是 $I_G \alpha$，而方向则由 $\boldsymbol{\alpha}$ 定义。因为受力图上的力产生了动力图上表示的三个加速运动，所以这两个图意义相同。$I_G \boldsymbol{\alpha}$ 具有和力偶同样的性质，并且可以作用在动力图上的任一点上。

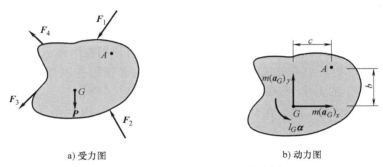

a) 受力图　　　　　b) 动力图

图 1-4-20　刚体的受力图和动力图

4.4.3　刚体绕定轴转动的运动微分方程

如图 1-4-21 所示的刚体（薄层），被约束在垂直平面内并绕垂直于纸面且通过 O 处销钉的定轴转动。在刚体上作用有外力系而产生角速度 ω 和角加速度 α。因为刚体的质心 G 沿圆的轨迹移动，所以点 G 的加速度由它的切向分量和法向分量组成。加速度切向分量的大小是 $(a_G)_t = \alpha r_G$，作用方向与角加速度 α 一致。加速度法向分量的大小是 $(a_G)_n = \omega^2 r_G$，作用方向总是由点 G 至点 O，而不管 ω 的方向。

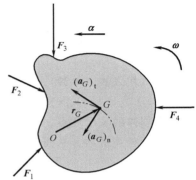

图 1-4-21　刚体绕定轴转动

刚体的受力图和动力图如图 1-4-22 所示。将刚体的重量 $P = mg$ 和销钉的反作用力 F_O 也表示在受力图上，因为它们代表了作用在刚体上的外力。在动力图上表示了两个分力 $m(a_G)_t$ 和 $m(a_G)_n$，它们与刚体质心的切向加速度和法向加速度分量有关。矢量 $I_G \alpha$ 的作用方向与 α 相同，其大小为 $I_G \alpha$。因此，由前面章节所学知识可知，刚体绕定轴转动的运动微分方程为

$$\left. \begin{array}{l} \sum F_n = m(a_G)_n = m\omega^2 r_G \\ \sum F_t = m(a_G)_t = m\alpha r_G \\ \sum M_G = I_G \alpha \end{array} \right\} \qquad (4\text{-}32)$$

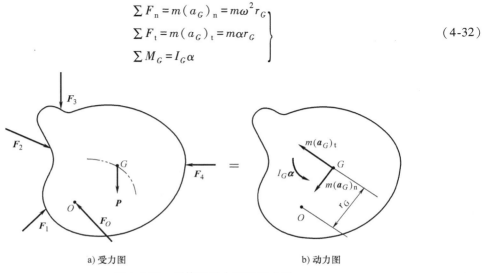

a) 受力图　　　　　b) 动力图

图 1-4-22　刚体的受力图和动力图

48

4.4.4　刚体平动的运动微分方程

当刚体处于平动时，刚体的所有质点具有相同的加速度，所以 $a_G = a$，此时刚体的平动可分为直线平动和曲线平动。

当刚体做直线平动时，刚体（薄层）的所有质点沿平行的直线轨迹移动，其受力图和动力图如图 1-4-23 所示，此时刚体的运动微分方程为

$$\left.\begin{array}{l} \sum F_x = m(a_G)_x \\ \sum F_y = m(a_G)_y \end{array}\right\} \tag{4-33}$$

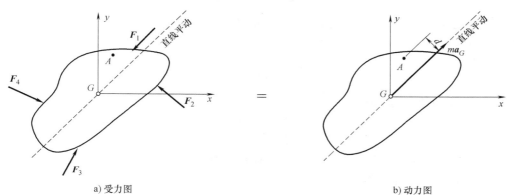

a) 受力图　　　　　　　　　　　　　　　b) 动力图

图 1-4-23　刚体受力图和动力图（直线平动）

当刚体做曲线平动时，刚体的所有质点沿平行的曲线轨迹移动，其受力图和动力图如图 1-4-24 所示，此时刚体的运动微分方程为

$$\left.\begin{array}{l} \sum F_n = m(a_G)_n \\ \sum F_t = m(a_G)_t \end{array}\right\} \tag{4-34}$$

其中，$(a_G)_n$ 和 $(a_G)_t$ 分别代表点 G 加速度的切向和法向分量大小。

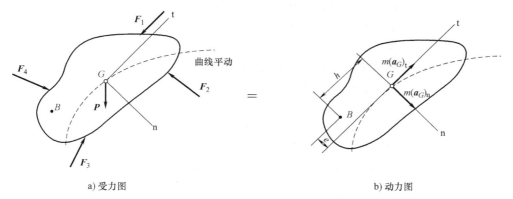

a) 受力图　　　　　　　　　　　　　　　b) 动力图

图 1-4-24　刚体受力图和动力图（曲线平动）

4.4.5　动能和功

1. 动能一般公式

如图 1-4-25 所示的刚体，将其视为一个在 Oxy 参考运动平面中移动的薄层。刚体的第 i

个任意质点的质量为 m_i，其位于距刚体质心 G 的 $r_{i/G}$ 处。如果在给定瞬间，该质点的速度为 v_i，则质点的动能 T_i 为

$$T_i = \frac{1}{2} m_i v_i^2$$

整个刚体的动能可对所有质点用同样表达式进行求和，即

$$T = \frac{1}{2} \sum m_i v_i^2$$

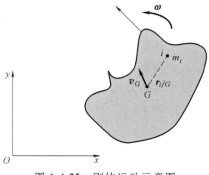

图 1-4-25　刚体运动示意图

通过运动学建立 v_i 与刚体质心速度 v_G 的关系，上式可改写为

$$T = \frac{1}{2} \sum m_i v_G^2 + \frac{1}{2} \omega^2 \sum m_i r_{i/G}^2$$

进一步得动能的一般公式为

$$T = \frac{1}{2} m v_G^2 + \frac{1}{2} I_G \omega^2 \tag{4-35}$$

（1）平移运动的动能表达式　当质量为 m 的刚体做直线或曲线平移运动时，因为 $\omega = 0$，所以产生的转动动能为零。则刚体的动能为

$$T = \frac{1}{2} m v_G^2 \tag{4-36}$$

（2）绕定轴转动的动能表达式　当刚体绕通过点 O 的定轴转动时，它的质心速度 $v_G = r_{G/O} \omega$，则刚体的动能为

$$T = \frac{1}{2} m (r_{G/O} \omega)^2 + \frac{1}{2} I_G \omega^2$$

例 4-5　图 1-4-26 所示的三单元系统由 6kg 的物块 B、10kg 的圆盘 D 和 12kg 的圆柱 C 组成。将不计重量而连续的软线绕在圆柱 C 上，它通过圆盘 D 的上方连接到物块 B 上。如果物块 B 以 0.8m/s 的速度向下移动，并且圆柱 C 做无滑动的滚动，忽略系统的摩擦力，求该系统在这一瞬间的总动能。

解：根据观察，物块 B 做平移运动，圆盘 D 绕定轴转动，圆柱 C 做一般平面运动。因此，为了计算圆盘 D 和圆柱 C 的动能，首先需要确定 ω_D、ω_C 和 v_G。由圆盘的运动学，可得

$$v_B = r_D \omega_D \Rightarrow 0.8\text{m/s} = 0.1\text{m} \times \omega_D \Rightarrow \omega_D = 8\text{rad/s}$$

因为圆柱 C 做无滑动的滚动，所以速度瞬心在与地面的接触点处，有

$$v_E = r_{E/C} \omega_C \Rightarrow 0.8\text{m/s} = 0.2\text{m} \times \omega_C \Rightarrow \omega_C = 4\text{rad/s}$$

$$v_G = r_{G/C} \omega_C = 0.1\text{m} \times 4\text{rad/s} = 0.4\text{m/s}$$

物块 B 的动能为

$$T_B = \frac{1}{2} m_B v_B^2 = \frac{1}{2} \times 6\text{kg} \times (0.8\text{m/s})^2 = 1.92\text{J}$$

圆盘 D 的动能为

$$T_D = \frac{1}{2} I_D \omega_D^2 = \frac{1}{2} \left(\frac{1}{2} m_D r_D^2 \right) \omega_D^2 = \frac{1}{2} \times \left[\frac{1}{2} \times 10\text{kg} \times (0.1\text{m})^2 \right] \times (8\text{rad/s})^2 = 1.60\text{J}$$

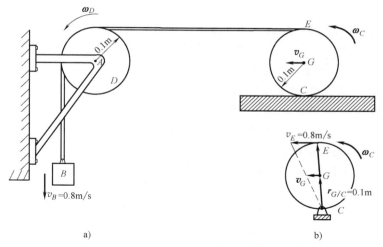

图 1-4-26 三单元系统示意图

圆柱 C 的动能为

$$T_C = \frac{1}{2}m_C v_G^2 + \frac{1}{2}I_G \omega_C^2 = \frac{1}{2} \times 12\text{kg} \times (0.4\text{m/s})^2 + \frac{1}{2} \times \left[\frac{1}{2} \times 12\text{kg} \times (0.1\text{m})^2 \right] \times (4\text{rad/s})^2 = 1.44\text{J}$$

系统的总动能为

$$T = T_B + T_D + T_C = 1.92\text{J} + 1.60\text{J} + 1.44\text{J} = 4.96\text{J}$$

2. 力的功

前面已经讨论过，一个质点在外力 F 的作用下沿轨迹 s 移动，则该力做的功为

$$U = \int_s F \mathrm{d}s = \int_s F\cos\theta \mathrm{d}s \tag{4-37}$$

现在讨论刚体的三个质点上作用三个外力系，如图 1-4-27 所示，它们使刚体由位置 1 移至位置 2。因为功是标量，所以所做的总功就是各力所做功的代数和，即

$$U_F = \int_{s_1} F_1 \mathrm{d}s_1 + \int_{s_2} F_2 \mathrm{d}s_2 + \int_{s_3} F_3 \mathrm{d}s_3 \tag{4-38}$$

如果另有外力作用到刚体上，则必定在方程内包含有相似的项。当力沿轨迹移动时，式（4-38）中的积分必须考虑力的方向和大小的变化。当刚体作用一个力偶并做一般平面运动时，这个力偶仅当刚体转动时才做功。

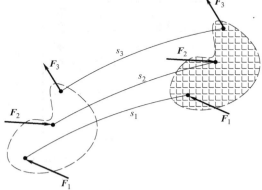

图 1-4-27 刚体上作用三个外力系

能也是标量，刚体的功和能定理就可以写为

$$T_1 + \sum U_{1-2} = T_2 \tag{4-39}$$

式（4-39）说明刚体初始平动和转动的动能 T_1，加上由于作用在刚体上的外力和力偶使刚体由初始位置 1 移动到最终位置 2 所做的功，等于刚体最终平动和转动的动能 T_2。

当几个刚体被销连接，无伸长绳索连接或互相啮合时，式（4-39）可以应用到连接刚体的整个系统中。在所有这种情况下，不同构件之间的连接内力不做功，在分析中不考虑。

　　当作用在刚体上的力系仅由保守力组成时，可以应用能量守恒定律来求解这类问题，也可应用功和能定理来求解。因为保守力所做的功与轨迹无关，并且只取决于刚体的初始和最终位置，所以通常较多应用功和能定理。

　　例 4-6　图 1-4-28 所示 10kg 连杆的两端部分别限制在水平和垂直槽内。弹簧的刚度 $k = 800\text{N/m}$，且当 $\theta = 0°$ 时未伸长。如果 AB 由 $\theta = 30°$ 时的静止状态放开，求当 $\theta = 0°$ 时滑块 B 的速度。计算时略去滑块的质量。

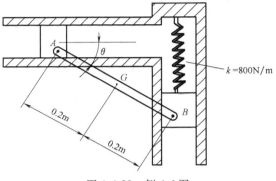

　　解： 1）连杆位于初始和最终位置时的状态如图 1-4-29 所示。

　　当连杆在初始位置 1 时，$(v_G)_1 = \omega_1 = 0$，所以 $T_1 = 0$。弹簧伸长的距离 $x_1 = (0.4\sin30°)$ m，此时连杆重心与最终位置 2 的垂直距离 $y_1 = (0.2\sin30°)$ m，连杆受重力和弹簧拉力的作用。

图 1-4-28　例 4-6 图

　　当连杆在最终位置 2 时，角速度为 ω_2 且连杆质心速度为 $(v_G)_2$，此时连杆的动能为 T_2。弹簧没有伸长，弹簧的拉力为零，故连杆仅受重力的作用。

　　2）应用功和能定理，则有

$$T_1 + \sum U_{1-2} = T_2$$

$$0 - Py_1 + \frac{1}{2}k(x_1)^2 = \frac{1}{2}m(v_G)_2^2 + \frac{1}{2}I_G\omega_2^2$$

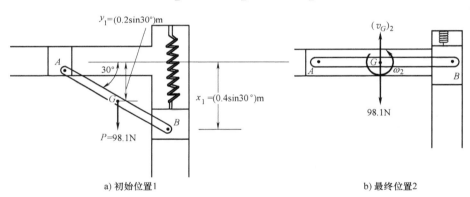

a) 初始位置1　　　　　　　　　　　b) 最终位置2

图 1-4-29　连杆的状态示意图

$$0 - 98.1\text{N} \times 0.2\text{m} \times \sin30° + \frac{1}{2} \times 800\text{N/m} \times (0.4\text{m} \times \sin30°)^2$$

$$= \frac{1}{2} \times 10\text{kg} \times (v_G)_2^2 + \frac{1}{2} \times \left[\frac{1}{12} \times 10\text{kg} \times (0.4\text{m})^2\right] \times \omega_2^2$$

　　应用运动学可把 $(v_G)_2$ 和 ω_2 联系起来。连杆的速度瞬心在点 A，因此

$$(v_G)_2 = 0.2\text{m} \times \omega_2$$

则可得

$$\omega_2 = 4.82\text{rad/s}$$

滑块 B 的速度为

$$(v_B)_1 = (r_{B/A})\omega_2 = 0.4\text{m} \times 4.82\text{rad/s} = 1.93\text{m/s}$$

4.4.6 刚体动量定理和角动量定理

1. 动量和角动量

对如图 1-4-30 所示的刚体来说，动量 L 为刚体所有 n 个质点的动量 $m_i\boldsymbol{v}_i$ 求矢量和，即

$$\boldsymbol{L} = \sum m_i\boldsymbol{v}_i \qquad (4\text{-}40)$$

若刚体的质量为 m，质心速度为 v_G，则可将式（4-40）简化为

$$\boldsymbol{L} = m\boldsymbol{v}_G \qquad (4\text{-}41)$$

动量为矢量，其大小为 mv_G，方向由质心的瞬时速度定义。

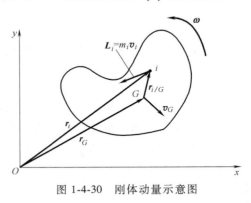

图 1-4-30 刚体动量示意图

前面讨论过，对质心 G 计算刚体的角动量为

$$\boldsymbol{H}_G = I_G\boldsymbol{\omega} \qquad (4\text{-}42)$$

刚体的角动量 $\boldsymbol{H}_G$ 也是矢量，其大小为 $I_G\omega$，方向由 $\boldsymbol{\omega}$ 定义。

（1）平移运动的动量和角动量　当质量为 m 的刚体做直线或曲线平移运动时，它的角速度为 0，因此，动量和角动量分别为

$$\boldsymbol{L} = m\boldsymbol{v}_G$$
$$\boldsymbol{H}_G = 0$$

（2）绕定轴转动的动量和角动量　当刚体绕通过点 O 的定轴转动时，动量和角动量分别为

$$\boldsymbol{L} = mr_{G/O}\boldsymbol{\omega}$$
$$\boldsymbol{H}_G = I_G\boldsymbol{\omega}$$

（3）一般平面运动的动量和角动量　当刚体做一般平面运动时，动量和角动量分别为

$$\boldsymbol{L} = m\boldsymbol{v}_G$$
$$\boldsymbol{H}_G = I_G\boldsymbol{\omega}$$

2. 动量定理

刚体的运动微分方程可以写为

$$\sum F = ma_G = m\frac{\mathrm{d}v_G}{\mathrm{d}t}$$

因为刚体的质量是常数，所以

$$\sum F = \frac{\mathrm{d}}{\mathrm{d}t}(mv_G)$$

将上式两边同时乘以 $\mathrm{d}t$ 并在 $t_1 \sim t_2$ 时间限内积分，可得

$$\sum \int_{t_1}^{t_2} F\mathrm{d}t = m(v_G)_2 - m(v_G)_1 \qquad (4\text{-}43)$$

式中　$m(v_G)_1$——t_1 时刻的动量；

$m(v_G)_2$——t_2 时刻的动量。

式（4-43）称为**动量定理**。它说明在时间间隔 $t_1 \sim t_2$ 内作用在刚体上的外力系产生的所有冲量之和等于刚体在该时间间隔内动量的变化。

3. 角动量定理

如果刚体做一般平面运动，则

$$\sum M_G = I_G \alpha = I_G \frac{\mathrm{d}\omega}{\mathrm{d}t}$$

因为转动惯量 I_G 是常数，所以

$$\sum M_G = \frac{\mathrm{d}}{\mathrm{d}t}(I_G \omega)$$

将上式两边同时乘以 $\mathrm{d}t$ 并在 $t_1 \sim t_2$ 时间限内积分，可得

$$\sum \int_{t_1}^{t_2} M_G \mathrm{d}t = I_G \omega_2 - I_G \omega_1 \tag{4-44}$$

式（4-44）称为角动量定理。它说明在时间间隔 $t_1 \sim t_2$ 内作用在刚体上的角冲量之和等于刚体在该时间间隔内角动量的变化。实际上，角冲量可认为是由作用在刚体上的所有外力和力偶绕点 G 力矩的积分确定的。

例 4-7 如图 1-4-31 所示，将 6kg 的物块 B 连接到绕在 20kg 圆盘的绳上。如果物块 B 最初以 2m/s 的速度向下移动，求它在 3s 时的速度。计算时略去绳子的质量，忽略系统的摩擦力。

解： 1）系统的动量和冲量矢量图如图 1-4-32 所示。

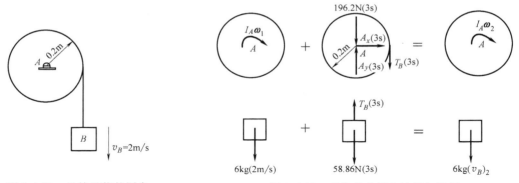

图 1-4-31　悬挂重物的圆盘　　　　图 1-4-32　系统的动量和冲量矢量图

2）对点 A 应用角动量定理，有

$$(\sum 系统的动量)_{A_1} + (\sum 系统的冲量)_{A(1-2)} = (\sum 系统的动量)_{A_2}$$

$$[m_B(v_B)_1 r + I_A \omega_1] + [(P_B t)r] = [m_B(v_B)_2 r + I_A \omega_2]$$

因为 $I_A = 0.40\mathrm{kg \cdot m^2}$、$t = 3\mathrm{s}$、$\omega_1 = 10\mathrm{rad/s}$ 和 $\omega_2 = (v_B)_2/0.2\mathrm{m}$，所以有

$$6\mathrm{kg} \times 2\mathrm{m/s} \times 0.2\mathrm{m} + 0.40\mathrm{kg \cdot m^2} \times 10\mathrm{rad/s} + 58.86\mathrm{N} \times 3\mathrm{s} \times 0.2\mathrm{m}$$

$$= 6\mathrm{kg} \times (v_B)_2 \times 0.2\mathrm{m} + 0.40\mathrm{kg \cdot m^2} \times [(v_B)_2/0.2\mathrm{m}]$$

求解可得

$$(v_B)_2 = 13.0\mathrm{m/s}$$

4. 动量守恒

如果作用在连续刚体系上的所有冲量之和是零，则系统的动量是常数或守恒，即

$$(\sum 系统的动量)_{t_1} = (\sum 系统的动量)_{t_2} \tag{4-45}$$

　　如果在特定方向上的冲量较小或非冲量力，则可以应用动量守恒，而不会在计算中导致明显的误差。具体地说，当很短的时间内作用较小的力时就产生非冲量力。例如，一网球拍击球的力，虽然作用时间 Δt 很短，但所产生的冲量却很大，与之相比，在这个时间内网球重量产生的冲量就很小，并且在 Δt 时间内求运动分析时可以忽略。

5. 角动量守恒

　　刚体系统的角动量对系统的质心 G 或对位于系统转轴上点 O 守恒，此时由于作用在系统上外力产生的所有角冲量之和是零或对这些点计算的所有冲量明显地少（非冲量），则系统的角动量是常数或守恒，即

$$(\sum \text{系统的角动量})_{o_1} = (\sum \text{系统的角动量})_{o_2} \tag{4-46}$$

　　分析一个跳水运动员跳离跳板之后完成一个翻筋斗的过程。由于他把臂和腿收拢靠近其胸部，减小了身体的转动惯量并由此增加了他的角速度。如果他在进入水之前把臂和腿伸直，其身体的转动惯量就会增加而他的角速度减小。因为其身体的重量在运动期间内产生一个冲量，这个例子说明身体的角动量是守恒的，而动量是不守恒的。这种情况往往发生在外力产生的冲量通过刚体的质心或是固定轴时。

习　题

　　4-1　图 1-4-33 所示为一只箱子停在水平面上，其质量为 50kg，箱子与水平面的动摩擦因数 $\mu_k = 0.3$，若用 400N 的力拉动箱子，求拉动 5s 后箱子的速度。

　　4-2　球 B 连在 1m 长细绳的一端，如图 1-4-34 所示。若略去空气阻力，球 B 以等速度在一水平圆轨道上运动，OB 绳的轨迹是一个锥面，假定 $\theta = 45°$，求球 B 沿圆轨道运动的速率。

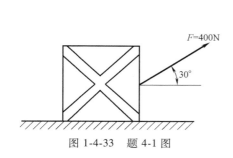

图 1-4-33　题 4-1 图

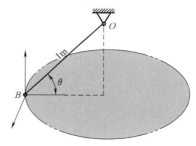

图 1-4-34　题 4-2 图

　　4-3　质量为 100kg 的箱子停在光滑的水平面上，如图 1-4-35 所示。若将作用线与水平面成 45° 的力 $F = 200N$ 加在箱子上，其作用时间为 10s。求箱子的末速度和在作用时间内平面给箱子的法向力。

　　4-4　如图 1-4-36 所示构架，当 $t = 0s$ 时处于静止状态，它支持 5kg 的球 A。大小为 $3t(s^{-1} \cdot N \cdot m)$ 的力矩（式中 t 的单位为 s）作用在 CD 轴上，同时 $F = 10N$ 的力垂直作用在 AB 臂上且垂直于 $ABCD$ 平面。若

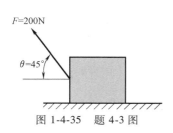

图 1-4-35　题 4-3 图

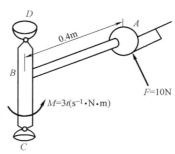

图 1-4-36　题 4-4 图

构架的质量忽略不计，试求 4s 时球的速度。

4-5 图 1-4-37 所示 30kg 的圆盘用销支在它的中心。圆盘上作用一个常值力 $F=10N$，该力通过软绳绕在圆盘上，并形成一个等力偶矩 $M=2N \cdot m$，计算时忽略软绳的质量。求圆盘由静止开始到角速度为 20rad/s 时的转数。

4-6 图 1-4-38 所示 10kg 的车轮的质心回转半径 $r=0.2m$，假定车轮没有滑动或弹跳，求恰使车轮滚过 A 处障碍物（距离地面 0.03m）必须具有的最小速度 v。

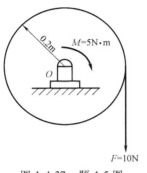

图 1-4-37 题 4-5 图

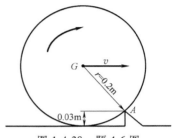

图 1-4-38 题 4-6 图

第 **5** 章

拉伸与压缩

从本章起，将研究与杆件在外力作用下变形有关的问题，即杆件的强度、刚度及稳定性等问题。杆件受力后，所发生的变形是多种多样的，其基本形式有轴向拉伸与压缩、剪切、挤压、扭转和弯曲五种，本章将讨论轴向拉伸与压缩，其余变形形式在后续章节中讨论。

5.1 轴向拉（压）杆的内力

杆件在外力作用下将发生变形。当外力（或外力合力）F 的作用线与杆件的轴线重合时，杆件将发生轴向拉伸或轴向压缩，如图 1-5-1 所示。拉伸变形后杆件沿纵向伸长，横截面面积变小；压缩变形后杆件沿纵向缩短，横截面面积变大。

a) 轴向拉伸   b) 轴向压缩

图 1-5-1　杆件轴向拉伸与压缩

杆件在外力作用下发生变形，杆件内部也产生附加的相互作用力，这个力就是内力，材料力学中把杆件的内力分为轴力、剪力、弯矩和扭矩四种。内力的大小及其在杆件内的分布规律与杆件的强度、刚度和稳定性密切相关。因此，内力分析是解决杆件强度、刚度和稳定性问题的基础。

为了揭示在外力作用下杆件所产生的内力，确定内力的大小和方向，通常采用**截面法**。截面法可以用以下四个步骤来概括。

1. 截开

假设在杆件上需要求内力的截面 *m-m* 处，将杆件截开分成两个部分，如图 1-5-2a 所示。与杆件轴线垂直的截面称为**横截面**，其余情形的截面称为**斜截面**。

2. 取出

取其中的任一部分，包括所取部分的几何图形和所受全部外力，弃去另一部分。

3. 代替

在所取部分的截面上加上内力，代替弃去部分对研究部分的作用，如图 1-5-2b 所示。内力分布于整个截面，实际分析时所加内力是将这些分布内力向截面形心简化的合力，如图 1-5-2c 所示。一般情况下，所加的内力合力沿各坐标方向，如图 1-5-2d 所示，把沿杆件轴线方向、与截面垂直的内力称为**轴力**（F_N），与截面平行的内力称为**剪力**（F_{Sz} 和 F_{Sy}），与截

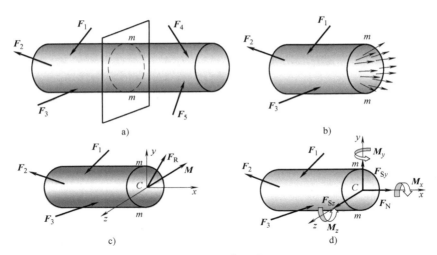

图 1-5-2　截面法

面垂直的内力矩矢称为**扭矩**（M_x），与截面平行的内力矩矢称为**弯矩**（M_y 和 M_z）。在杆件的轴向拉伸与压缩中，内力只有轴力一种。

4. 平衡

最后对所取部分建立平衡方程，求出所加内力。

例 5-1　求图 1-5-3 所示等截面直杆的横截面 1-1 上的内力。

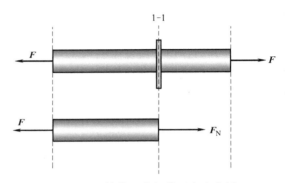

图 1-5-3　等截面直杆截面内力分析

解：使用截面法求内力。

取左侧部分作为研究对象，加上主动力 F 和横截面上的内力 F_N，根据力系平衡方程可得

$$\sum F = 0$$
$$F_N - F = 0$$
$$F_N = F$$

5.2　轴向拉（压）杆横截面应力计算

5.2.1　应力的概念

实际的杆件总是从内力集度最大处开始破坏的，因此只按静力学中所述方法求出截面上分布内力是不够的，必须进一步确定截面上各点处分布内力的集度。为此，必须引入应力的概念。

如图 1-5-4a 所示，在截面上任意一点 M 处取一微小面积 ΔA，设作用在该面积上的内力为 ΔF，则 ΔF 和 ΔA 的比值 $\Delta F/\Delta A$，称为面积 ΔA 上分布内力的平均集度，又称为平均应力。

令 $\Delta A \to 0$，则比值 $\Delta F / \Delta A$ 的极限值为

$$p = \lim_{\Delta A \to 0} \frac{\Delta F}{\Delta A} \qquad (5\text{-}1)$$

称 p 为 M 点处的应力。

如图 1-5-4b 所示，一般情况下，横截面上的应力可分解为两种：与截面垂直的称为正应力或法向应力，用 σ 表示；与截面相切的称为剪应力或切应力，用 τ 表示（第 6 章将专门介绍剪切）。

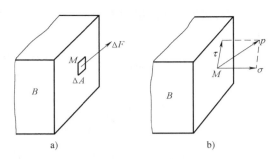

图 1-5-4　截面上微小面积受力分析

应力的单位为 Pa（N/m²），工程中常用的还有 MPa（10^6 Pa）和 GPa（10^9 Pa）。

5.2.2　轴向拉（压）杆横截面上的应力

轴向拉（压）杆横截面的内力为垂直于横截面的轴力 F，因此轴向拉（压）杆横截面上只有与截面相垂直的正应力 σ。为简化分析和计算，需首先假设轴向拉（压）杆变形后横截面保持为平面，且仍与杆轴相垂直，即**平面假设**。横截面上各点处的正应力处处相等，即**正应力均匀分布**，则可得轴向拉（压）杆横截面上的正应力为

$$\sigma = \frac{F}{A} \qquad (5\text{-}2)$$

式中　A——横截面面积。

法国科学家圣维南（Saint Venant）指出，当作用于弹性体表面某一小区域上的力系，被另一静力等效的力系代替时，对该区域附近的应力和应变有显著的影响，而对稍远处的影响很小，可以忽略不计。这一结论称为圣维南原理。

5.2.3　轴向拉（压）杆的强度条件

任何材料所能承受的应力都有一定的极限值，该极限值称为材料的极限应力，当杆件内的工作应力达到材料的极限应力时，杆件将发生破坏。工程上为了保证杆件正常工作而不致发生破坏，即为了保证杆件有足够的强度，规定了各种杆件材料工作时允许承受的应力最高值，这个最高值称为材料的许用应力。许用正应力用 $[\sigma]$ 表示，许用切应力用 $[\tau]$ 表示。

为了保证拉（压）杆的强度，杆件工作时的最大应力不得超过材料的许用正应力，即拉（压）杆的强度条件为

$$\sigma_{\max} \leqslant [\sigma] \qquad (5\text{-}3)$$

设计杆件时，应使杆件内的最大工作应力尽可能地接近材料的许用应力，这样既保证杆件具有足够的强度，又节省原材料。

例 5-2　图 1-5-5 所示为一吊车架，吊车及所吊重物总重 $P = 18.4 \text{kN}$。拉杆 AB 的横截面为圆形，直径 $d = 15 \text{mm}$。试求当吊车在图示位置时，拉杆 AB 横截面上的应力。若拉杆材料的许用应力为 220MPa，问是否符合强度条件。

解：由于 A、B、C 三处用销钉连接，可视为

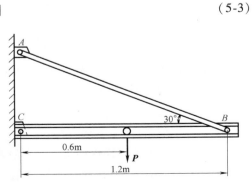

图 1-5-5　吊车架结构

铰接，拉杆 AB 受轴向拉伸作用。当吊车在图 1-5-5 所示位置时，由平衡方程可得，拉杆 AB 的轴力为

$$F = \frac{18.4\text{kN} \times 0.6\text{m}}{1.2\text{m} \times \sin 30°} = 18.4\text{kN}$$

$$\sigma = \frac{F}{A} = \frac{(18.4 \times 1000)\,\text{N}}{\frac{1}{4} \times \pi \times (0.015\text{m})^2} = 1.042 \times 10^8 \text{Pa} = 104.2\text{MPa}$$

由图 1-5-5 可知，当吊车在点 B 时，轴力为 36.8kN，从而可得最大应力为 208.4MPa，其小于最大许用应力 220MPa，符合强度条件。

工程中有些杆件，常有台阶、孔洞、沟槽和螺纹等，杆的横截面在这些部位发生突变，应力数值急剧增大，这种现象称为应力集中。对于应力集中现象，需要专门的方法来处理。

5.3 轴向拉（压）杆的变形

由外力等因素引起的几何变形或尺寸的改变，统称为变形。若杆件受外力作用后产生的变形，能随外力的卸除而消失，杆件恢复原状，这种变形称为弹性变形。若变形不能随外力的卸除而消失，而被永久地保留下来，这种变形称为塑性变形或残余变形。本书中主要讨论弹性变形。

轴向拉（压）杆沿着正应力方向发生伸长和缩短，在垂直于正应力方向，发生横截面面积变化如图 1-5-1 所示，这种变形称为线变形，描述该线变形程度的量，称为正应变或线应变。

5.3.1 轴向变形

在轴向拉伸时，杆件沿纵向伸长，横截面面积变小；在轴向压缩时，杆件沿纵向缩短，横截面面积变大。设一长度为 l、横截面边长为 a 的等截面直杆，在外力作用下，长度变形为 l'，横截面边长变形为 a'，如图 1-5-6 所示。

图 1-5-6　杆件轴向拉伸变形

在弹性范围内，杆件的绝对变形为 $\Delta l = l' - l$，与所受拉力 F 和杆长 l 成正比，与杆件的横截面面积 A 成反比，即

$$\Delta l = \frac{Fl}{EA} \tag{5-4}$$

式中　E——拉（压）弹性模量，表示材料抵抗弹性变形的能力。

式（5-4）称为胡克定律，它同样适用于轴向压缩的情况。当杆件受到拉力时，Δl 大于 0；当杆件受到压力时，Δl 小于 0。

由于绝对变形与杆件的长度有关，为了消除长度的影响，将绝对变形 Δl 除以 l 得到杆件在轴线方向上的线应变为

$$\varepsilon = \frac{\Delta l}{l} = \frac{F}{EA} = \frac{\sigma}{E} \tag{5-5}$$

当杆件轴向拉伸时，轴向应变 ε 大于零，压缩时 ε 小于零。由式（5-5）可得

$$\sigma = E\varepsilon \tag{5-6}$$

即当应力小于比例极限时，应力与应变成正比，式（5-6）为胡克定律的另一种表达形式。

5.3.2　横向变形

如图 1-5-6 所示，杆件变形前的横截面边长为 a，变形后变为 a'，杆的横向应变 ε' 为

$$\varepsilon' = \frac{a'-a}{a}$$

当应力不超过比例极限时，横向应变 ε' 与轴向应变 ε 之比的绝对值是一个常数，用 μ 表示，称为**横向变形系数**或**泊松比**。即

$$\mu = \left| \frac{\varepsilon'}{\varepsilon} \right| \tag{5-7}$$

因为当杆件轴向伸长时横截面边长变小，所以杆的横向应变和轴向应变的关系可以写成

$$\varepsilon' = -\mu\varepsilon \tag{5-8}$$

与弹性模量 E 一样，泊松比 μ 也是材料固有的弹性常数。表 1-5-1 摘录了几种常用材料的 E 和 μ 值。

表 1-5-1　几种常用材料的 E 和 μ 值

材　　料	E/GPa	μ	材　　料	E/GPa	μ
低碳钢	196~216	0.25~0.33	花岗岩	48	0.16~0.34
合金钢	186~216	0.24~0.33	石灰岩	41	0.16~0.34
灰铸铁	78.5~157	0.23~0.27	混凝土	14.7~35	0.16~0.18
铜及其合金	72.6~128	0.31~0.42	橡胶	0.0078	0.47
铝合金	70	0.33			

例 5-3　变截面杆如图 1-5-7 所示。已知：$A_1 = 8\mathrm{cm}^2$，$A_2 = 4\mathrm{cm}^2$，$E = 200\mathrm{GPa}$。求杆件的总伸长 Δl。

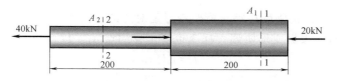

图 1-5-7　变截面杆结构

解：1）求内力。用截面法求出截面 1-1、2-2 上的内力：

$$F_{N1} = -20\mathrm{kN} \qquad F_{N2} = 40\mathrm{kN}$$

2）求杆件的总伸长。由胡克定律可得

$$\Delta l = \frac{F_{N1}l_1}{EA_1} + \frac{F_{N2}l_2}{EA_2} = -\frac{20kN \times 200mm}{200GPa \times 8cm^2} + \frac{40kN \times 200mm}{200GPa \times 4cm^2} = 0.075mm$$

5.4 轴向拉 (压) 杆超静定

在前面各节的讨论中，结构的约束力或杆件的内力等未知力都可通过静力平衡方程求得，这类问题称为静定问题。在工程上，常遇到一些结构，其约束力或杆件的内力等未知力数超过了独立的静力平衡方程数，这类问题称为超静定问题。

多余约束使结构由静定变为超静定，因而不能仅由静力平衡求解。多余约束对结构（或杆件）的变形起着一定的限制作用，而结构（或杆件）的变形又与受力密切相关，这就为求解超静定问题提供了变形协调条件。因此，在求解超静定问题时，除了根据静力平衡条件列出平衡方程外，还必须根据变形的几何相容条件建立变形协调条件，进而根据弹性范围内的力与变形的关系（即物理条件）建立补充方程。将静力平衡方程与补充方程联立求解，就可解出全部未知力。

求解超静定问题需要综合考虑平衡、变形和物理三方面条件，这是分析超静定问题的基本方法。

以图 1-5-8a 所示三杆桁架为例，若要求各杆的内力，以节点 A 为研究对象，由受力图（图 1-5-8b）可以列出节点 A 的静力平衡方程：

$$\left.\begin{array}{l}\sum F_x = 0 \\ \sum F_y = 0\end{array}\right\} \Rightarrow \left.\begin{array}{l}(F_{N1} - F_{N2})\sin\alpha = 0 \\ (F_{N1} + F_{N2})\cos\alpha + F_{N3} - P = 0\end{array}\right\}$$

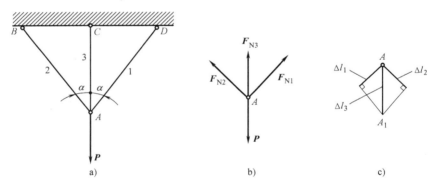

a)   b)   c)

图 1-5-8 三杆桁架受力图

这里的静力平衡方程有两个，但未知力有三个，是超静定问题。

假设 1、2 两杆的抗拉刚度相等，桁架变形是对称的，由于杆 1、2 的伸长，节点 A 将位移到 A_1（图 1-5-8c），根据变形协调，杆 3 也要位移到点 A_1。因此可得几何关系为

$$\Delta l_1 = \Delta l_3 \cos\alpha$$

这是杆件 1、2、3 的变形必须满足的关系，这种几何关系称为**变形协调条件**。如果再代入胡克定律，同时考虑杆长的几何关系，则有

$$\Delta l_1 = \Delta l_2 = \frac{F_{N1}l_1}{E_1A_1} \quad \Delta l_3 = \frac{F_{N3}l_3}{E_3A_3} \quad l_3 = l_1\cos\alpha$$

就可以得到补充方程：

$$\frac{F_{N1}l_1}{E_1A_1}=\frac{F_{N3}l_1\cos\alpha}{E_3A_3}\cos\alpha$$

最后，联立静力平衡方程和补充方程，就可求得三根杆的内力分别为

$$F_{N1}=F_{N2}=\frac{P\cos^2\alpha}{2\cos^3\alpha+\dfrac{E_3A_3}{E_1A_1}}$$

$$F_{N3}=\frac{P}{1+2\dfrac{E_1A_1}{E_3A_3}\cos^3\alpha}$$

习　　题

5-1　图 1-5-9 所示零件上作用的拉力 $F=38\mathrm{kN}$，若材料的许用应力 $[\sigma]=66\mathrm{MPa}$，试校核零件的强度。

5-2　冷镦机的曲柄滑块机构如图 1-5-10 所示。镦压工件时连杆接近水平位置，承受的镦压力 $F=1100\mathrm{kN}$。连杆的截面为矩形，高与宽之比 $h/b=1.4$。材料为 45 钢，许用应力 $[\sigma]=58\mathrm{MPa}$，试确定截面尺寸 h 和 b。

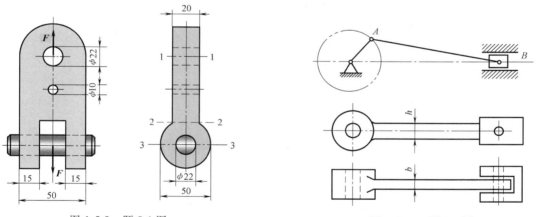

图 1-5-9　题 5-1 图　　　　　　　　　　　图 1-5-10　题 5-2 图

5-3　如图 1-5-11 所示二杆组成的杆系，杆 AB 是钢杆，横截面面积 $A_1=600\mathrm{mm}^2$，钢的许用应力 $[\sigma]=140\mathrm{MPa}$，杆 BC 是木杆，横截面面积 $A_2=30000\mathrm{mm}^2$，它的许用拉应力 $[\sigma+]=8\mathrm{MPa}$，许用压应力 $[\sigma-]=3.5\mathrm{MPa}$。求最大许用载荷 P。

5-4　如图 1-5-12 所示简易支架，杆 AB 和杆 AC 均为钢杆，弹性模量 $E=200\mathrm{GPa}$，杆 AB 的长度为 2m，横截面面积 $A_1=200\mathrm{mm}^2$，$A_2=250\mathrm{mm}^2$，$P=10\mathrm{kN}$，求节点 A 的位移。

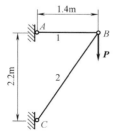

图 1-5-11　题 5-3 图

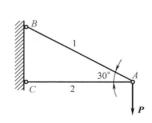

图 1-5-12　题 5-4 图

5-5 一木柱受力如图 1-5-13 所示。木柱的横截面是边长为 200mm 的正方形，材料服从胡克定律，其弹性模量 $E = 10$GPa。如不计木柱的自重，试求木柱顶端 A 截面的位移。

5-6 图 1-5-14 所示结构由同种材料的三根杆组成，三根杆的横截面面积 $A_1 = 200$mm^2，$A_2 = 300$mm^2，$A_3 = 400$mm^2，载荷 $P = 40$kN。求各杆横截面上的应力。

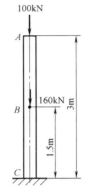

图 1-5-13 题 5-5 图

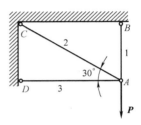

图 1-5-14 题 5-6 图

5-7 杆 AB 两端固定，横截面面积为 A，材料的弹性模量为 E，常温时杆内没有应力。求当温度升高 Δt 时，杆内的应力。设温度引起杆件长度变化的关系为 $\Delta l_t = \alpha l \Delta t$。

第 **6** 章

剪切、挤压与扭转

　　剪切、挤压与扭转是常见的杆件变形形式。在工程结构或机械中，构件之间通常用铆钉、销钉、键等连接件固定，这类连接件的破坏主要是由剪切和挤压引起的，而杆件的扭转变形与剪切有关。本章介绍了剪切和挤压的概念、工程实用计算方法，扭转、扭转变形、扭转切应力的概念，以及强度、刚度计算。

6.1　剪切与挤压

6.1.1　剪切与挤压的基本概念

　　当杆件受到一对大小相等、方向相反、作用线很接近的横向力（即垂直于杆轴方向的力）作用时，两力间的截面将沿着力的作用线方向发生相对的错动，如图1-6-1所示。这种变形称为**剪切变形**。

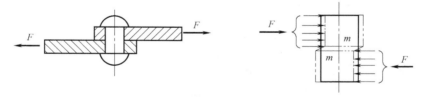

图 1-6-1　连接杆件

　　工程中的连接件，如铆接中的铆钉、轴与轴套连接的销钉、连接传动轴与齿轮的键等都是承受剪切变形的例子。在这些构件中，发生相对错动的截面（即可能被剪断的截面）称为剪切面。构件上只有一个剪切面的情况称为单剪，而同时存在两个剪切面的情况称为双剪。对于这些受剪连接件，必须考虑其剪切强度是否满足设计要求的问题。

　　在连接件产生剪切变形的同时，连接件与被连接件在其相互接触的表面上，将发生彼此间的承压现象。例如铆钉连接中，铆钉侧面与板孔相互压紧，这种局部受压的情况称为**挤压**。当挤压应力过大时，连接部件在相互接触面附近可能会被压溃或发生过大的塑性变形，使连接失效。为了保证连接部件的正常工作，除了要对连接部件进行剪切强度计算外，通常还要进行挤压强度计算。

6.1.2　剪切与挤压的工程实用计算

　　工程中构件的连接方式有多种，如连接件（螺栓、铆钉、销钉和键等）连接、榫接、焊接等。常用的连接件及被连接的构件在连接处的应力分布是很复杂的，很难做出精确的理论分析。因此，在工程设计中大都采用实用计算方法，一是假定应力分布规律，由此得出应力计算公式并计算应力；二是根据实物和模拟实验，由上述的应力计算公式计算连接件破坏时的应力值。然后根据这两方面得到的结果，建立设计准则，作为连接件强度设计的依据。

1. 剪切的实用计算

切应力的实际分布情况比较复杂，在工程上，通常假设剪切面上的切应力均匀分布，如图 1-6-2a、b 所示。

于是，连接件的切应力 τ 和剪切强度条件分别为

$$\tau = \frac{F_S}{A_S} \tag{6-1}$$

$$\frac{F_S}{A_S} \leqslant [\tau] \tag{6-2}$$

式中　F_S——剪力；

　　　A_S——剪切面面积；

　　　$[\tau]$——许用切应力。

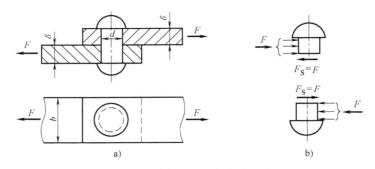

图 1-6-2　剪切面上的切应力分布

剪切强度条件中的许用切应力，其值等于连接件的剪切强度极限除以安全系数。剪切强度极限是在与构件的实际受力情况相似的条件下进行试验，并同样按切应力均匀分布的假设计算出来的。考虑到制造工艺和实际工作条件等因素，在设计规范中，对一些剪切构件的许用切应力值做了规定。一般情况下，材料的许用切应力 $[\tau]$ 与许用拉应力 $[\sigma]$ 之间有以下的关系：

$$[\tau] = (0.6 \sim 0.8)[\sigma] \quad （塑性材料）$$

$$[\tau] = (0.8 \sim 1)[\sigma] \quad （脆性材料）$$

利用这一关系，可根据许用拉应力来估计许用切应力值。

2. 挤压的实用计算

在连接件产生剪切变形的同时，连接部件在其相互接触面上也发生了挤压，由于挤压而产生的接触应力称为挤压应力。如果挤压应力过大，则会在两者接触面的局部区域产生过大的塑性变形，从而导致连接失效。

在挤压面上，应力分布一般也比较复杂。实用计算中，也是假设在挤压面上应力均匀分布。以 F_{bs} 表示挤压面上传递的力，A_{bs} 表示挤压面面积，于是连接件的挤压应力 σ_{bs} 和挤压强度条件分别为

$$\sigma_{bs} = \frac{F_{bs}}{A_{bs}} \qquad\qquad (6\text{-}3)$$

$$\frac{F_{bs}}{A_{bs}} \leqslant [\sigma_{bs}] \qquad\qquad (6\text{-}4)$$

式中 $[\sigma_{bs}]$ ——许用挤压应力。

许用挤压应力 $[\sigma_{bs}]$ 与许用拉应力 $[\sigma]$ 之间有以下的关系：

$$[\sigma_{bs}] = (1.5 \sim 2.5)[\sigma] \quad （塑性材料）$$

$$[\sigma_{bs}] = (0.9 \sim 1.5)[\sigma] \quad （脆性材料）$$

如果两个接触构件的材料不同，应以连接中抵抗挤压能力较低的构件来进行挤压强度计算。当连接件与被连接构件的接触面为平面时，公式中的 A_{bs} 就是接触面的实际面积。当接触面为圆柱面（如销钉、铆钉等与孔的接触面）时，挤压应力的分布情况如图 1-6-3a、b 所示，最大挤压应力发生在圆柱面的中点处。实用计算中，用挤压力 F_{bs} 除以圆孔或圆柱的截面面积，所得应力大致上与实际最大挤压应力接近。

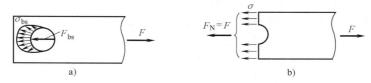

图 1-6-3　挤压面上的挤压应力分布

例 6-1　车床的传动光杠直径为 20mm，装有安全联轴器（由套筒和安全销组成），如图 1-6-4 所示过载时安全销将先被剪断。已知安全销的平均直径为 5mm，材料为 45 钢，其剪切极限应力 $\tau_b = 370MPa$，求联轴器所能传递的最大力偶矩 M。

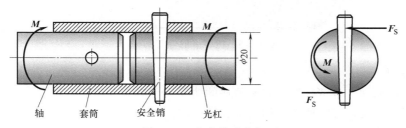

图 1-6-4　车床传动光杠

解： 1）计算安全销被剪断时的最小剪力。

因为

$$\frac{F_S}{A_S} > \tau_b$$

所以安全销被剪断时的剪力 F_S 为

$$F_S > A_S \tau_b = \frac{\pi}{4} \times (5mm)^2 \times 370MPa = 7265N = 7.265kN$$

2）联轴器所能传递的最大力偶矩为

$$M = F_S d = 7265N \times 0.02m = 145N \cdot m$$

如果搭接接头的每块板或对接接头的每块主板中的铆钉超过一个，这种接头就称为铆钉群接头。在铆钉群接头中，各铆钉的直径通常相等，材料也相同，并按一定的规律排列。一般对这种接头，通常假定外力均匀分配在每个铆钉上，各铆钉剪切面上的名义切应力将相等，各铆钉柱面或板孔壁面上的名义挤压应力也将相等。因此，可取任一铆钉做剪切强度计算，具体方法可参照上述简单铆接情况进行。但对这种接头，要按铆钉的实际排列情况进行板的拉伸强度计算。

6.2 扭转

6.2.1 扭转的基本概念

工程中有一类等直杆，在一对大小相等、方向相反的外力偶作用下，且力偶的作用面与直杆的轴线垂直，这时杆发生的变形称为**扭转变形**。单纯发生扭转的杆件不多，但扭转为其主要变形的则不少，如机器中的传动轴、石油钻机中的钻杆、汽车转向轴、桥梁及厂房等空间结构中的某些构件等。若这些构件的变形是以扭转为主，其他变形可忽略不计的，则可按扭转变形对其进行强度和刚度计算。有些构件除扭转外还伴随着其他的主要变形（如传动轴还有弯曲，钻杆还受压等），这类问题将在第 7 章弯曲中做讨论。

直杆发生扭转时，外力偶系的作用面垂直于杆件轴线，杆表面的纵向线将变成螺旋线，即发生扭转变形。当发生扭转的杆是等直圆杆时，如图 1-6-5 所示，由于杆的物性和横截面几何形状的对称性，可用材料力学的方法求解。对于非圆截面杆，其变形和横截面上的应力都比较复杂，不能用材料力学的方法求解。

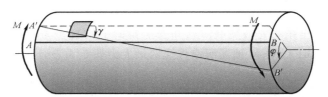

图 1-6-5　扭转下的等直圆杆

1. 外力偶矩

工程上的传动轴，常常是已知它所传递的功率 P 和转速 n，并不直接给出轴上所作用的外力偶矩。因此，要根据它所传递的功率和转速求出作用在轴上的外力偶矩。

力偶所做的功 W 等于力偶矩 M 和相应角位移 φ 的乘积，即

$$W = M\varphi$$

功率 P 为力偶矩在单位时间内所做的功，即

$$P = M\omega$$

如果轴做匀速转动，转速是 $n(\mathrm{r/min})$，传递的力偶矩是 $M(\mathrm{N \cdot m})$，电动机的功率是 $P(\mathrm{kW})$，则作用在轴上的外力偶矩为

$$M = 9549 \frac{P}{n} \tag{6-5}$$

2. 扭矩和扭矩图

如图 1-6-5 所示的圆轴，两端受到一对大小相等、转向相反的外力偶作用，力偶矩是 M，并处于平衡状态。在轴内的任意一个横截面处将轴切开，分成两部分，它们的受力分析分别如图 1-6-6a、b 所示。截出的两部分仍然保持平衡状态，所以截面上的内力必定是一个

力偶，称之为扭矩 T，扭矩与截面位置之间的关系图线称为扭矩图，如图 1-6-6c 所示。左、右两截面上的扭矩是一对作用和反作用力，它们的大小一定相等，而方向相反。扭矩的大小和实际方向可以通过两部分的平衡方程得到。

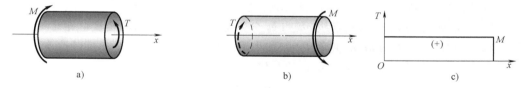

图 1-6-6 圆轴受力分析

例 6-2 一等截面传动轴如图 1-6-7 所示，转速 $n = 5\text{r/s}$，主动轮 A 的输入功率 $P_1 = 221\text{kW}$，从动轮 B、C 的输出功率 $P_2 = 148\text{kW}$，$P_3 = 73 \text{kW}$。求轴上各截面的扭矩。

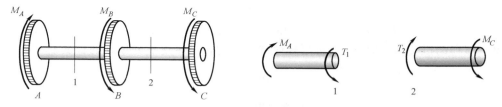

图 1-6-7 截面传动轴受力分析

解： 1）计算外力偶矩。根据轴的转速、输入与输出功率计算外力偶矩得

$$M_A = 9549 \frac{P_1}{n} = 9549 \times \frac{221\text{kW}}{5\text{r/s} \times 60\text{s/min}} = 7034\text{N} \cdot \text{m} \approx 7.03\text{kN} \cdot \text{m}$$

$$M_B = 9549 \frac{P_2}{n} = 9549 \times \frac{148\text{kW}}{5\text{r/s} \times 60\text{s/min}} = 4710\text{N} \cdot \text{m} = 4.71\text{kN} \cdot \text{m}$$

$$M_C = 9549 \frac{P_3}{n} = 9549 \times \frac{73\text{kW}}{5\text{r/s} \times 60\text{s/min}} = 2323\text{N} \cdot \text{m} \approx 2.32\text{kN} \cdot \text{m}$$

2）计算扭矩。在集中力偶 M_A 与 M_B 之间和 M_B 与 M_C 之间的圆轴内，扭矩是常量，分别假设为正的扭矩 T_1 和 T_2。

由平衡方程可以求得

$$T_1 = M_A = 7.03\text{kN} \cdot \text{m}$$

$$T_2 = M_C = 2.32\text{kN} \cdot \text{m}$$

6.2.2 圆轴的扭转变形

在等截面圆轴两端施加一对大小相等、方向相反的力偶矩，圆轴发生扭转变形的情况如图 1-6-8 所示。当变形很小时，变形后所有圆周线的形状、大小和间距不变，只绕杆的轴线

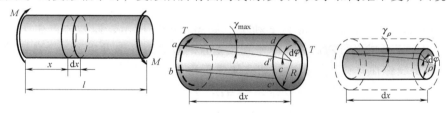

图 1-6-8 圆轴扭转变形图

69

做相对转动；所有的纵线都转过了同一角度 γ。此时圆轴所发生的扭转变形称为**纯扭转**。左、右两端截面绕轴线相对转过一个角度 φ，称为扭转角。假设左端面转过的角度是 0，则右端面转过的角度就是 φ，轴内任一横截面的扭转角用 $\varphi(x)$ 表示。

在纯扭转的圆轴内，用两个横截面截出长度为 $\mathrm{d}x$ 的微段，如图 1-6-8 所示。两截面绕轴线相对转过的角度是 $\mathrm{d}\varphi$，两条素线 ad 和 bc 分别倾斜了一个相同的角度。矩形 $abcd$ 变形成平行四边形 $abc'd'$，ab 与 ad 的夹角从 90° 减小了一个角度 $\gamma_{\max}$，这个角度的改变称为**切应变**。在小变形的条件下，由图 1-6-8 所示的几何关系得到

$$\gamma_{\max} = \frac{dd'}{ad} = \frac{R\mathrm{d}\varphi}{\mathrm{d}x}$$

令

$$\theta = \frac{\mathrm{d}\varphi}{\mathrm{d}x} \tag{6-6}$$

式（6-6）中的 θ 表示单位长度上的扭转角，或者表示扭转角沿着轴线的变化率，称为**扭曲率**。即在纯扭转的情况下，θ 可用轴两端截面的相对转角 φ 除以轴的长度 l 来表示，即

$$\theta = \frac{\varphi}{l} \tag{6-7}$$

由此可得，圆轴外表面的切应变表达式为

$$\gamma_{\max} = \frac{R\mathrm{d}\varphi}{\mathrm{d}x} = R\theta = R\frac{\varphi}{l} \tag{6-8}$$

根据类似的分析可以得到圆轴内部的切应变，距离轴心 ρ 处表面的切应变为

$$\gamma_\rho = \rho\theta = \rho\frac{\mathrm{d}\varphi}{\mathrm{d}x} \tag{6-9}$$

6.2.3　圆轴扭转时横截面上的切应力

在小变形的前提下，圆轴扭转时横截面始终保持为平面，而且圆截面的形状、大小不变，半径仍为直线，截面之间的距离也不变。在横截面上没有正应力，而切应力与过该点的半径垂直，方向与截面上的扭矩转向一致。在纯扭转的圆轴中取一个微体，它的边长分别为 $\mathrm{d}x$、$\mathrm{d}y$、$\mathrm{d}z$，如图 1-6-9 所示。该微体的左、右两个面是横截面，作用有切应力 τ；前面的一个面为外表面，其上没有应力，与它平行的后面与其相距很近，

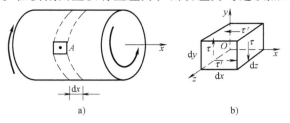

图 1-6-9　纯扭转圆轴中微体切应力示意图

也认为没有应力。该微体平衡，所以在上、下两个纵截面上必定存在着图 1-6-9 所示的切应力 τ'，τ 和 τ' 大小相等。这就是**切应力互等定理**。

圆轴纯扭转时，微体仅受切应力 τ 和 τ'，如图 1-6-9b 所示，即微体产生了纯剪切，由原来的正六面体变形成平行六面体，原来互相垂直的棱边因变形发生了一个角度改变，产生切应变 γ。对于线弹性材料，切应力与切应变成正比关系，即

$$\tau = G\gamma \tag{6-10}$$

式中　G——**切变模量**，它与拉（压）弹性模量 E 一样，是反映材料特性的弹性常数。

式（6-10）称为**剪切胡克定律**。对于各向同性材料，拉（压）弹性模量 E、切变模量 G 和泊松比 μ 之间的关系为

$$G = \frac{E}{2(1+\mu)} \tag{6-11}$$

将式（6-9）代入式（6-10）可得

$$\tau_\rho = G\gamma_\rho = G\rho \frac{\mathrm{d}\varphi}{\mathrm{d}x} \tag{6-12}$$

由此可见，圆截面上点的切应力分布与该点的半径成正比，截面上最大切应力位于圆截面的外边缘上，即

$$\tau_{\max} = GR\frac{\mathrm{d}\varphi}{\mathrm{d}x} \tag{6-13}$$

在半径为 ρ 的圆周处取一个微面积 $\mathrm{d}A$，其上作用微剪力 $\tau_\rho \mathrm{d}A$，如图 1-6-10 所示，它对圆心 O 的微力矩是 $\rho\tau_\rho \mathrm{d}A$，所有微力矩的和等于截面上的扭矩，即

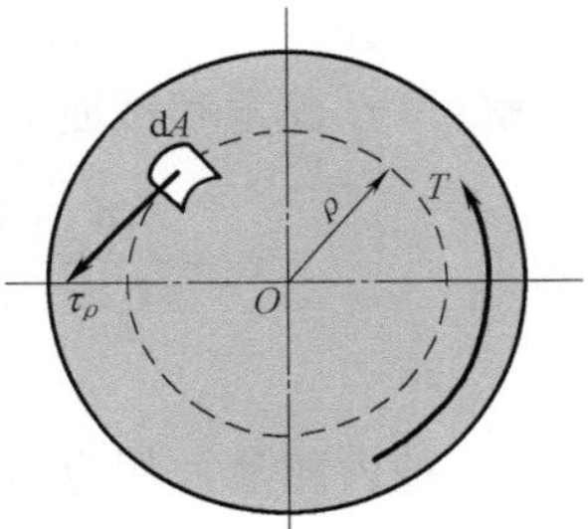

$$T = \int_A \rho\tau_\rho \mathrm{d}A$$

将式（6-12）代入上式得 $\dfrac{\mathrm{d}\varphi}{\mathrm{d}x} = \dfrac{T}{G\displaystyle\int_A \rho^2 \mathrm{d}A}$，再将其代入式（6-12）可得

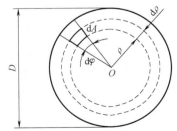

图 1-6-10　圆轴截面上的切应力和扭矩

$$\tau_\rho = \frac{T\rho}{I_\mathrm{p}} \tag{6-14}$$

式中　I_p——极惯性矩，$I_\mathrm{p} = \displaystyle\int_A \rho^2 \mathrm{d}A$。

显然，横截面上的最大切应力是

$$\tau_{\max} = \frac{TR}{I_\mathrm{p}} = \frac{T}{\dfrac{I_\mathrm{p}}{R}}$$

令

$$W_\mathrm{t} = \frac{I_\mathrm{p}}{R} \tag{6-15}$$

W_t 是一个仅与截面形状和尺寸有关的量，称为**抗扭截面系数**。所以，最大切应力计算公式又可以写成

$$\tau_{\max} = \frac{T}{W_\mathrm{t}}$$

圆轴截面极惯性矩计算示意图如图 1-6-11 所示。

直接积分求圆截面的极惯性矩为

$$I_\mathrm{p} = \int_A \rho^2 \mathrm{d}A = \int_0^{2\pi} \int_0^R \rho^3 \mathrm{d}\varphi \mathrm{d}\rho = \frac{\pi R^4}{2} = \frac{\pi d^4}{32}$$

图 1-6-11　圆轴截面极惯性矩计算示意图

代入式（6-15）得抗扭截面系数为

$$W_t = \frac{\pi R^3}{2} = \frac{\pi d^3}{16}$$

如果是空心圆截面，内径与外径之比是 α，同样计算可得

$$I_p = \frac{\pi d^4}{32}(1-\alpha^4)$$

$$W_t = \frac{\pi d^3}{16}(1-\alpha^4)$$

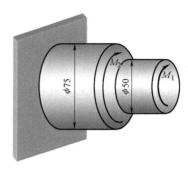

图 1-6-12　阶梯圆轴

例 6-3　图 1-6-12 所示为一端固定的阶梯圆轴，受到外力偶 M_1 和 M_2 的作用，$M_1 = 1200\mathrm{N} \cdot \mathrm{m}$，$M_2 = 1800\mathrm{N} \cdot \mathrm{m}$。求固定端截面上 $\rho = 25\mathrm{mm}$ 处的切应力，以及轴内的最大切应力。

解： 1）固定端截面上 $\rho = 25\mathrm{mm}$ 处的切应力为

$$\tau_\rho = \frac{T_1 \rho}{I_p} = \frac{(1200+1800)\mathrm{N} \cdot \mathrm{m} \times 0.025\mathrm{m}}{\frac{1}{32}\pi \times (0.075\mathrm{m})^4} = 2.41 \times 10^7 \mathrm{Pa} = 24.1\mathrm{MPa}$$

2）轴内的最大切应力。粗段和细段内的最大切应力分别为

$$\tau_{max1} = \frac{T_1}{W_{t1}} = \frac{16T_1}{\pi d_1^3} = \frac{16 \times (1200+1800)\mathrm{N} \cdot \mathrm{m}}{\pi \times (0.075\mathrm{m})^3} = 3.62 \times 10^7 \mathrm{Pa} = 36.2\mathrm{MPa}$$

$$\tau_{max2} = \frac{T_2}{W_{t2}} = \frac{16T_2}{\pi d_2^3} = \frac{16 \times 1200\mathrm{N} \cdot \mathrm{m}}{\pi \times (0.05\mathrm{m})^3} = 4.89 \times 10^7 \mathrm{Pa} = 48.9\mathrm{MPa}$$

比较后得知圆轴内的最大切应力发生在细段内，即

$$\tau_{max} = \tau_{max2} = 48.9\mathrm{MPa}$$

6.2.4　圆轴扭转的强度计算和刚度计算

工程上的扭转圆轴，为保证正常工作，除不能发生强度失效外，还应对其变形加以限制，不发生刚度失效。因此，必须进行强度计算和刚度计算。

1. 强度条件和强度计算

从扭转试验得到了扭转的极限应力，再考虑一定的安全裕度，即将扭转极限应力 τ_u 除以一个安全系数 n，得扭转的许用切应力为

$$[\tau] = \frac{\tau_u}{n} \tag{6-16}$$

这个许用切应力是扭转的设计应力，即圆轴内的最大切应力不能超过许用切应力。

对于等截面圆轴，各个截面的抗扭截面系数相等，所以圆轴的最大切应力 τ_{max} 将发生在最大扭矩 T_{max} 所在的截面上，故强度条件为

$$\tau_{max} = \frac{T_{max}}{W_t} \leqslant [\tau] \tag{6-17}$$

而对于变截面圆轴，则要综合考虑扭矩的数值和抗扭截面系数，所以强度条件为

$$\tau_{\max} = \left| \frac{T}{W_t} \right|_{\max} \leqslant [\tau] \tag{6-18}$$

式中　T——截面上的扭矩；

　　　W_t——截面的抗扭截面系数。

例 6-4　转向盘的直径 $\phi = 520\mathrm{mm}$，加在转向盘上的平行力 $F = 300\mathrm{N}$，转向盘下面竖轴的材料许用切应力 $[\tau] = 60\mathrm{MPa}$。

1）当竖轴为实心轴时，设计轴的直径。

2）采用空心轴，且 $\alpha = 0.8$，设计空心轴的内、外直径。

3）比较实心轴和空心轴的重量比。

解： 作用在转向盘上的外力偶与竖轴内的扭矩相等，则扭矩为

$$T = M = F\phi = 300\mathrm{N} \times 0.52\mathrm{m} = 156\mathrm{N} \cdot \mathrm{m}$$

1）设计实心竖轴的直径。

$$\tau_{\max} = \frac{T}{W_t} = \frac{16T}{\pi d_1^3} \leqslant [\tau]$$

$$d_1 \geqslant \sqrt[3]{\frac{16T}{\pi[\tau]}} = \sqrt[3]{\frac{16 \times 156\mathrm{N} \cdot \mathrm{m}}{\pi \times 60 \times 10^6 \mathrm{Pa}}} = 0.0237\mathrm{m} = 23.7\mathrm{mm}$$

2）设计空心竖轴的直径。

$$\tau_{\max} = \frac{T}{W_t} = \frac{16T}{\pi d_{2外}^3 (1 - \alpha^4)} \leqslant [\tau]$$

$$d_{2外} \geqslant \sqrt[3]{\frac{16T}{\pi[\tau](1-\alpha^4)}} = \sqrt[3]{\frac{16 \times 156\mathrm{N} \cdot \mathrm{m}}{\pi \times (1-0.8^4) \times 60 \times 10^6 \mathrm{Pa}}} = 0.0282\mathrm{m} = 28.2\mathrm{mm}$$

$$d_{2内} = \alpha d_{2外} = 0.8 \times 28.2\mathrm{mm} = 22.56\mathrm{mm}$$

3）实心轴与空心轴的重量之比等于横截面面积之比，即

$$\frac{G_1}{G_2} = \frac{\dfrac{1}{4}\pi d_1^2}{\dfrac{1}{4}\pi(d_{2外}^2 - d_{2内}^2)} = \frac{d_1^2}{d_2^2(1-\alpha^2)} = \frac{(23.7\mathrm{mm})^2}{(28.2\mathrm{mm})^2 \times (1-0.8^2)} = 1.97$$

2. 刚度条件和刚度计算

在纯扭转的等截面圆轴中，根据式（6-12）和式（6-14）可以得到

$$\mathrm{d}\varphi = \frac{T}{GI_p}\mathrm{d}x$$

它表示圆轴中相距 $\mathrm{d}x$ 的两个横截面之间的相对转角，所以长为 l 的两个端截面之间的扭转角可以对上式积分得到，即

$$\varphi = \int_l \frac{T}{GI_p}\mathrm{d}x$$

在纯扭转中，T、G 和 I_p 是常量，所以上式可以简化为

73

$$\varphi = \frac{Tl}{GI_p} \tag{6-19}$$

如果是阶梯圆轴且扭矩是分段常量，则可以写成分段求和的形式。

在工程上，对于发生扭转变形的圆轴，除了要考虑圆轴不发生破坏的强度条件之外，还要注意扭转变形问题，这样才能满足工程机械的精度等要求。所以用扭曲率来衡量扭转变形的程度，它不能超过规定的许用值，即要满足扭转变形的刚度条件。

对于扭矩是常量的等截面圆轴，扭曲率最大值一定发生在扭矩最大的截面上，所以刚度条件可以表示为

$$\theta_{max} = \frac{T_{max}}{GI_p} \leqslant [\theta] \tag{6-20}$$

式（6-20）中，扭曲率的单位是 rad/m。如果以°/m 为单位，则式（6-20）可改写为

$$\theta_{max} = \frac{T_{max}}{GI_p} \times \frac{180°}{\pi} \leqslant [\theta] \tag{6-21}$$

对于扭矩是分段常量的阶梯圆轴，其刚度条件为

$$\theta_{max} = \left| \frac{T}{GI_p} \right|_{max} \leqslant [\theta] \tag{6-22}$$

或者写成

$$\theta_{max} = \left| \frac{T}{GI_p} \right|_{max} \times \frac{180°}{\pi} \leqslant [\theta] \tag{6-23}$$

例 6-5 某机器的传动轴如图 1-6-13 所示，传动轴的转速 $n = 300 \text{r/min}$，主动轮输入功率 $P_1 = 367 \text{kW}$，三个从动轮的输出功率分别是 $P_2 = P_3 = 110 \text{kW}$，$P_4 = 147 \text{kW}$。已知 $[\tau] = 40 \text{MPa}$，$[\theta] = 0.3°/\text{m}$，$G = 80 \text{GPa}$，试设计轴的直径。

解： 1）外力偶矩。根据轴的转速、输入与输出功率计算外力偶矩为

$$M_1 = 9549 \frac{P_1}{n} = 9549 \times \frac{367 \text{kW}}{300 \text{r/min}} = 11681 \text{N} \cdot \text{m} \approx 11.68 \text{kN} \cdot \text{m}$$

$$M_2 = M_3 = 9549 \frac{P_2}{n} = 9549 \times \frac{110 \text{kW}}{300 \text{r/min}} = 3501 \text{N} \cdot \text{m} \approx 3.50 \text{kN} \cdot \text{m}$$

$$M_4 = 9549 \frac{P_4}{n} = 9549 \times \frac{147 \text{kW}}{300 \text{r/min}} = 4679 \text{N} \cdot \text{m} \approx 4.68 \text{kN} \cdot \text{m}$$

2）画扭矩图。用截面法求传动轴的内力并画出扭矩图，如图 1-6-14 所示。

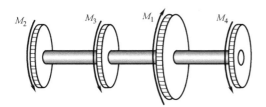

图 1-6-13　传动轴力偶矩分布图

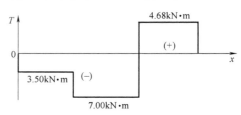

图 1-6-14　传动轴扭矩图

由扭矩图可知，传动轴内的最大扭矩为

$$T_{\max} = 7.00\text{kN} \cdot \text{m}$$

3）由扭转的强度条件来设计轴的直径。

$$\tau_{\max} = \frac{T_{\max}}{W_t} = \frac{16T_{\max}}{\pi d^3} \leqslant [\tau]$$

$$d \geqslant \sqrt[3]{\frac{16T_{\max}}{\pi[\tau]}} = \sqrt[3]{\frac{16 \times 7.00 \times 10^3 \text{N} \cdot \text{m}}{\pi \times 40 \times 10^6 \text{Pa}}} = 0.096\text{m} = 96\text{mm}$$

4）由扭转的刚度条件来设计轴的直径。

$$\theta_{\max} = \frac{T_{\max}}{GI_p} \times \frac{180°}{\pi} = \frac{32T_{\max}}{G\pi d^4} \times \frac{180°}{\pi} \leqslant [\theta]$$

$$d \geqslant \sqrt[4]{\frac{32T_{\max}}{G\pi[\theta]} \times \frac{180°}{\pi}} = \sqrt[4]{\frac{32 \times 7.00 \times 10^3 \text{N} \cdot \text{m}}{80 \times 10^9 \text{Pa} \times \pi \times 0.3°/\text{m}} \times \frac{180°}{\pi}} = 0.114\text{m} = 114\text{mm}$$

若要同时满足强度条件和刚度条件，则应选择 3）和 4）中较大直径，所以轴的直径 $d = 114\text{mm}$。

需要注意的是，在等直圆轴的扭转问题中，分析杆横截面上应力的主要依据为平面假设。对于等直非圆轴，其横截面在轴扭转后并不符合平面假设，只能用弹性力学方法求解。

习　题

6-1　试校核图 1-6-15 所示销钉的剪切强度。已知 $F = 120\text{kN}$，销钉直径 $d = 30\text{mm}$，材料的许用切应力 $[\tau] = 70\text{MPa}$。若强度不够，应改用多大直径的销钉？

6-2　如图 1-6-16 所示木榫接头，$F = 50\text{kN}$，试求接头的剪切应力与挤压应力。

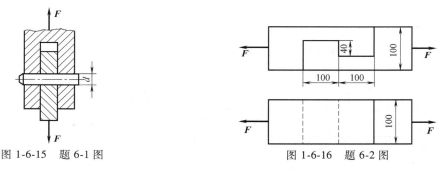

图 1-6-15　题 6-1 图　　　　　　图 1-6-16　题 6-2 图

6-3　试指出图 1-6-17 所示零件的剪切面和挤压面。

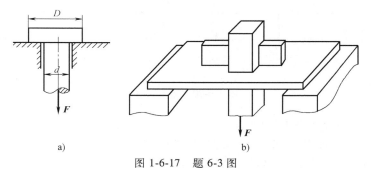

a)　　　　　　　　　b)

图 1-6-17　题 6-3 图

6-4 如图 1-6-18 所示摇臂，承受载荷 F_1 与 F_2 作用，试确定轴销 B 的直径 d。已知：载荷 $F_1 = 50\text{kN}$、$F_2 = 35.4\text{kN}$，许用切应力 $[\tau] = 100\text{MPa}$，许用挤压应力 $[\sigma_{bs}] = 240\text{MPa}$。

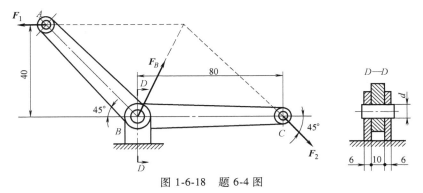

图 1-6-18 题 6-4 图

6-5 如图 1-6-19 所示接头，承受轴向载荷 F 作用，试校核接头的强度。已知：载荷 $F = 80\text{kN}$，板宽 $b = 80\text{mm}$，板厚 $\delta = 10\text{mm}$，铆钉直径 $d = 16\text{mm}$，许用拉应力 $[\sigma] = 160\text{MPa}$，许用切应力 $[\tau] = 120\text{MPa}$，许用挤压应力 $[\sigma_{bs}] = 340\text{MPa}$。板件与铆钉的材料相同。

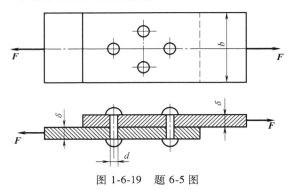

图 1-6-19 题 6-5 图

6-6 试求图 1-6-20 所示各轴的扭矩，并指出最大扭矩值。

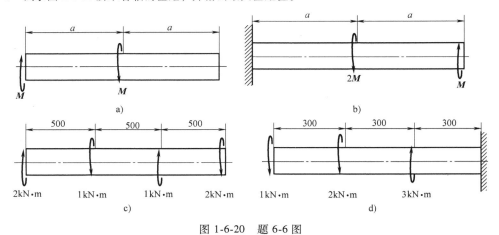

图 1-6-20 题 6-6 图

6-7 试画出图 1-6-20 所示各轴的扭矩图。

6-8 如图 1-6-21 所示传动轴，轮 1 为主动轮，转速 $n_1 = 300\text{r/min}$，输入功率 $P_1 = 50\text{kW}$，轮 2、轮 3 与轮 4 为从动轮，输出功率分别为 $P_2 = 10\text{kW}$，$P_3 = P_4 = 20\text{kW}$。

1) 试画轴的扭矩图，并求轴的最大扭矩。

2) 若将轮 1 与轮 3 的位置对调，轴的最大扭矩变为何值，对轴的受力是否有利？

6-9 如图 1-6-22 所示空心圆截面轴，外径 $D = 40mm$，内径 $d = 20mm$，扭矩 $T = 1 \ kN \cdot m$，试计算点 A 处（$\rho_A = 15mm$）的扭转切应力 τ_A，以及横截面上的最大与最小扭转切应力。

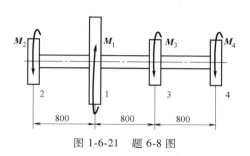

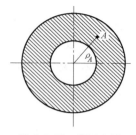

图 1-6-21 题 6-8 图　　　　　　　图 1-6-22 题 6-9 图

6-10 如图 1-6-23 所示圆截面轴，AB 与 BC 段的直径分别为 d_1 与 d_2，且 $d_1 = \frac{4}{3}d_2$，试求轴内的最大切应力与截面 C 的转角，并画出轴表面素线的位移情况。材料的切变模量为 G。

6-11 如图 1-6-24 所示两端固定的圆截面轴，直径为 d，材料的切变模量为 G，截面 B 的转角为 φ_B，试求所加力偶矩 M 之值。

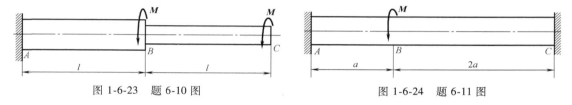

图 1-6-23 题 6-10 图　　　　　　　图 1-6-24 题 6-11 图

6-12 如图 1-6-25 所示两端固定的阶梯圆轴，在截面突变处受一外力偶矩 M 的作用，若 $d_1 = 2d_2$，材料的切变模量为 G，求固定端的反力偶矩，并画出圆轴的扭矩图。

6-13 一端固定、一端自由的钢圆轴，其几何尺寸受力情况如图 1-6-26 所示，试求：

1) 轴的最大切应力。

2) 两端截面的相对扭转角（$G = 80GPa$）。

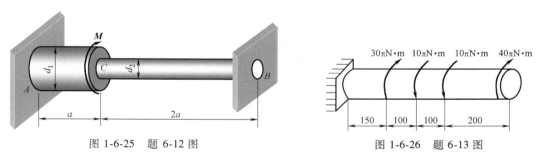

图 1-6-25 题 6-12 图　　　　　　　图 1-6-26 题 6-13 图

6-14 如图 1-6-27 所示矩形截面钢杆，$b = 90mm$，$h = 60mm$，受 $T = 3kN \cdot m$ 的力偶矩作用，材料的切变模量 $G = 80GPa$。试求：

1) 杆内最大切应力的大小、方向、位置。

2) 单位长度杆的最大扭转角。

6-15 如图 1-6-28 所示工字形薄壁截面杆，长 2m，两端受 $0.2kN \cdot m$ 的力偶矩作用。设 $G = 80GPa$，求此杆的最大切应力及单位长度杆的扭转角。

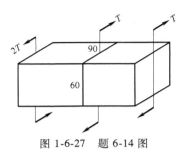

图 1-6-27　题 6-14 图

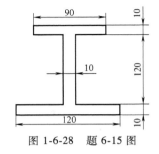

图 1-6-28　题 6-15 图

第 **7** 章

弯曲

弯曲是工程实际中最常见的一种基本变形，本章主要介绍弯曲的基本概念，梁弯曲的应力和强度计算，以及应变和刚度计算。

7.1 弯曲的概念

以弯曲变形为主的杆件通常称为**梁**。梁在垂直于其轴线的载荷作用下变弯，其轴线由原来的直线变成曲线，这种变形称为**弯曲**，如图 1-7-1a 所示。

工程实际中，绝大部分梁的横截面至少有一条对称轴，全梁至少有一个纵向对称面。若使杆件产生弯曲变形的外力均作用在梁的某个纵向对称面内，如图 1-7-1b 所示，则梁的轴线将弯成位于此对称面内的一条平面曲线，这种弯曲称为对称弯曲（平面弯曲），这是最简单且最常见的一种弯曲，本章主要讨论这种平面弯曲的情况。

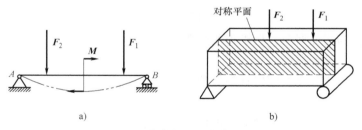

图 1-7-1 弯曲与平面弯曲示意图

7.1.1 梁的简化

在工程实际中，梁的支座情况和载荷作用方式是复杂多样的，为便于研究，需要对其做一些简化。

一般可将载荷简化为两种形式。当载荷的作用范围很小时，可将其简化为集中载荷。若载荷连续作用于梁上，则可将其简化为分布载荷。分布于单位长度上的载荷大小，称为载荷集度，通常以 q 表示，集度的单位为 N/m 或 kN/m。

根据构件实际所受约束方式，可将约束简化为滑动铰支座、固定铰支座和固定端等几种形式。如果梁的约束力全部可由平衡方程直接确定，那么这种梁称为静定梁。根据约束的类型及其所处位置，静定梁可分为：简支梁（一端为固定铰支座，另一端为滑动铰支座）、外伸梁（一端或两端外伸）、悬臂梁（一端固定而另一端自由的梁）三种。

7.1.2 剪力与弯矩

确定梁上的载荷及约束力后，即可利用截面法分析梁的内力，进而为梁的强度及刚度计算做好准备。

以图 1-7-2 所示梁为例，用截面法分析 1-1 截面的内力。

首先依据平衡条件确定约束力 F_{RA}、F_{RB}。F_{RA}、F_{RB} 的大小可根据 F_1 和 F_2 的作用位置确定。

以一假想平面在 1-1 处将梁截开，选其中一部分（左段）为研究对象，截取段（左段）受力图，如图 1-7-3 所示。左段上作用着约束力 F_{RA} 及 1-1 截面的内力。由平衡条件可知，1-1 截面上一定存在沿铅垂方向的内力，这种与截面平行的内力称为剪力，以 F_S 表示。同样由平衡条件可知，1-1 截面上一定存在另一个内力分量，即力偶。该力偶的作用面位于梁的对称面，其矢量垂直于梁的轴线，该内力分量称为弯矩，以 M 表示。弯矩的大小及实际方向由平衡方程确定。

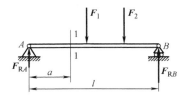

图 1-7-2　受集中载荷作用的梁

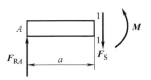

图 1-7-3　截取段受力图

根据图 1-7-3 中的数据，可计算 1-1 截面上的弯矩为

$$M = F_{RA} a$$

若选取右段作为研究对象，所求得的弯曲内力为 1-1 处右截面的内力，左、右截面上剪力、弯矩的方向一定是相反的。

一般规定，使研究段产生顺时针旋转趋势的剪力为正，反之为负；使保留段产生下凸变形的弯矩为正，反之为负。

梁横截面上的剪力与弯矩是随截面的位置而变化的，必须根据剪力及弯矩沿梁轴线的变化规律，找出最大剪力与最大弯矩的数值及其所在的截面位置。

沿梁轴线方向选取坐标 x，以此表示各横截面的位置，建立梁内各横截面的剪力 F_S、弯矩 M 与 x 的函数关系，即

$$F_S = F_S(x)$$

$$M = M(x)$$

上述关系式分别称为**剪力方程**和**弯矩方程**，这两个方程从数学角度精确地给出了弯曲内力沿梁轴线方向的变化规律。

若以 x 为横坐标，以 F_S 或 M 为纵坐标，将剪力方程和弯矩方程所对应的图线绘出来，即可得到**剪力图**和**弯矩图**，可更直观地了解梁各横截面的内力变化规律。

例 7-1　一简支梁 AB 如图 1-7-4a 所示，已知 $F_1 = 12\text{kN}$，$F_2 = 10\text{kN}$，试计算指定截面 1-1 和 2-2 的内力。

解：1）求支座反力。

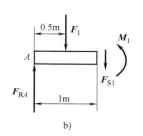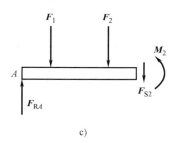

图 1-7-4　受集中载荷作用的简支梁的内力

$$\sum M_B = 0, F_{RA} \cdot 3m - F_1 \cdot 2.5m - F_1 \cdot 1.5m = 0, F_{RA} = 15kN$$
$$\sum F_y = 0, F_{RA} + F_{RB} - F_1 - F_2 = 0, F_{RB} = 7kN$$

2）求 1-1 截面上的内力，如图 1-7-4b 所示。

$$\sum F_y = 0, F_{RA} - F_1 - F_{S1} = 0, F_{S1} = 3kN$$
$$\sum M_A = 0, F_1 \cdot 0.5m + F_{S1} \cdot 1m - M_1 = 0, M_1 = 9kN \cdot m$$

3）求 2-2 截面上的内力，如图 1-7-4c 所示。

$$\sum F_y = 0, F_{RA} - F_1 - F_2 - F_{S2} = 0, F_{S2} = -7kN$$
$$\sum M_A = 0, F_1 \cdot 0.5m + F_2 \cdot 1.5m + F_{S2} \cdot 2m - M_2 = 0, M_2 = 7kN \cdot m$$

7.2　应力及强度设计

梁在横向载荷作用下发生弯曲变形时，横截面上一般既有弯矩又有剪力，因而横截面上将同时存在**弯曲正应力**和**弯曲切应力**，这种弯曲情况称为**横力弯曲**。若在某一梁段上，各横截面上的弯矩等于常量而剪力等于零，则该梁段的弯曲称为**纯弯曲**。例如图 1-7-5a 所示简支梁的 AC、DB 段发生横力弯曲，CD 段则发生纯弯曲。本节分别研究对称弯曲梁在纯弯曲和横力弯曲时横截面上的应力。

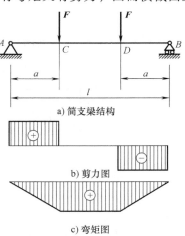

a) 简支梁结构

b) 剪力图

c) 弯矩图

图 1-7-5　梁的剪力图和弯矩图

7.2.1　纯弯曲梁横截面上的正应力

取横截面形状为任意、但有一个纵向对称面的直梁，在其表面画许多横线和纵线，如图 1-7-6a 所示。当梁发生纯弯曲后，可观察到：横线在变形后仍为直线，但旋转了一个角度，并与弯曲后的纵线正交；梁上部的纵线缩短，下部的纵线伸长；梁上部的横向尺寸略有增加，下部的横向尺寸略有减小，如图 1-7-6b 所示。根据上述变形现象，对于对称弯曲下的纯弯曲变形，可做出如下的平面假设和纵向材料之间无挤压的假设。

纯弯曲等截面直梁沿轴线无限分割后的任一微段的变形均相同，且变形均对称于该微段的中间截面。变形前原为平面的横截面在变形后仍保持为平面，且仍垂直于变形后的轴线。这就是梁弯曲的平面假设。

梁变形后，在弯矩作用下，靠近梁凸出一侧的材料纵向伸长，而靠近梁凹入一侧的材料纵向缩短。由于纯弯曲梁段上没有横向力作用，可假设纵向材料之间没有挤压，材料的纵向变形只是沿梁轴线的单向拉伸或压缩变形。

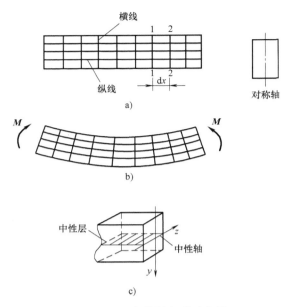

基于上述假设，将与底层平行、纵向长度不变的那层纵向纤维称为中性层。中性层即为梁内纵向纤维伸长区与纵向纤维缩短区的分界层。中性层与横截面的交线称为中性轴，如图 1-7-6c 所示。

纯弯曲梁内纵向伸长或缩短的纤维所受力一定与其变形量相关，应根据各层纵向纤维变形的几何规律求得横截面上正应力的分布规律。

图 1-7-6 纯弯曲梁变形示意图

用相距为 $\mathrm{d}x$ 的两横截面 1-1 与 2-2，从矩形截面的纯弯曲梁中截取一微段作为研究对象，建立坐标系：z 轴沿中性轴，y 轴沿截面对称轴，如图 1-7-7a 所示。梁弯曲后，设 1-1 与 2-2 截面间的相对转角为 $\mathrm{d}\theta$、中性层 O_1O_2 的曲率半径为 ρ（图 1-7-7b），则与中性层距离为 y 处的纵线 ab 的变形量为

$$\Delta l_{ab} = (\rho+y)\,\mathrm{d}\theta - \mathrm{d}x = (\rho+y)\,\mathrm{d}\theta - \rho\,\mathrm{d}\theta = y\,\mathrm{d}\theta$$

故纵线 ab 的正应变 ε 为

$$\varepsilon = \frac{\Delta l_{ab}}{l_{ab}} = \frac{y\,\mathrm{d}\theta}{\mathrm{d}x} = \frac{y\,\mathrm{d}\theta}{\rho\,\mathrm{d}\theta} = \frac{y}{\rho} \tag{7-1}$$

式（7-1）表明每层纵向纤维的正应变与其到中性层的距离呈线性关系。

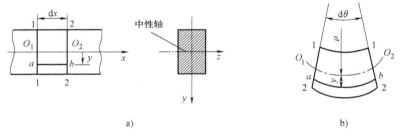

图 1-7-7 纯弯曲梁中性轴上微段变形分析

由于各纵向纤维只承受轴向拉伸或压缩，于是在正应力不超过比例极限时，由胡克定律得

$$\sigma = E\varepsilon = E\frac{y}{\rho} \tag{7-2}$$

式（7-2）表明横截面上任意一点的正应力与该点到中性轴之距呈线性关系，即正应力沿截面高度呈线性分布，而中性轴上各点的正应力为零，如图 1-7-8 所示。

横截面上各处的法向微内力 $\sigma\mathrm{d}A$ 组成一个空间平行力系，如图 1-7-9 所示，由于横截面上没有轴力，只有位于梁对称面内的弯矩 M，因此

$$\int_A \sigma \mathrm{d}A = 0 \tag{7-3}$$

$$\int_A y \sigma \mathrm{d}A = M \tag{7-4}$$

将式（7-2）代入式（7-3），得

$$\int_A \frac{E}{\rho} y \mathrm{d}A = \frac{E}{\rho} \int_A y \mathrm{d}A = 0 \tag{7-5}$$

由此可见，中性轴过截面形心。

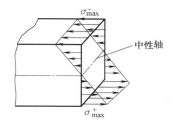

图 1-7-8　横截面上的正应力分布图

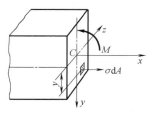

图 1-7-9　横截面上的弯矩

再将式（7-2）代入式（7-4），可得

$$\int_A \frac{E}{\rho} y^2 \mathrm{d}A = \frac{E}{\rho} I_z = M$$

式中　I_z——截面对 z 轴的**惯性矩**，$I_z = \int_A y^2 \mathrm{d}A$，仅与截面形状及尺寸有关。

由此可知，中性层的曲率为

$$\frac{1}{\rho} = \frac{M}{EI_z} \tag{7-6}$$

由式（7-6）可知，中性层的曲率 $1/\rho$ 与弯矩 M 成正比，与 EI_z 成反比。EI_z 的大小直接决定梁抵抗变形的能力，称 EI_z 为梁的**截面抗弯刚度**，简称**抗弯刚度**。

再将式（7-6）代入式（7-2），即可得横截面上任一点的正应力计算公式为：

$$\sigma = \frac{My}{I_z} \tag{7-7}$$

当弯矩为正时，中性层以下属于拉伸区，产生拉应力；中性层以上属于压缩区，产生压应力。当弯矩为负时，情况则相反。

在对梁进行强度计算时，应首先确定最大正应力。由式（7-7）可知，当 $y = y_{\max}$ 时，即截面上离中性轴最远的各点处，弯曲正应力最大，其值为

$$\sigma_{\max} = \frac{My_{\max}}{I_z} = \frac{M}{I_z/y_{\max}}$$

令

$$W_z = \frac{I_z}{y_{\max}} \tag{7-8}$$

所得 W_z 是一个仅与截面的形状及尺寸有关的几何量，称为**抗弯截面系数**。所以，最大正应力计算公式又可以写成

$$\sigma_{\max} = \frac{M}{W_z}$$

惯性矩和抗弯截面系数是应力计算时非常关键的两个量,下面针对几种常见的截面形状给出相应计算方法和结果。

1. 矩形截面

矩形截面的高、宽分别为 h、b,z 轴通过截面形心 C 并平行于矩形底边,则

$$I_z = \frac{bh^3}{12}$$

$$W_z = \frac{bh^2}{6}$$

同理可得截面对 y 轴有

$$I_y = \frac{hb^3}{12}$$

$$W_y = \frac{hb^2}{6}$$

2. 圆形截面

圆形截面的直径为 d,z、y 轴均过形心 C,则

$$I_z = \frac{\pi d^4}{64}$$

$$W_z = \frac{\pi d^3}{32}$$

3. 空心圆截面

外径为 D,内、外径之比为 α 的空心圆截面对中性轴的惯性矩和抗弯截面系数分别为

$$I_z = \frac{\pi D^4}{64}(1-\alpha^4)$$

$$W_z = \frac{\pi D^3}{32}(1-\alpha^4)$$

在工程实际中,许多构件的横截面是由简单图形组合而成的,对于这种组合截面,一般采用组合法计算其惯性矩。将组合截面 A 划分为 n 个简单图形,设每个简单图形的面积分别为 A_1、A_2、$\cdots$、A_n。根据惯性矩定义及积分的概念,组合截面 A 对某一轴的惯性矩等于每个简单图形对同一轴的惯性矩之和,即

$$I_z = \sum_{i=1}^{n} I_{zi}$$

例如,常见的工字形截面的惯性矩可以分成三个矩形计算后相加求得。

7.2.2　横力弯曲时梁的正应力计算

在横力弯曲的情况下,梁横截面的内力有弯矩和剪力,这时,横截面上不但有正应力还有切应力。由于切应力的存在,横截面将发生翘曲。而且,在横力弯曲的情况下,往往也不能保证纵向材料之间没有相互挤压。因此,导出纯弯曲梁正应力计算公式的两个假设并不完全成立。但是,弹性力学较精确的分析结果表明,对于跨度与横截面高度之比大于 5 的细长梁,用纯弯曲情况下建立的公式计算横力弯曲时的正应力,并不会引起很大的误差,可以满足一般工程问题所需要的精度。

例 7-2 如图 1-7-10a 所示的矩形截面（$b = 0.12\text{m}$，$h = 0.18\text{m}$）简支梁，承受均布载荷 q 作用。已知 $q = 3.6\text{kN/m}$，试求最大正应力。

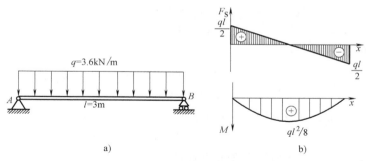

图 1-7-10 矩形截面简支梁受力图

解：画出简支梁的剪力图和弯矩图，如图 1-7-10b 所示，确定危险截面。

$$M_{\max} = \frac{ql^2}{8} = -\frac{3600\text{N/m} \times (3\text{m})^2}{8} = 4050\text{N} \cdot \text{m}$$

最大正应力为

$$\sigma_{\max} = \frac{M_{\max}}{W_z} = \frac{6M_{\max}}{bh^2} = \frac{6 \times 4050\text{N} \cdot \text{m}}{0.12\text{m} \times (0.18\text{m})^2} = 6250000\text{Pa} = 6.25\text{MPa}$$

例 7-3 求图 1-7-11a 所示铸铁悬臂梁内最大拉应力及最大压应力。已知：$AB = 1.4\text{m}$，$BC = 0.6\text{m}$，$F = 20\text{kN}$，$I_z = 10200\text{cm}^4$。

解：1）画弯矩图，确定危险截面。因为梁是等截面的，且横截面相对 z 轴不对称，经计算 z 轴位置为 96.4mm，铸铁的抗拉能力与抗压能力又不同，所以绝对值最大的正、负弯矩所在面均可能为梁的危险截面，弯矩图如图 1-7-11b 所示。

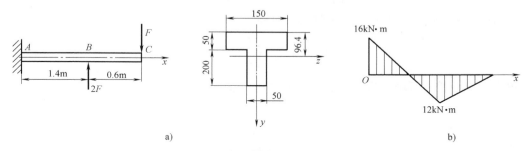

图 1-7-11 铸铁悬臂梁受力图

2）确定危险截面，计算最大拉应力与最大压应力。由弯矩图可以看出，A、B 两截面均可能为危险截面。A 截面上有最大正弯矩，该截面下边缘各点处将产生最大拉应力，上边缘各点处将产生最大压应力；而 B 截面上有最大负弯矩，该截面下边缘各点处将产生最大压应力，上边缘各点处将产生最大拉应力。A、B 截面正应力分布如图 1-7-12 所示。

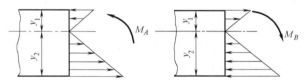

图 1-7-12 A、B 截面正应力分布

显然 A 截面上的最大拉应力大于 B 截面上的最大拉应力，故梁内最大拉应力发生在 A 截面的下边缘各点处，其值为

$$\sigma_{max}^+ = \frac{M_A y_2}{I_z} = \frac{16 \times 10^6 \text{N} \cdot \text{mm} \times (200\text{mm} + 50\text{mm} - 96.4\text{mm})}{1.02 \times 10^8 \text{mm}^4} = 24.09\text{MPa}$$

对 A、B 两截面，有

$$\sigma_{A\,max}^- = \frac{M_A y_1}{I_z} = \frac{16 \times 10^6 \text{N} \cdot \text{mm} \times 96.4\text{mm}}{1.02 \times 10^8 \text{mm}^4} = 15.12\text{MPa}$$

$$\sigma_{B\,max}^- = \frac{M_B y_2}{I_z} = \frac{12 \times 10^6 \text{N} \cdot \text{mm} \times (200\text{mm} + 50\text{mm} - 96.4\text{mm})}{1.02 \times 10^8 \text{mm}} = 18.07\text{MPa}$$

由此可见，梁内最大压应力发生在 B 截面的下边缘各点处。

7.2.3 横力弯曲时梁的切应力计算

前面已提到，在横力弯曲的情况下，梁横截面上不但有正应力还有切应力。下面给出矩形截面梁在对称弯曲时的弯曲切应力，其证明略。

如图 1-7-13 所示矩形截面梁，高为 h，宽为 b，截面上的剪力为 F_S（图中未画出弯矩），首先做出以下两个假设：

1）横截面上各点处的切应力平行于侧边。

2）切应力沿横截面宽度方向均匀分布。

梁横截面上 y 处的切应力为

$$\tau = \frac{3F_S}{2bh}\left(1 - \frac{4y^2}{h^2}\right) \tag{7-9}$$

式（7-9）表明，矩形截面梁的弯曲切应力沿横截面高度按抛物线规律变化。在截面的上、下边缘（$y = \pm h/2$），$\tau = 0$；在中性轴处（$y = 0$），切应力最大，其值为

$$\tau_{max} = \frac{3F_S}{2bh} \tag{7-10}$$

根据以上分析，可画出沿横截面高度方向的切应力分布图，如图 1-7-14 所示。

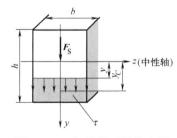

图 1-7-13 矩形截面梁剪力图

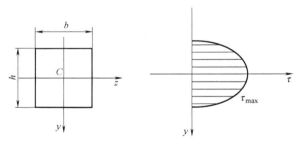

图 1-7-14 切应力分布

工字钢截面由上、下翼缘及垂直腹板组成。计算结果表明，横截面上的切应力主要分布于腹板上，由于腹板为狭长矩形，所以可应用式（7-9）分析并计算其上的切应力。

腹板上的切应力仍按抛物线规律变化，最大切应力在中性轴上。当腹板宽度远小于翼缘宽度时，腹板上最大切应力与最小切应力相差不大，可近似认为切应力在腹板上均匀分布。

7.2.4 梁的强度条件

在一般载荷作用下的细长、非薄壁梁，弯矩对强度的影响远大于剪力的影响。因此，对细长、非薄壁梁进行强度计算时，主要是限制弯矩所引起的梁内最大弯曲正应力不得超过材料的许用正应力，即

$$\sigma_{max} \leqslant [\sigma] \tag{7-11}$$

式（7-11）即为**弯曲强度条件**。

应用弯曲强度条件可解决三类强度问题：强度校核、设计截面、确定许可载荷。

例 7-4　如图 1-7-15a 所示简支梁，受均布载荷 q 作用，梁跨度 $l = 2m$，$[\sigma] = 140MPa$，$q = 2kN/m$，试按以下两个方案设计轴的截面尺寸，并比较重量。

1）实心圆截面梁。

2）空心圆截面梁，其内、外径之比 $\alpha = 0.9$。

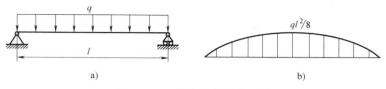

图 1-7-15　简支梁受力分析图

解： 画出梁的弯矩图，如图 7-15b 所示。由弯矩图可知，梁中点截面为危险截面，其上弯矩值为

$$M_{max} = \frac{ql^2}{8} = \frac{2kN/m \times (2m)^2}{8} = 1kN \cdot m = 1 \times 10^6 N \cdot mm$$

1）设计实心圆截面梁的直径 d。依据强度条件：

$$\sigma_{max} = \frac{M_{max}}{W_z} \leqslant [\sigma]$$

可得

$$d \geqslant \sqrt[3]{\frac{32M_{max}}{\pi[\sigma]}} = \sqrt[3]{\frac{32 \times 1 \times 10^6 N \cdot mm}{\pi \times 140MPa}} = 41.75mm$$

取 $d = 42mm$。

2）确定空心圆截面梁的内径 d_1 和外径 D，有

$$D \geqslant \sqrt[3]{\frac{32M_{max}}{\pi(1-\alpha^4)[\sigma]}} = \sqrt[3]{\frac{32 \times 1 \times 10^6 N \cdot mm}{\pi \times (1-0.9^4) \times 140MPa}} = 59.59mm$$

取 $D = 60mm$，则 $d_1 = 0.9D = 54mm$。

3）比较两种不同截面梁的重量。因材料及长度相同，故两种截面梁的重量之比等于其截面积之比。

$$\frac{G_{空}}{G_{实}} = \frac{\frac{\pi}{4}(D^2 - d_1^2)}{\frac{\pi}{4}d^2} = 0.388$$

计算结果表明，空心圆截面梁的重量比实心圆截面梁的重量小很多。因此，在满足强度

要求的前提下，采用空心圆截面梁可节省材料、减轻结构重量。

前面已论述，设计梁的主要依据是弯曲强度条件。由此条件可知，梁的强度与其所用材料、横截面形状及尺寸、外力所引起的弯矩有关。若要提高梁的强度，则应降低梁内的最大正应力，由 $\sigma_{max} = M_{max}/W_z$ 可知，若要降低梁内最大正应力，通常可以从选择合理的截面形状、采用变截面梁或等强度梁、改善梁的受力状况等方面采取措施。

7.3 变形与刚度设计

7.3.1 梁的弯曲变形计算

为研究弯曲变形，首先讨论如何度量和描述弯曲变形问题。

设有一梁，受载荷作用后其轴线将弯曲成为一条光滑的连续曲线，如图 1-7-16 所示。在平面弯曲的情况下，这是一条位于载荷所在平面内的平面曲线。

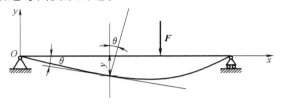

图 1-7-16　梁弯曲示意图

在小变形条件下，忽略梁截面在轴向的位移，则在梁变形过程中，梁截面有沿铅垂方向的线位移 y，称为挠度；相对于原截面转过的角位移 θ 称为转角。挠度和转角这两个基本量决定了梁在弯曲变形后其轴线的形状，因此也将梁弯曲后的轴线称为挠曲线。

挠曲线是一条连续光滑的平面曲线，其方程为

$$y = f(x)$$

挠度 y 是截面形心在 y 坐标方向上的位移，挠度值为正表示位移沿 y 轴正方向，挠度值为负表示位移沿 y 轴负方向。

转角 θ 是横截面绕中性轴转过的角度，逆时针为正，顺时针为负，小变形情况下，有

$$\theta \approx \tan\theta = \frac{\mathrm{d}y}{\mathrm{d}x} = y' = f'(x) \tag{7-12}$$

梁的挠度 y 与转角 θ 之间存在一定关系，即梁任一横截面的转角 θ 等于该截面处挠度 y 对 x 的一阶导数。

理论研究表明，挠曲线的近似微分方程为

$$y'' = \frac{\mathrm{d}^2 y}{\mathrm{d}x^2} = \frac{M(x)}{EI} \tag{7-13}$$

式（7-13）忽略了剪力对变形的影响，实践表明此式得到的结果在一般工程应用中已足够精确。

1. 用直接积分法求梁的弯曲变形

弯矩方程是一个分段函数，设某段函数为 M_i，则该段的微分方程为

$$y_i'' = \frac{\mathrm{d}^2 y_i}{\mathrm{d}x^2} = \frac{M_i}{EI}$$

积分一次得

$$y_i'' = \theta_i = \int \frac{M_i}{EI}\mathrm{d}x + C_i$$

式中　C_i——积分常数，其可以通过边界条件和光滑连续性条件确定。再积分一次得

$$y_i = \int \left(\int \frac{M_i}{EI} \mathrm{d}x \right) \mathrm{d}x + C_i x + D_i \qquad (7\text{-}14)$$

式中　D_i——积分常数，其可以通过边界条件和光滑连续性条件确定。

例 7-5　求图 1-7-17 所示简支梁受集中载荷 $\boldsymbol{F}$ 作用时的弯曲变形 θ_A、θ_B 和最大挠度。

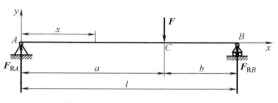

图 1-7-17　受集中载荷作用的简支梁

解：1）求约束力。取梁 AB 为研究对象，加上约束力 $\boldsymbol{F}_{RA}$ 和 $\boldsymbol{F}_{RB}$，然后由平衡方程可得

$$F_{RA} = \frac{Fb}{l}, \quad F_{RB} = \frac{Fa}{l}$$

2）求弯矩。AC、CB 两段的弯矩方程不同，其分别为

$$M_1 = \frac{Fb}{l} x \qquad (0 \leqslant x \leqslant a)$$

$$M_2 = \frac{Fb}{l} x - F(x-a) \qquad (a \leqslant x \leqslant l)$$

3）列挠曲线微分方程并求二次积分。

$$\left. \begin{aligned} EIy_1'' &= \frac{Fb}{l} x \\ EIy_1' = EI\theta_1 &= \frac{Fb}{l} \frac{x^2}{2} + C_1 \\ EIy_1 &= \frac{Fb}{l} \frac{x^3}{6} + C_1 x + D_1 \end{aligned} \right\} \quad (0 \leqslant x \leqslant a)$$

$$\left. \begin{aligned} EIy_2'' &= \frac{Fb}{l} x - F(x-a) \\ EIy_2' = EI\theta_2 &= \frac{Fb}{l} \frac{x^2}{2} - F\frac{(x-a)^2}{2} + C_2 \\ EIy_2 &= \frac{Fb}{l} \frac{x^3}{6} - F\frac{(x-a)^3}{6} + C_2 x + D_2 \end{aligned} \right\} \quad (a \leqslant x \leqslant l)$$

4）确定积分常数。将支座 A、B 处的边界条件和左、右两段梁连接处 C 的光滑连续性条件代入上述转角和挠度方程，确定积分常数。

①光滑连续性条件：$x=a$ 时，$\theta_1 = \theta_2$，$y_1 = y_2$。

$$\left. \begin{aligned} \frac{Fb}{l} \frac{a^2}{2} + C_1 &= \frac{Fb}{l} \frac{a^2}{2} + C_2 \\ \frac{Fb}{l} \frac{a^3}{6} + C_1 a + D_1 &= \frac{Fb}{l} \frac{a^3}{6} + C_2 a + D_2 \end{aligned} \right\}$$

解得

$$C_1 = C_2, \quad D_1 = D_2$$

② 边界条件：$x=0$ 时，$y_1=0$ ；$x=l$ 时，$y_2=0$。

$$\left.\begin{array}{l} 0=D_1 \\ 0=\dfrac{Fb}{l}\dfrac{l^3}{6}-\dfrac{F(l-a)^3}{6}+C_2l+D_2 \end{array}\right\}$$

解得

$$C_1=C_2=-\frac{Fb}{6l}(l^2-b^2)，\quad D_1=D_2=0$$

5）确定转角和挠度方程。

$$\left.\begin{array}{l} EIy_1'=EI\theta_1=-\dfrac{Fb}{6l}(l^2-b^2-3x^2) \\[2mm] EIy_1=-\dfrac{Fb}{6l}(l^2-b^2-x^2)x \end{array}\right\} \quad (0\leqslant x\leqslant a)$$

$$\left.\begin{array}{l} EIy_2'=EI\theta_2=-\dfrac{Fb}{6l}\left[(l^2-b^2-3x^2)+\dfrac{3l}{b}(x-a)^2\right] \\[3mm] EIy_2=-\dfrac{Fb}{6l}\left[(l^2-b^2-x^2)x+\dfrac{l}{b}(x-a)^3\right] \end{array}\right\} \quad (a\leqslant x\leqslant l)$$

6）求指定截面的弯曲变形。

当 $x=0$ 时，弯曲变形 θ_A 为

$$\theta_A=-\frac{Fb}{6EIl}(l^2-b^2-3x^2)=-\frac{Fb}{6EIl}(l^2-b^2-3\cdot 0^2)=-\frac{Fb}{6EIl}(l+b)(l-b)=-\frac{Fab}{6EIl}(l+b)$$

当 $x=l$ 时，弯曲变形 θ_B 为

$$\theta_B=-\frac{Fb}{6EIl}\left[(l^2-b^2-3x^2)+\frac{3l}{b}(x-a)^2\right]=-\frac{Fb}{6EIl}\left[(l^2-b^2-3l^2)+\frac{3l}{b}(l-a)^2\right]=\frac{Fab(l+a)}{6EIl}$$

令

$$\frac{\mathrm{d}y}{\mathrm{d}x}=\theta=0$$

当 $a>b$ 时，最大挠度发生在 AC 段，可得

$$x=\sqrt{\frac{l^2-b^2}{3}}\approx\frac{l}{2}$$

则最大挠度为

$$y_{\max}=-\frac{Fb}{9\sqrt{3}EI}\sqrt{(l^2-b^2)^3}$$

$$y_{\frac{l}{2}}=-\frac{Fb}{48EI}(3l^2-4b^2)$$

本例题中，梁的最大挠度与梁的中点挠度非常接近，因此，为计算的方便，可以近似地以梁的中点挠度代替。

2. 用叠加法求梁的弯曲变形

在梁的变形是小变形且材料服从胡克定律的情况下，梁上各个载荷分别产生的变形满足挠曲线微分方程（线性方程），即

$$EIy_i''=M_i$$

式中 M_i——第 i 个载荷产生的弯矩;

y_i——第 i 个载荷产生的梁变形。

将各个载荷的挠曲线微分方程相加,得

$$\sum (EIy_i'') = \sum M_i$$

$$EI(\sum y_i)'' = \sum M_i = M$$

式中 M——各个载荷共同作用时所产生的弯矩。

如果此时梁的变形是 y,则

$$EIy'' = M$$

可得

$$y = \sum y_i$$

将上式两边对 x 求导,得

$$\theta = \sum \theta_i$$

几个载荷共同作用所引起的某一物理量变化,等于各载荷单独作用所引起的该物理量变化的总和,这就是**叠加原理**。

常见梁在简单载荷作用下的变形见表 1-7-1。

表 1-7-1 常见梁在简单载荷作用下的变形

序号	梁的简图	挠曲线方程	端截面转角	最大挠度
1		$y = -\dfrac{Mx^2}{2EI}$	$\theta_B = -\dfrac{Ml}{2EI}$	在 $x=l$ 处,$y_B = -\dfrac{Ml^2}{2EI}$
2		$y = -\dfrac{Fx^2}{6EI}(3l-x)$	$\theta_B = -\dfrac{Fl^2}{2EI}$	在 $x=l$ 处,$y_B = -\dfrac{Fl^3}{3EI}$
3		$y = -\dfrac{qx^2}{24EI}(x^2-4lx+6l^2)$	$\theta_B = -\dfrac{ql^3}{6EI}$	在 $x=l$ 处,$y_B = -\dfrac{ql^4}{8EI}$
4		$y = -\dfrac{Mx}{6EIl}(l^2-x^2)$	$\theta_A = -\dfrac{Ml}{6EI}$ $\theta_B = \dfrac{Ml}{3EI}$	在 $x=\dfrac{l}{\sqrt{3}}$ 处,$y_{max} = -\dfrac{Ml^2}{9\sqrt{3}EI}$ 在 $x=\dfrac{l}{2}$ 处,$y_{\frac{l}{2}} = -\dfrac{Ml^2}{16EI}$
5		$y = -\dfrac{Fx}{48EI}(3l^2-4x^2)$ $(0 \leqslant x \leqslant \dfrac{l}{2})$	$\theta_A = -\theta_B = -\dfrac{Fl^2}{16EI}$	在 $x=\dfrac{l}{2}$ 处,$y_{\frac{l}{2}} = -\dfrac{Fl^3}{48EI}$

（续）

序号	梁的简图	挠曲线方程	端截面转角	最大挠度
6	A θ_A F θ_B B a b l	$y = -\dfrac{Fbx}{6EIl}(l^2-x^2-b^2)$ $(0 \leqslant x \leqslant a)$ $y = -\dfrac{Fb}{6EI}\left[\dfrac{l}{b}(x-a)^3 + (l^2-b^2)x-x^3\right]$ $(a \leqslant x \leqslant l)$	$\theta_A = -\dfrac{Fab(l+b)}{6EIl}$ $\theta_B = \dfrac{Fab(l+a)}{6EIl}$	设 $a>b$，在 $x=\sqrt{\dfrac{l^2-b^2}{3}}$ 处，$y_{max} = -\dfrac{Fb(l^2-b^2)^{3/2}}{9\sqrt{3}EI}$ 在 $x=\dfrac{l}{2}$ 处，$y_{\frac{l}{2}} = -\dfrac{Fb(3l^2-4b^2)}{48EI}$
7	A q B θ_A y θ_B $l/2$ $l/2$	$y = -\dfrac{qx}{24EI}(l^3-2lx^2+x^3)$	$\theta_A = -\theta_B$ $= -\dfrac{ql^3}{24EI}$	在 $x=\dfrac{l}{2}$ 处，$y_{\frac{l}{2}} = -\dfrac{5ql^4}{384EI}$

例 7-6 用叠加法求图 1-7-18 所示简支梁点 C 处的转角 θ_C 和挠度 y_C，梁的抗弯刚度是 EI。

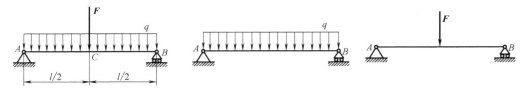

图 1-7-18 简支梁受力示意图

解： 用叠加法求转角和挠度时，先分别求出集中载荷和均布载荷作用所引的转角 θ_C 和挠度 y_C，然后相加即可。

集中载荷 F 产生：
$$\theta_C = -\frac{Fl^2}{16EI}, \quad y_C = -\frac{Fl^3}{48EI}$$

均布载荷 q 产生：
$$\theta_C = -\frac{ql^3}{24EI}, \quad y_C = -\frac{5ql^4}{384EI}$$

则
$$\theta_C = -\frac{Fl^2}{16EI} - \frac{ql^3}{24EI}, \quad y_C = -\frac{Fl^3}{48EI} - \frac{5ql^4}{384EI}$$

7.3.2　梁的刚度条件与设计

梁的最大挠度和最大转角不能超过许用值，即

$$\theta_{max} \leqslant [\theta] \tag{7-15}$$

$$y_{max} \leqslant [y] \tag{7-16}$$

式（7-15）和式（7-16）称为弯曲构件的**刚度条件**。

对于主要承受弯曲变形的构件，刚度设计就是根据对构件的不同要求，将最大挠度和最大转角限制在一定范围内，即满足弯曲刚度条件。不同的构件规定有不同的许用挠度和许用转角，可从有关的设计手册中查得。常见轴的弯曲许用挠度值见表 1-7-2，不同类型轴承支承下轴的许用转角值见表 1-7-3。

表 1-7-2 常见轴的弯曲许用挠度值

表 1-7-2　常见轴的弯曲许用挠度值

轴的类型	许用挠度 $[y]$
一般传动轴	$(0.0003 \sim 0.0005)l$
刚度要求较高的轴	$0.0002l$

注：表中 l 为支承间的跨距。

表 1-7-3　不同类型轴承支承下轴的许用转角值

轴承名称	许用转角 $[\theta]$/rad	轴承名称	许用转角 $[\theta]$/rad
滑动轴承	0.001	圆锥滚子轴承	0.0016
深沟球轴承	0.0005	安装齿轮的轴	0.001
圆柱滚子轴承	0.0025		

例 7-7 空心圆杆的尺寸和载荷如图 1-7-19 所示，已知内径 $d = 40\text{mm}$，外径 $D = 80\text{mm}$，$E = 210\text{GPa}$，工程规定点 C 的许用挠度 $[y] = 0.00001\text{m}$，点 B 的许用转角 $[\theta] = 0.001\text{rad}$。试校核此杆的刚度。

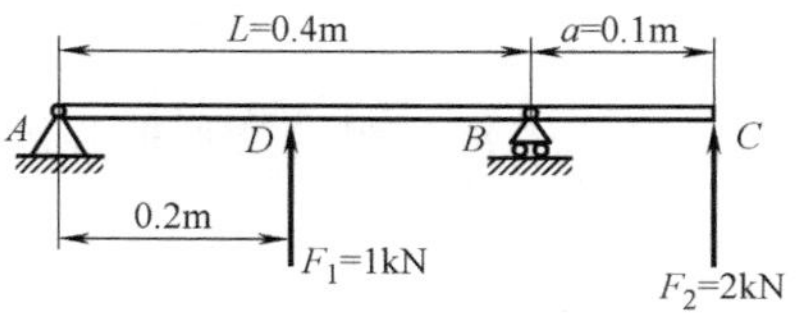

图 1-7-19　空心圆杆的尺寸和载荷

解： 空心圆杆对中性轴的惯性矩 I 为

$$I = \frac{\pi}{64}(D^4 - d^4) = 188 \times 10^{-8}\text{m}^4$$

根据表 1-7-1，采用叠加法计算 B 端截面的转角和点 C 的挠度：

$$\theta_B = \frac{F_1 L^2}{16EI} - \frac{F_2 La}{3EI} = \frac{1000\text{N} \times (0.4\text{m})^2}{16 \times 210 \times 10^9 \text{Pa} \times 188 \times 10^{-8}\text{m}^4} - \frac{2000\text{N} \times 0.4\text{m} \times 0.1\text{m}}{3 \times 210 \times 10^9 \text{Pa} \times 188 \times 10^{-8}\text{m}^4}$$

$$= -0.422 \times 10^{-4} \text{ rad}$$

$$y_C = \frac{F_1 L^2 a}{16EI} - \frac{F_2 a^3}{3EI} - \frac{F_2 a^2 L}{3EI}$$

$$= \frac{1000\text{N} \times (0.4\text{m})^2 \times 0.1\text{m}}{16 \times 210 \times 10^9 \text{Pa} \times 188 \times 10^{-8}\text{m}^4} - \frac{2000\text{N} \times (0.1\text{m})^3}{3 \times 210 \times 10^9 \text{Pa} \times 188 \times 10^{-8}\text{m}^4} - \frac{2000\text{N} \times (0.1\text{m})^2 \times 0.4\text{m}}{3 \times 210 \times 10^9 \text{Pa} \times 188 \times 10^{-8}\text{m}^4}$$

$$= -5.91 \times 10^{-6} \text{ m}$$

$$|y_{\max}| = 5.91 \times 10^{-6}\text{m} < [v] = 10^{-5}\text{m}$$

$$|\theta_{\max}| = 0.422 \times 10^{-4}\text{rad} < [\theta] = 0.001\text{rad}$$

所以，该空心圆杆满足刚度要求。

前面所讨论的直杆弯曲问题中，所有外载荷均垂直于杆的轴线。但工程实际中，常见图 1-7-20 所示的情况，杆上除作用有横向力外，还作用有轴向力，在这样的外力作用下，杆将产生弯曲与拉伸（或压缩）的组合变形。

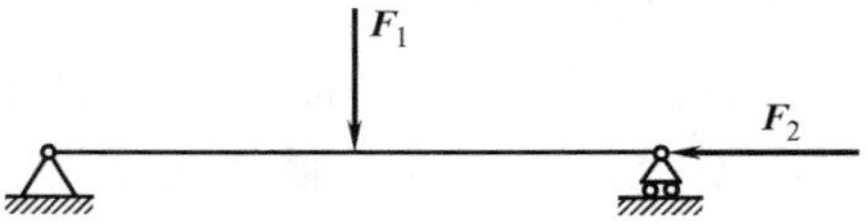

下面以图 1-7-21a 所示的简支梁为例，讨论如何对产生拉（压）弯组合变形的杆件进行强度计算。

图 1-7-20　横向力和轴向力共同作用的杆

图 1-7-21a 所示简支梁的横截面面积为 A，在均布横向载荷 q 的作用下，将产生弯曲变形，杆件中点 C 处的截面所产生的弯矩最大，其值为 $M_{\max} = ql^2/8$；在轴向力 F 的作用下，杆将产生轴向拉伸变形，各截面轴力均为 F。可见，横截面 C 为危险截面。

C 截面上，因轴向拉伸变形而产生的正应力是均匀分布的，如图 1-7-21b 所示，其值为

$$\sigma_N = \frac{F}{A}$$

因弯曲变形而产生的正应力沿截面高度呈直线分布规律，如图 1-7-21c 所示，其上距中性轴 y 处的弯曲正应力为

$$\sigma_y = \frac{M_{max}y}{I_z}$$

由叠加原理，将拉伸正应力与弯曲正应力相加，叠加后的正应力分布如图 1-7-21d 所示，任一点的正应力为

$$\sigma = \sigma_N + \sigma_M = \frac{F}{A} + \frac{M_{max}y}{I_z}$$

可见，最大正应力产生于距中性轴最远各点处，即截面的边缘处，其值为

$$\sigma_{max} = \frac{F}{A} + \frac{M_{max}}{W_z}$$

因此，拉（压）弯组合变形的强度条件为

$$\frac{F}{A} + \frac{M_{max}}{W_z} \leq [\sigma]$$

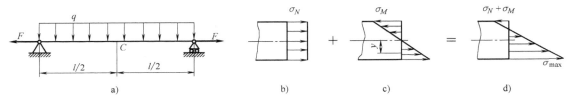

图 1-7-21　拉弯组合变形简支梁受力分析图

应该注意，所计算的最大正应力，对拉弯组合变形而言，其为最大拉应力值，而对压弯组合变形而言，其为最大压应力值。还应注意，如果材料的许用拉应力与许用压应力不同，而且危险截面上既有受拉区域，也有受压区域，则应分别计算最大拉应力与最大压应力，并分别按拉伸、压缩强度条件进行强度计算。

另外，叠加法只适合于小变形的情况，当变形较大时，两种载荷及各自产生的变形将相互影响，从而产生新的内力，此时，叠加法将不再适用。

弯曲与扭转的组合也是机械工程中常见的一种组合变形，图 1-7-22 所示钢制直角曲拐就是承受这种变形的一个实例。

首先将作用在点 C 的力 F 向 AB 杆右端截面的形心 B 简化，得到一横向力 F 及力偶矩 $T = Fa$。力 F 使 AB 杆弯曲，力偶矩 T 使 AB 杆扭转，故 AB 杆同时产生弯曲和扭转两种变形。

经分析可知，固定端截面是危险截面。产生的最大正应力 σ_{max} 和最大切应力 τ_{max} 发生在截

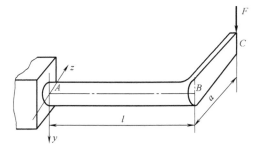

图 1-7-22　钢制直角曲拐

面边缘，这时截面的应力状态比较复杂，不能简单地相加，必须采用强度理论进行计算。机械中广泛使用的第三强度理论为

$$\sigma_{e3} = \sqrt{\sigma_{max}^2 + \tau_{max}^2}$$

更为复杂的情况本书不做介绍。

习　题

7-1　一简支梁 AB 受集度为 q 的均布载荷作用，如图 1-7-23 所示，试画出梁的剪力图与弯矩图。

7-2　图 1-7-24 所示简支梁受 $F = 9ql$ 的集中力和 $M_e = ql^2$ 的集中力偶作用，试画出梁的剪力图与弯矩图。

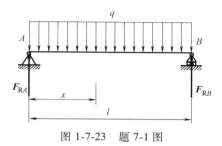

图 1-7-23　题 7-1 图

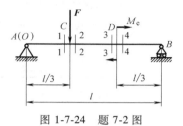

图 1-7-24　题 7-2 图

7-3　简支梁受载荷 F 作用，如图 1-7-25 所示，试画出梁的弯矩图。

7-4　图 1-7-26 所示左端外伸梁在 C 端作用有一 $M_e = qa^2$ 的集中力偶，AB 受集度为 q 的均布载荷作用，试画出梁的剪力图与弯矩图。

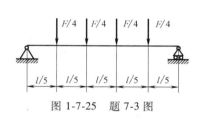

图 1-7-25　题 7-3 图

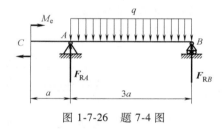

图 1-7-26　题 7-4 图

7-5　如图 1-7-27a 所示钢梁，$E = 2.0×105MPa$，其具有图 1-7-27b、c 所示的两种截面形式，试分别求出两种截面形式下梁的曲率半径，最大拉、压应力及其所在位置。

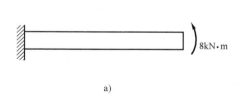

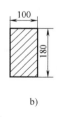

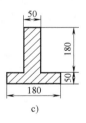

图 1-7-27　题 7-5 图

7-6　图 1-7-28 所示单梁起重机的起重量为 50kN，跨度 $l = 10.5m$。现拟将其起重量提高到 $Q = 70kN$，试校核梁的强度。若强度不够，再计算其可能承受的起重量。已知梁的抗弯截面系数 $W_z = 1430cm^3$，材料的许用应力 $[\sigma] = 140MPa$，电动葫芦自重 $G = 15kN$，暂不考虑梁的自重。

7-7　如图 1-7-29 所示悬臂梁，横截面为矩形，其尺寸的单位为 mm，承受载荷 F_1 与 F_2 作用，且 $F_1 = 2F_2 = 5kN$，试计算梁内的最大弯曲

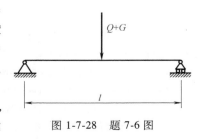

图 1-7-28　题 7-6 图

正应力，及该应力所在截面上点 K 处的弯曲正应力。

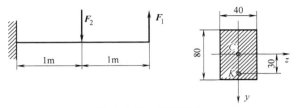

图 1-7-29　题 7-7 图

7-8　如图 1-7-30 所示槽形截面悬臂梁，截面尺寸的单位为 mm，受一 $F = 10$kN 集中力和一 $M_e = 70$kN·m 集中力偶作用，已知许用拉应力 $[\sigma^+] = 35$MPa，许用压应力 $[\sigma^-] = 120$MPa，试校核梁的强度。

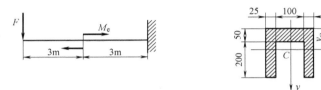

图 1-7-30　题 7-8 图

7-9　图 1-7-31 所示为受均匀分布载荷的简支梁，试求：

1）1-1 截面上 C、D 两点的正应力。

2）该截面上的最大正应力。

3）全梁的最大正应力。

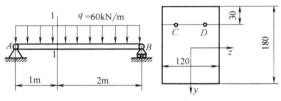

图 1-7-31　题 7-9 图（未注单位为 mm）

7-10　图 1-7-32a 所示悬臂梁承受载荷 F_1 与 F_2 作用，已知 $F_1 = 800$N，$F_2 = 1.6$kN，$l = 1$m，许用应力 $[\sigma] = 160$MPa，试分别确定图 1-7-32b、c 所示两种截面的尺寸。

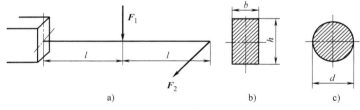

a)　　　　　　b)　　　　　c)

图 1-7-32　题 7-10 图

7-11　作用于图 1-7-33 所示悬臂木梁上的载荷有：xOy 平面内的 $F_1 = 800$N，xOz 平面内的 $F_2 = 1650$N。若木材的许用应力 $[\sigma] = 10$MPa，矩形截面边长之比 $h/b = 2$，试确定截面的尺寸。

7-12　图 1-7-34 所示梁承受集中载荷和均布载荷，已知 F、q、EI，求点 C 的挠度和转角。

7-13　图 1-7-35 所示梁的弯曲刚度 EI 为常数，试求点 C 的挠度。

7-14　图 1-7-36 所示外伸梁的两端分别承受载荷 F 作用，弯曲刚度 EI 为常数，试求：

1）当 x/l 为何值时，梁跨度中点的挠度与自由端的挠度数值相等。

2）当 x/l 为何值时，梁跨度中点的挠度最大。

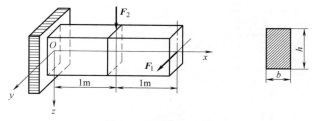

图 1-7-33　题 7-11 图

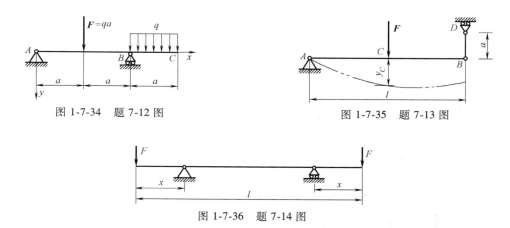

图 1-7-34　题 7-12 图

图 1-7-35　题 7-13 图

图 1-7-36　题 7-14 图

第 8 章

动载荷

前面几章讨论杆件变形和应力计算时，视载荷从零开始平缓增加，且载荷增加到最终值后也不再变化，此即静载荷。在实际工程中，存在大量的动载荷情况，如高速旋转的部件或加速提升的构件、锻压气锤的锤杆、紧急制动的转轴、大量机械零件长期在周期性变化的载荷作用下工作。所谓**动载荷**，是指随时间做急剧变化的载荷，以及做加速运动或转动构件的惯性力。在应力不超过比例极限的情况下，动载荷作用下的应力应变计算满足胡克定律，弹性模量不变。

本章主要讨论两类问题：一是构件做等加速运动时的应力计算，二是构件受冲击载荷作用时的应力计算。载荷按周期变化的情况，本书不做讨论。

8.1 构件做等加速运动时的应力计算

对于加速度为 a 的质点，惯性力的大小等于质点的质量 m 与 a 的乘积，方向则与 a 的方向相反。对于做加速运动的质点系，假想在每一质点上加惯性力，则质点系上的原力系与惯性力系组成平衡力系。因此，在形式上就可把动力学问题作为静力学问题来处理，这就是**动静法**。于是，前面介绍的关于应力和变形的计算方法也可直接用于增加了惯性力的杆件。

8.1.1 等加速运动构件中的动应力分析

以起重机起吊重物为例，说明如何采用动静法来分析等加速运动构件中的动应力。

图 8-1-1a 表示起重机以等加速度 a 吊起一重为 P 的物体，已知钢索横截面面积为 A，钢索材料密度为 ρ，现分析和计算钢索横截面上的动应力。

应用截面法，取出如图 1-8-1b 所示的部分钢索和被吊物体作为研究对象，将惯性力加于系统，组成平衡力系。作用于其上的外力有被吊物体自重 P，长为 z 的一段钢索的自重集度 q，被吊物体的惯性力 $\dfrac{Pa}{g}$，长为 z 的一段钢索的惯性力集度 q_{d}，以及截面上的动内力 F_{Nd}。根据平衡方程可得

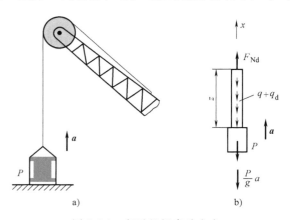

图 1-8-1 起重机钢索动应力

$$F_{\mathrm{Nd}} = qz + q_{\mathrm{d}}z + P + \frac{Pa}{g} = (qz + P)\left(1 + \frac{a}{g}\right)$$

$$F_{\mathrm{Nd}} = K_{\mathrm{d}}F_{\mathrm{Nst}} \tag{8-1}$$

式中　F_{Nst}——截面上的静内力，$F_{\mathrm{Nst}} = qz + P$；

K_{d}——**动载荷因数**，$K_{\mathrm{d}} = 1 + \dfrac{a}{g}$。

由式（8-1）可知，动应力等于静应力乘以动载荷因数。所以动载荷作用下构件的强度条件可以写成

$$\sigma_{\mathrm{d}} = K_{\mathrm{d}}\sigma_{\mathrm{st}} \leqslant [\sigma] \tag{8-2}$$

由于动载荷因数 K_{d} 中已经包含了动载荷的影响，因此 $[\sigma]$ 即为静载下的许用应力。

8.1.2　等角速转动构件中的动应力分析

以图 1-8-2 所示等角速转动圆环为例，说明如何采用动静法来分析等角速转动构件中的动应力。

设图 1-8-2 所示圆环以等角速度 ω，绕通过圆心且垂直于纸面的轴旋转。现分析和计算该圆环横截面上的动应力。

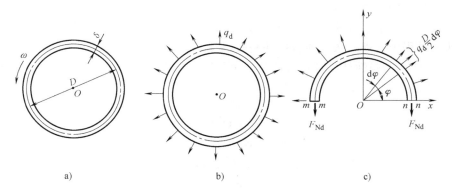

a)　　　　　　　　b)　　　　　　　　c)

图 1-8-2　等角速转动圆环

若圆环的厚度 δ 远小于直径 D，则可近似地认为环内各点的向心加速度大小相等，且都等于 $\dfrac{D\omega^2}{2}$，用 A 表示圆环的横截面面积，圆环材料密度为 ρ。于是沿轴线均匀分布的惯性力集度 $q_{\mathrm{d}} = \dfrac{A\rho D}{2}\omega^2$，方向背离圆心，如图 1-8-2b 所示。由半个圆环（图 1-8-2c）的平衡方程 $\sum F_y = 0$，得

$$2F_{\mathrm{Nd}} = \int_0^{\pi} q_{\mathrm{d}}\frac{D}{2}\sin\varphi\,\mathrm{d}\varphi = q_{\mathrm{d}}D$$

$$F_{\mathrm{Nd}} = \frac{q_{\mathrm{d}}D}{2} = \frac{A\rho D^2}{4}\omega^2$$

由此求得圆环横截面上的动应力为

$$\sigma_{\mathrm{d}} = \frac{F_{\mathrm{Nd}}}{A} = \frac{\rho D^2}{4}\omega^2 = \rho v^2 \tag{8-3}$$

式中 v——圆环轴线上点的线速度，$v=\dfrac{D\omega}{2}$。

所以，匀速转动圆环的强度条件为

$$\sigma_{d}=\rho v^{2}\leqslant[\sigma] \tag{8-4}$$

从以上两式可以看出，圆环动应力与横截面面积 A 无关。若要保证圆环的强度，则应限制其转速。

8.2　构件受冲击载荷作用时的应力计算

锻造时，在锻锤与锻件接触的非常短暂时间内，速度发生很大变化，这种现象称为冲击或撞击。用重锤打桩、用铆钉枪进行铆接、高速转动的飞轮或砂轮突然制动等，都是冲击问题，重锤、飞轮等为冲击物，而被打的桩和固接飞轮的轴等则是承受冲击的构件。在冲击物与受冲构件的接触区域内，应力状态异常复杂，且冲击持续时间非常短，难以准确分析接触力随时间的变化。工程上一般采用偏于安全的能量方法，对冲击瞬间的最大应力和变形进行近似的分析计算。这种方法基于以下假设：

1）冲击时，冲击物本身不发生变形，即当作刚体，冲击后不发生回弹。

2）忽略受冲构件的质量。

3）在冲击过程中，被冲击构件服从胡克定律。

4）冲击过程中，声、热等能量损耗略去不计。

承受各种变形的弹性杆件都可看作是一个弹簧。例如前面几章介绍的拉伸、弯曲和扭转杆件的变形分别为

$$\Delta l=\frac{Fl}{EA}=\frac{F}{EA/l}$$

$$y=\frac{Fl^{3}}{48EI}=\frac{F}{48EI/l^{3}}$$

$$\varphi=\frac{Tl}{GI_{p}}=\frac{T}{GI_{p}/l}$$

当把这些杆件看作弹簧时，其弹性系数分别是 $\dfrac{EA}{l}$、$\dfrac{48EI}{l^{3}}$ 和 $\dfrac{GI_{p}}{l}$，因此任一弹性杆或结构都可简化成弹簧。

假设重量为 P 的冲击物从距离弹簧顶端 h 处自由落体，与受冲弹簧接触后相互附着共同运动（铅垂方向运动），如忽略弹簧的质量，只考虑其弹性，便简化成只一个自由度的运动体系。设冲击物与弹簧开始接触的瞬时动能为 T，由于弹簧的阻抗，当弹簧变形到达最低位置时，运动体系的速度变为零，弹簧的变形为 Δ_{d}，如图 1-8-3 所示。

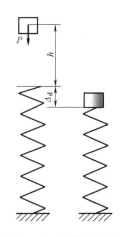

从冲击物与弹簧开始接触到变形到达最低位置，动能由 T 变为零，动能变化为 T；重物向下移动的距离为 Δ_{d}，势能变化 $V=P\Delta_{d}$。根据能量守恒定律，冲击系统的动能和势能的变化之和应等于弹簧的弹性势能 $V_{\varepsilon d}$，即

图 1-8-3　弹簧受重物
冲击示意图

$$T+V=V_{\varepsilon d}$$

设运动体系的速度为零时冲击物作用在弹簧上的动载荷为 F_d，在材料服从胡克定律的情况下，它与弹簧的变形成正比，且都是从零开始增加到最终值。所以，冲击过程中动载荷所做的功为 $\frac{1}{2}F_d\Delta_d$，它等于弹簧的弹性势能，即

$$V_{\varepsilon d} = \frac{1}{2}F_d\Delta_d \tag{8-5}$$

若重物 P 以静载的方式作用于构件上，构件的静变形和静应力分别为 Δ_{st} 和 σ_{st}；在动载荷 F_d 的作用下，相应的动变形和动应力分别为 Δ_d 和 σ_d。在线弹性范围内，载荷、变形和应力成正比，故有

$$\frac{F_d}{P} = \frac{\Delta_d}{\Delta_{st}} = \frac{\sigma_d}{\sigma_{st}}$$

或者写成

$$F_d = \frac{\Delta_d}{\Delta_{st}}P$$

$$\sigma_d = \frac{\Delta_d}{\Delta_{st}}\sigma_{st}$$

将上式中的 F_d 代入式（8-5），得

$$V_{\varepsilon d} = \frac{1}{2}\frac{\Delta_d^2}{\Delta_{st}}P$$

结合能量守恒方程，整理可得

$$\Delta_d^2 - 2\Delta_{st}\Delta_d - \frac{2T\Delta_{st}}{P} = 0$$

解出

$$\Delta_d = \Delta_{st}\left(1 + \sqrt{1 + \frac{2T}{P\Delta_{st}}}\right)$$

令

$$K_d = \frac{\Delta_d}{\Delta_{st}} = 1 + \sqrt{1 + \frac{2T}{P\Delta_{st}}}$$

K_d 称为**冲击动载荷因数**，则

$$\Delta_d = K_d\Delta_{st}$$

$$F_d = K_d P$$

$$\sigma_d = K_d\sigma_{st}$$

由此可见，用 K_d 乘以静载荷、静变形和静应力，即可求得冲击时的动载荷、动变形和动应力。这里 F_d、Δ_d 和 σ_d 是指受冲构件到达最大变形位置、冲击物速度等于零时的瞬时载荷、变形和应力。随后，构件的变形将即刻减小，引起系统的振动，在有阻尼的情况下，振动最终消失。需要计算的，正是冲击时变形和应力的瞬时最大值。

因为冲击是重为 P 的物体从高为 h 处自由下落造成的，所以物体与弹簧接触时，$v^2 =$

$2gh$，于是 $T = \dfrac{1}{2}\dfrac{P}{g}v^2 = Ph$，将其代入冲击动载荷因数表达式得

$$K_d = 1 + \sqrt{1 + \dfrac{2h}{\Delta_{st}}}$$

由此式可知，当 $h = 0$ 时，$K_d = 2$。所以，在突加载荷下，构件的应力和变形皆为静载时的 2 倍。突然加于构件上的载荷，相当于物体自由下落时 $h = 0$ 的情况。

对于水平放置的系统，冲击过程中系统的势能不变，即 $V = 0$。若冲击物与受冲构件接触时的速度为 v，则动能 T 为 $\dfrac{1}{2}\dfrac{P}{g}v^2$，根据能守恒定律得

$$\frac{1}{2}\frac{P}{g}v^2 = \frac{1}{2}\frac{\Delta_d^2}{\Delta_{st}}P$$

$$\Delta_d = \sqrt{\frac{v^2}{g\Delta_{st}}}\Delta_{st}$$

从而可求出

$$F_d = \sqrt{\frac{v^2}{g\Delta_{st}}}P$$

$$\sigma_d = \sqrt{\frac{v^2}{g\Delta_{st}}}\sigma_{st}$$

因此，水平放置系统的动载荷因数 $K_d = \sqrt{\dfrac{v^2}{g\Delta_{st}}}$。

上述计算方法中，忽略了其他类型能量的损失，求得的结果偏于安全。

例 8-1 如图 1-8-4 所示工字钢梁，梁截面的 $I_z = 1130\,cm^4$、$W_z = 141\,cm^3$，右端置于一弹性系数 $k = 0.16\,kN/mm$ 的弹簧上。重量 $P = 2kN$ 的物体自高 $h = 350mm$ 处自由落下，冲击在梁的中点 C 处。梁材料的 $[\sigma] = 160MPa$、$E = 2.1 \times 10^5\,MPa$，试校核梁的强度。

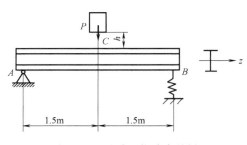

图 1-8-4 承受重物冲击的梁

解： Δ_{st} 由两部分组成，一是梁的变形，二是右端支点弹簧变形带来的点 C 处位移。

$$\Delta_{st1} = \frac{Pl^3}{48EI_z} = \frac{2kN \times (1.5m + 1.5m)^3}{48 \times 2.1 \times 10^5\,MPa \times 1130\,cm^4} = 0.474mm$$

$$\Delta_{st2} = \frac{1}{2}\frac{P}{k} = \frac{1}{2} \times \frac{2kN}{0.16\,kN/mm} = 6.25mm$$

$$\Delta_{st} = \Delta_{st1} + \Delta_{st2} = 0.474mm + 6.25mm = 6.724mm$$

冲击动载荷因数为

$$K_d = 1 + \sqrt{1 + \frac{2h}{\Delta_{st}}} = 1 + \sqrt{1 + \frac{2 \times 350mm}{6.724mm}} \approx 11.25$$

梁的危险截面为中点 C 处截面，危险点为该截面上、下边缘处各点。点 C 处截面的弯矩为

$$M_{\max} = \frac{Pl}{4} = \frac{2\mathrm{kN} \times (1.5\mathrm{m} + 1.5\mathrm{m})}{4} = 1.5 \times 10^3 \mathrm{N \cdot m}$$

危险点处的静应力为

$$\sigma_{\mathrm{st}} = \frac{M_{\max}}{W_z} = \frac{1.5 \times 10^3 \mathrm{N \cdot m}}{141 \times 10^{-6} \mathrm{m}^3} \approx 10.64\mathrm{MPa}$$

所以，梁的最大冲击应力为

$$\sigma_{\mathrm{d}} = K_{\mathrm{d}} \sigma_{\mathrm{st}} = 11.25 \times 10.64\mathrm{MPa} = 119.7\mathrm{MPa}$$

因为 $\sigma_{\mathrm{d}} < [\sigma]$，所以该梁是安全的。

习　题

8-1　图 1-8-5 所示一自重 $P_1 = 20\mathrm{kN}$ 的起重机装在两根工字钢大梁上，梁截面的 $I_z = 1130\mathrm{cm}^4$、$W_z = 141\mathrm{cm}^3$，起吊重 $P_2 = 40\mathrm{kN}$ 的物体。若重物在第 1s 内以等加速度 $a = 2.5\mathrm{m/s}^2$ 上升。已知钢索直径 $d = 20\mathrm{mm}$，钢索和梁的材料相同，$[\sigma] = 160\mathrm{MPa}$。试校核钢索与梁的强度（不计钢索和梁的质量）。

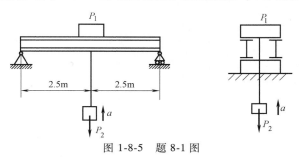

图 1-8-5　题 8-1 图

8-2　图 1-8-6 所示起重机的钢丝绳长 $L = 60\mathrm{m}$，有效横截面面积 $A = 2.9\mathrm{cm}^2$，单位长度的重量为 25.5N/m，$[\sigma] = 300\mathrm{MPa}$。该起重机以 $a = 2\mathrm{m/s}^2$ 的加速度提起重 50kN 的物体，试校核该钢丝绳的强度。

8-3　一杆以角速度 ω 绕铅垂轴在水平面内转动。已知杆长为 l，杆的横截面面积为 A，重量为 P_1，弹性模量为 E；另有一重量为 P_2 的物体连接在杆的端部，如图 1-8-7 所示。试求杆的伸长变形量。

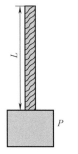

图 1-8-6　题 8-2 图

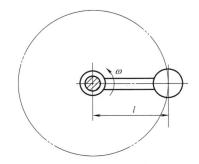

图 1-8-7　题 8-3 图

8-4　图 1-8-8 所示钢杆的下端有一固定圆盘，盘上放置弹簧。弹簧在 1kN 的静载荷作用下缩短 0.625mm。钢杆的直径 $d = 40\mathrm{mm}$，长度 $l = 4\mathrm{m}$，许用应力 $[\sigma] = 120\mathrm{MPa}$，$E = 200\mathrm{GPa}$。若有重为 15kN 的重物自由落下，求其允许高度 h；又若没有弹簧，则允许高度 h 将为多少？

8-5　图 1-8-9 所示 AB 轴的 B 端有一个质量很大的飞轮。与飞轮相比，轴的质量可以忽略不计。轴的 A

端装有制动离合器。飞轮的转速 $n = 100 \text{r/min}$，转动惯量 $I_x = 0.5 \text{kN} \cdot \text{m} \cdot \text{s}^2$，轴的直径为 100mm，制动时使得轴在 10s 内匀减速停止。试求轴内的最大动应力。

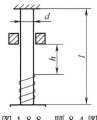

图 1-8-8　题 8-4 图

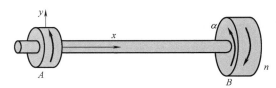

图 1-8-9　题 8-5 图

中篇

机械基础

第 **1** 章

概述

1.1 机械的基本概念

机械是机器和机构的统称。

机器的种类繁多，结构、功能也各不相同，如日常生活中的自行车、电风扇，工程应用中的各种机器人、机床等。

图 2-1-1 所示为汽车自动生产线上的焊接机器人，其功能是对所需要焊接的各部位进行自动点焊。该机器人的主体部分由基座 1、腰部 2、大臂 3、小臂 4 和手腕 8 组成。电动机 M_1 通过蜗杆蜗轮减速和换向，驱动腰部 2 实现水平回转运动 φ_1；电动机 M_2 驱动大臂 3，以实现大臂的倾斜运动 φ_2；电动机 M_3 驱动螺杆 6 转动，带动螺母 7 移动，进而通过连杆 5 的运动，实现小臂 4 的俯仰运动 φ_3；电动机 M_4 和电动机 M_5（图中不可见）驱动手腕 8，以实现手腕的弯曲运动 φ_4 和旋转运动 φ_5。各电动机按预先设计好的运动规律转动时，通过腰部、大臂、小臂及手腕的运动，带动焊枪按设定的运动顺序完成焊接工作。

图 2-1-2 所示为一台内燃机，主要由缸体 1、活塞 2、连杆 3 和曲轴 4 等组成。当燃气在缸体 1 内燃烧膨胀，推动活塞 2 移动时，通过连杆 3 带动曲轴 4 绕其轴线转动，从而实现运

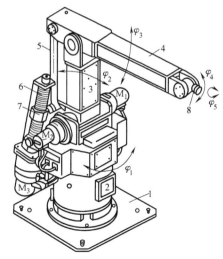

图 2-1-1　焊接机器人

1—基座　2—腰部　3—大臂　4—小臂
5—连杆　6—螺杆　7—螺母　8—手腕

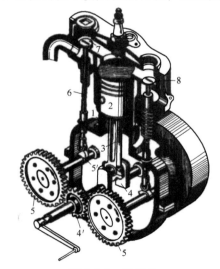

图 2-1-2　内燃机

1—缸体　2—活塞　3—连杆　4—曲轴　4′、5—齿轮
5′—凸轮　6—顶杆　7—进气阀　8—排气阀

动输出。通过缸体两侧的凸轮 5′带动顶杆 6，控制进气阀 7 和排气阀 8 的定时开启和关闭，以定时地送进燃气和排出废气，从而实现曲轴 4 的连续转动。通过以上各个构件协同工作的结果，将燃气燃烧的热能转变为曲轴转动的机械能，从而使内燃机输出旋转运动和驱动力矩。

由以上两个机器的实例可以看出，虽然这些机器的构造、功能各不相同，但从组成、运动和功能来看，它们都具有以下共同的特征：

1）它们是由零件装配组合而成的实物组合体。

2）各实物体之间都具有确定的相对运动。

3）能实现能量的转换，并做有用功。

凡同时具备上述三个特征的实物组合体就称为机器。利用机械能来做有用功的机器称为工作机，如各种机床、轧钢机、纺织机、印刷机、包装机等。将化学能、电能、水力、风力等能量转换为机械能的机器称为原动机，如内燃机、电动机、涡轮机等。

对上述两个机器实例进一步分析可知，每台机器又可分为一个或多个能完成特定功能的更小的实物组合体，实现某种运动的传递或运动形式的变换。例如，在图 2-1-2 所示的内燃机中，缸体 1、活塞 2、连杆 3 和曲轴 4 组成一个实物组合体，活塞 2 相对缸体 1 移动，通过连杆 3 转变为曲轴 4 的定轴转动，它实现了将移动变换成转动的功能；由齿轮 4′、齿轮 5 组成一个实物组合体，通过两齿轮的啮合，把一个轴的转动传递到另一个轴上。这些各具特点、能够传递或变换运动的特定实物组合体称为机构，它们具有如下两个特性：

1）它们是由多个零件装配组合而成的实物组合体。

2）各实物体之间都具有确定的相对运动。

由此可见，机器由各种机构组成的，是能实现预期机械运动并完成有用功或转换机械能的系统，而机构只用于研究运动和动力如何传递。从机构与机器的组成和运动的角度来看，两者并无差别，因此本书中将机器和机构统称为"机械"。

1.2　机构的组成

机构是由两个或两个以上能单独运动的单元体组合而成的具有确定运动的实物组合体，如机器人广泛使用的减速器机构、谐波齿轮传动机构等，如图 2-1-3 所示。**机构的基本组成要素为构件和运动副。**

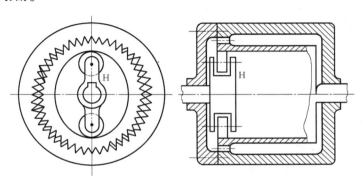

图 2-1-3　谐波齿轮传动机构

1.2.1 构件

构件是每一个影响机构功能并且能独立运动的单元体。一个构件可以由一个或多个零件组成，如图 2-1-4 所示的汽车发动机常用的曲轴构件就是单个零件；图 2-1-5 所示的连杆构件则由多个零件装配组成，但各零件之间没有相对运动，而是作为一个整体一起运动，即为一个构件。零件与构件两者的本质区别就在于：零件是制造的单元体；构件是运动的单元体。

图 2-1-4 曲轴

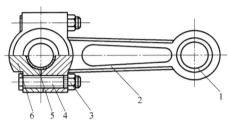

图 2-1-5 连杆

1—轴套 2—连杆体 3—螺母
4—螺栓 5—轴瓦 6—连杆头

1.2.2 运动副

当若干构件组成机构时，构件间必须按照一定的方式连接才能产生相应所需的相对运动。两构件直接接触而又能产生一定相对运动的连接称为运动副，如齿轮轮齿之间的连接就构成运动副。

如果组成机构的各可动构件均在相互平行的平面内运动，这类机构称为平面机构，否则就称为空间机构。一般来讲，机器人多为空间机构。

为了更好地理解运动副，先引入自由度和约束的概念。

1. 自由度与约束

构件所具有独立运动的数目，或者确定构件位置所需独立参数的数目，称为构件的自由度。一个构件做平面运动时，其运动可以分解为沿 x 轴和 y 轴两个方向的移动，以及绕垂直于运动平面的轴的转动（绕 z 轴的转动），如图 2-1-6 所示。因此，一个做平面运动构件的位置可以由三个独立参数来决定：构件上点 A 的坐标（x_A，y_A）及过点 A 任一直线与坐标轴之间的夹角 φ，即做平面运动的一个构件所具有的自由度最大为 3。做空间运动的构件如图 2-1-7 所示，其具有 6 个自由度，即构件 ABC 具有沿三个坐标轴方向的 3 个移动和绕三个坐标轴的 3 个转动。

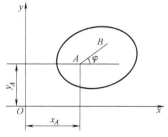

图 2-1-6 平面运动构件简图

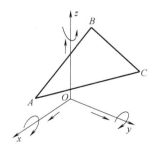

图 2-1-7 空间运动构件简图

当构件与构件相互接触而形成运动副时,构件的独立运动将会受到限制,这种限制作用称为"约束"。运动副限制构件的一个独立运动就是对构件施加一个约束条件,构件便会减少一个自由度。两个构件形成运动副时,其中引入了多少个约束,限制了多少个独立运动,则取决于运动副的类型。

2. 运动副类型

形成运动副的两构件间的直接接触主要有点、线、面三种形式。这种构件之间相互接触的点、线、面称为运动副元素。要特别指出的是,要形成运动副,构件必须相互直接接触,如果构件之间没有接触,则运动副不存在。

运动副常见的分类有以下三种:

（1）**按运动空间分类** 当构成运动副的两构件间的相对运动只能是平面平行运动时,称为平面运动副;当两者的相对运动是空间运动时,称为空间运动副。

（2）**按运动副引入的约束数分类** 引入一个约束的运动副称为 1 级副,引入两个约束的运动副称为 2 级副;以此类推,最多为 5 级副。

（3）**按运动副的接触形式分类** 以两构件点接触或线接触而形成的运动副称为高副;而通过面接触形成的运动副称为低副。低副根据其运动形式又可分为转动副和移动副。一般来讲,在承受载荷方面,面接触的运动副与点接触或线接触的运动副相比,其相互接触部分的压强较低,故称为低副,而高副比低副更易磨损。

常见的运动副及其特点见表 2-1-1。

表 2-1-1 常见的运动副及其特点

名称	示意图	自由度	类型	特点
齿轮副		2 个自由度:沿接触点切线 x 方向的移动和绕接触点的转动	平面高副	常见于齿轮传动,为线接触,接触压强大,易磨损。也称为平面滚移副
凸轮副	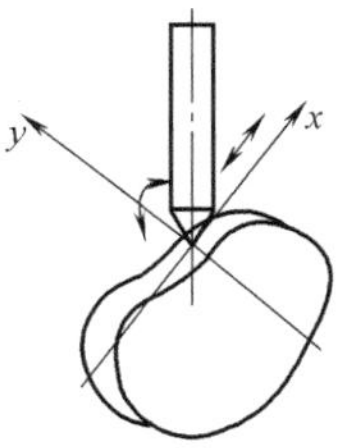	2 个自由度:沿接触点切线 x 方向的移动和绕接触点的转动	平面高副	见于凸轮传动,为点接触,接触压强大,易磨损,可承受载荷小。也称为平面滚移副
移动副（P）	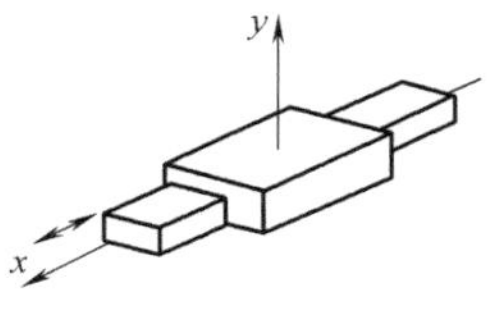	1 个自由度:沿 x 方向的移动	平面低副	两个平面相互配合,其中一个构件沿着另一个构件做直线移动

（续）

名称	示意图	自由度	类型	特点
转动副 （R）	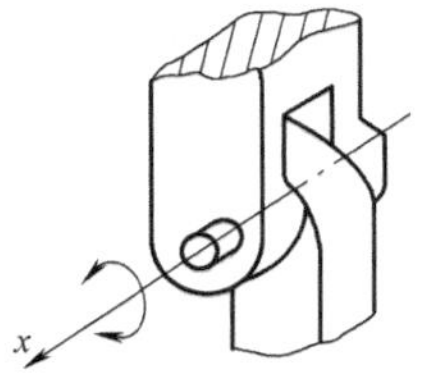	1 个自由度:绕 x 方向的转动	平面低副	两个圆柱面相互配合,两构件之间只能做相对转动,不能做相对移动,常称为铰链
圆柱副 （C）		2 个自由度:沿 x 方向的移动和绕 x 方向的转动	空间低副	两个圆柱面相互配合,两构件可以做相对转动和移动
螺旋副 （H）	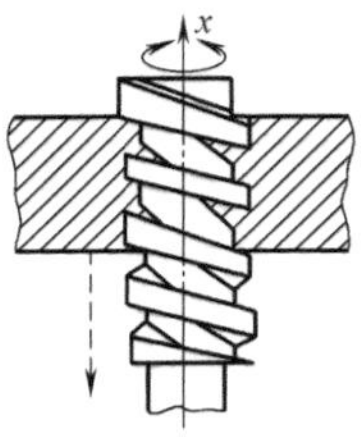	1 个自由度	空间低副	见于螺旋传动,两构件通过螺旋面相互配合,虽然两者可以实现相对转动和移动,但是转动和移动相互关联
球副 （S）	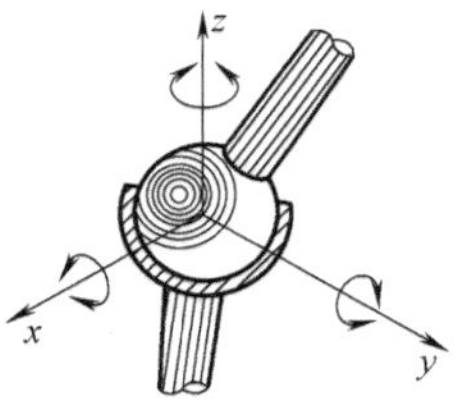	3 个自由度:绕三个方向的转动	空间低副	两构件通过两个球面相互配合
球面副	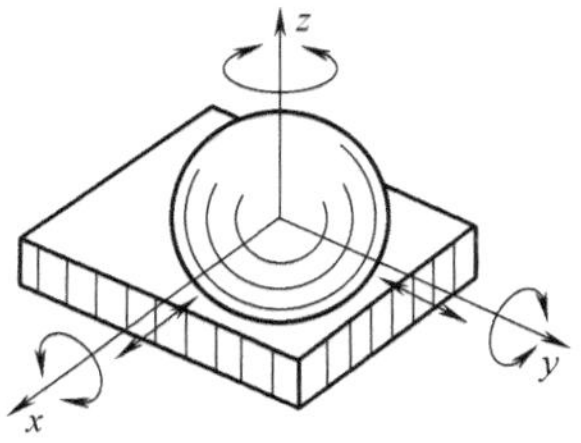	5 个自由度	空间高副	两构件通过球面和平面点接触相互配合,实现 3 个转动和 2 个移动
球槽副	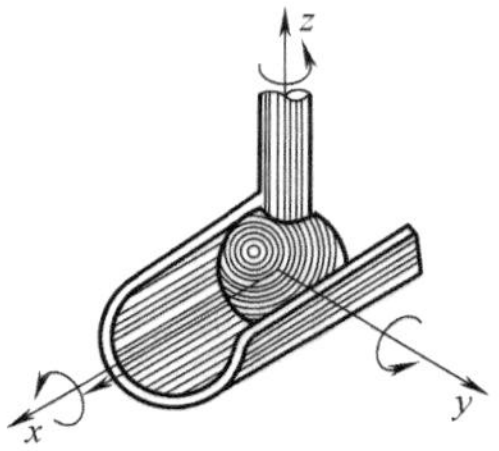	4 个自由度	空间高副	两构件通过球面和圆柱面线接触相互配合,实现 3 个转动和 1 个移动

（续）

名称	示意图	自由度	类型	特点
球销副 (S')		2 个自由度	空间低副	在球副的基础上，通过一个圆柱销限制了绕 y 方向的转动

1.2.3　运动链

把若干个构件用运动副连接所形成的可动系统称为运动链。如果组成运动链的各构件形成首尾封闭的系统，这种运动链称为闭式链，如图 2-1-8a 所示。如果组成运动链的各构件未形成首尾封闭的系统，这种运动链称为开式链，如图 2-1-8b 所示。在机器人中应用开式链更多些。

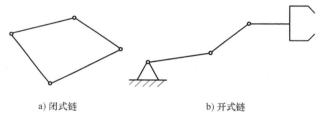

a) 闭式链　　　　　　　　　b) 开式链

图 2-1-8　运动链

在运动链中，如果将某个构件固定，当一个或几个构件相对于固定构件做独立运动时，其余构件能够随之做确定的相对运动，那么按照上述机构的定义，该运动链就成为机构。

根据机构中构件作用的不同，可以将构件分为以下三类。

（1）**机架**　固接于定参考系的构件，也称为固定件，一般是用来支承活动构件的构件。

（2）**原动件**　按照给定的运动规律运动的活动构件，也称为主动件。

（3）**传动件**　机构中随着原动件的运动而具有确定的相对运动的活动构件，也称为从动件。

任何一个机构，不管它是怎样构成的，也不管它做怎样的运动，其中必然有一个构件是相对固定的；而活动构件中必然有一个或几个是原动件，其余的活动构件则是从动件。

1.3　机构运动简图

由于实际机构是很复杂的，但是构件的运动方式和运动规律与复杂的机构外形结构、界面尺寸及运动副的具体结构都无关。因此，为了更好地研究机构的运动特性，需要将实际机构中那些与运动无关的因素加以简化和抽象，只考虑与运动有关的因素，并用比较简单的线条和规定的运动副符号画出能与实际机构运动特性完全相符的图形，这种图形称为机构运动简图。由于机构运动简图应与实际机构具有完全相同的运动特性，因此机构运动简图必须根据机构的实际尺寸、按照一定的比例绘制。可以用机构运动简图对机械进行结构、运动及动力分析。如果不严格按照比例，仅仅为了表达机械的结构特征，这样绘制出来的图形称为机构示意图。在研究已有机械和创新设计新的机械时，机构运动简图和机构示意图是很有用的。

1.3.1 构件的表示方法

常用构件的表示方法见表 2-1-2。

表 2-1-2 常用构件的表示方法

名称	构件符号
杆、轴类构件	
固定构件	
同一构件	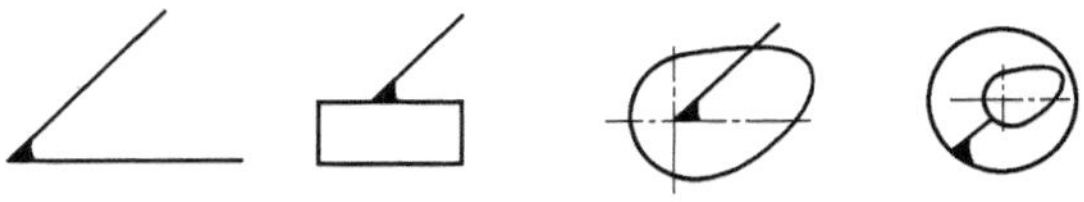
两副构件	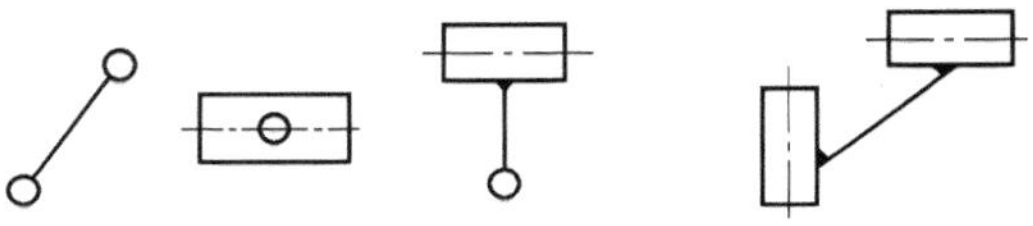
三副构件	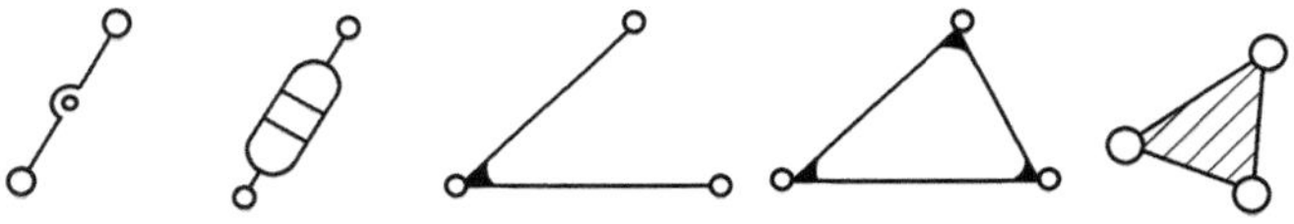

1.3.2 运动副的表示方法

常用运动副的表示方法见表 2-1-3。

表 2-1-3 常用运动副的表示方法

名称		运动副符号
平面运动副	转动副	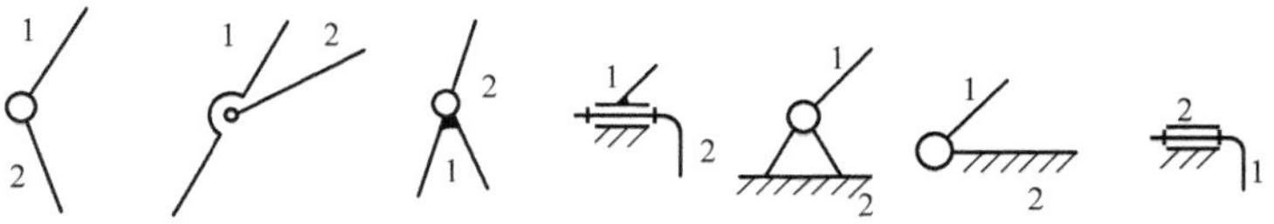
	移动副	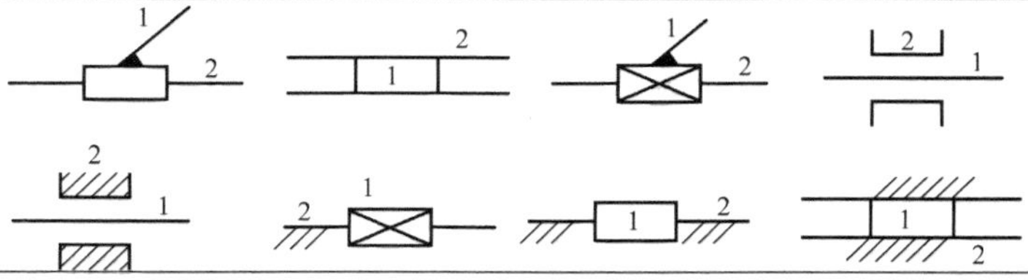

（续）

名称		运动副符号
平面运动副	平面滚滑副	
空间运动副	螺旋副	
	球面副	
	其他	面球副　　　球槽副　　　球销副

1.3.3　绘制机构运动简图的一般步骤

下面举例说明绘制机构运动简图的一般步骤。

例 1-1　试绘制如图 2-1-9a 所示颚式破碎机的机构运动简图。

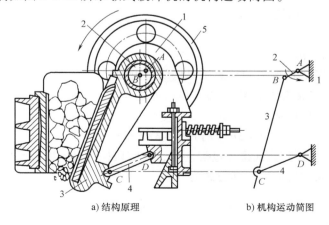

a) 结构原理　　　　　　　　b) 机构运动简图

图 2-1-9　颚式破碎机结构原理及其简图（电动机和带传动略去）

1—机架　2—偏心轴　3—动颚　4—顶杆　5—飞轮

解：1）分析机构的结构和运动情况，找出机架（固定件）、原动件、从动件。该破碎机是由电动机通过带传动使得飞轮 5 转动，从而带动偏心轴 2 转动；在偏心轴 2 的带动下，动颚 3 和顶杆 4 上下摆动，并压碎原料。在图 2-1-9a 所示的机构中，飞轮 5 和偏心轴 2 在 A 点固定连接成一个构件，因此，在图中省略电动机和带传动的情况下，偏心轴 2 视为原动件，1 为机架，其他为从动件。

2）从原动件开始，沿着运动的传递路线，逐一分析相互连接的两构件之间的接触情况和相对运动性质，以确定各运动副的类型和数目。

原动件 2 与动颚 3 之间为转动副，动颚 3 与顶杆 4 之间为转动副，顶杆 4 与机架 1 之间为转动副。

3）合理选择视图平面，并选择能充分反映机构运动特性的瞬时位置和合理的比例，用规定的符号和图线画出各运动副和构件。

首先确定恰当的长度比例和投影，然后确定转动副中心 A、B、C、D 的位置，并用直线将各运动副的符号连接起来，得到机构运动简图，如图 2-1-9b 所示。

1.4 机构自由度计算及确定运动的条件

机构的特征之一是各构件之间要有确定的相对运动，那么如何确定机构是否有确定的相对运动呢？这涉及机构自由度的计算。

1.4.1 自由度公式

先以平面机构为例介绍机构自由度公式。假设一个平面机构共有 N 个构件，其中必定有一个是固定件（机架），因此机构的活动构件数 $n = N-1$。在没有用运动副连接之前，每个构件都有 3 个自由度，因此所有构件的总自由度数为 $3n$。构件之间每增加 1 个低副，就增加 2 个约束，相应的自由度数就减少 2 个；每增加 1 个高副，就增加 1 个约束，相应的自由度数就减少 1 个。若机构中共有 P_L 个低副和 P_H 个高副，则机构共引入（$2P_L + P_H$）个约束，平面机构的自由度数为

$$F = 3n - 2P_L - P_H \tag{1-1}$$

式中　n——机构中的活动构件数；

　　　P_L——低副的数目；

　　　P_H——高副的数目。

例 1-2　试计算图 2-1-9b 所示破碎机机构的自由度。

解：图 2-1-9b 中，活动构件数 $n = 3$，各构件之间有 4 个转动副，没有高副，因此 $P_L = 4$，$P_H = 0$。由式（1-1）可得

$$F = 3n - 2P_L - P_H = 3 \times 3 - 2 \times 4 - 0 = 1$$

与平面机构自由度计算公式推导过程一样，空间机构的自由度数 = 所有活动构件的自由度数 - 所有运动副引入的约束数，其公式为

$$F = 6n - 5P_5 - 4P_4 - 3P_3 - 2P_2 - P_1 = 6n - \sum_{k=1}^{5} kP_k \tag{1-2}$$

式中　P_k——k 级运动副的个数。

需要注意的是，在计算空间机构自由度时，平面低副为 5 级副，即引入 5 个约束，只保

留 1 个自由度；平面高副为 4 级副，即引入 4 个约束，只保留 2 个自由度。计算空间机构的自由度有多种方式，式（1-2）只提供空间机构自由度计算的一种公式。

例 1-3 试计算如图 2-1-10 所示飞机自动驾驶仪操纵装置内的空间四杆机构的自由度。

解：活动构件为活塞 2、连杆 3 和摇杆 4，$n=3$；5 级运动副为活塞

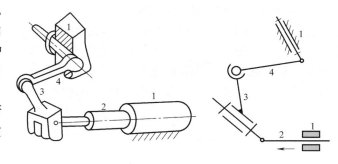

a) 机构示意图　　　　b) 机构运动简图

图 2-1-10　飞机自动驾驶仪操纵装置内的空间四杆机构

2 和连杆 3 的转动副、摇杆 4 和机架 1 的转动副，$P_5=2$；4 级运动副为气缸（机架）1 和活塞 2 的圆柱副，$P_4=1$；3 级运动副为连杆 3 和摇杆 4 组成的球副，$P_3=1$；其他级运动副没有。因此，机构的自由度为

$$F=6n-5P_5-4P_4-3P_3-2P_2-P_1=6\times3-5\times2-4\times1-3\times1=1$$

1.4.2　机构具有确定运动的条件

当机构的原动件按给定的运动规律运动时，机构的其余各构件要有确定的相对运动。其具有的独立运动数目就是自由度，而原动件的运动规律是外界给定的输入，那么，如何判断机构是否有确定的运动呢？

机构要运动起来，其自由度肯定大于 0。而当机构的自由度小于 0 时，很明显，该机构不能运动，成为一个刚性桁

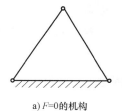

a) $F=0$ 的机构

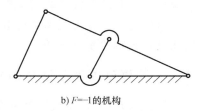

b) $F=-1$ 的机构

图 2-1-11　构件组合

架，如图 2-1-11a 所示；或者成为一个超静定桁架，如图 2-1-11b 所示。

1. 原动件数小于机构自由度数

如图 2-1-12 所示的平面铰链五杆机构，其自由度 $F=3n-2P_L-P_H=2$，如果按图 2-1-12a 所示，只将构件 1 作为原动件，其按给定运动规律运动时，构件 2、3、4 的运动不确定，有可能是图 2-1-12a 所示的 $ABCDE$ 或 $ABC'D'E$，也可能是其他位置，表明该机构做无规则的运动。

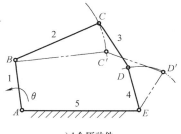

a) 1 个原动件

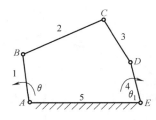

b) 2 个原动件

图 2-1-12　铰链五杆机构

2. 原动件数等于机构自由度数

如图 2-1-12b 所示，将铰链五杆机构的构件 1、4 作为原动件，其运动规律按给定输入，则构件 2 和 3 只能随构件 1 和 4 的运动而运动，该机构具有确定的运动。如图 2-1-13 所示，很明显该铰链四杆机构的自由度为 1，若构件 1 为原动件，如图 2-1-13a 所示，则构件 2 和 3 随着构件 1 的运动而运动，该机构也具有确定的相对运动。

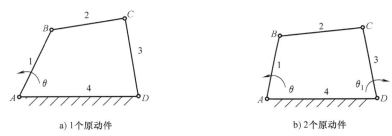

a) 1个原动件   b) 2个原动件

图 2-1-13 铰链四杆机构

3. 原动件数大于机构自由度数

如图 2-1-13b 所示，将构件 1、3 作为原动件，则构件 3 不仅要随着原动件 1 运动，而且要根据所给定的运动规律运动，这样会导致构件 3 的运动发生干涉。此时，如果强行让两个原动件均按照所给定的运动规律运动，则构件中较薄弱的构件必然会先遭到破坏。因此，在实际应用中，原动件数不能大于机构自由度数。

综上所述，只有当机构的自由度数大于零，且机构的原动件数等于机构的自由度数时，机构才具有确定的相对运动。

1.4.3 计算自由度应注意的几个问题

在用式（1-1）计算机构自由度时，有时会出现计算结果与机构实际状况不相符的情况。因此，在计算自由度时应注意以下几个问题。

1. 复合铰链

两个以上构件在同一轴线上用转动副连接起来便构成了复合铰链，如图 2-1-14 所示。由于视图关系，它们重叠在一起，只用一个铰链表示。但实际上，两个构件可以形成一个铰链，三个构件可以形成两个铰链，依次类推，若有 m 个构件形成复合铰链，应含有转动副（$m-1$）个。例如，在图 2-1-15 所示机构中，活动构件数为 5，低副数为 7（C 点处为复合铰链），高副数为 0，由式（1-1）可得

$$F = 3n - 2P_L - P_H = 3 \times 5 - 2 \times 7 - 0 = 1$$

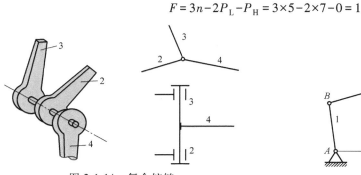

图 2-1-14 复合铰链

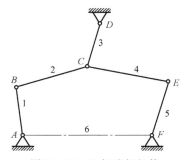

图 2-1-15 六杆连杆机构

2. 局部自由度

对如图 2-1-16a 所示的凸轮机构，由式（1-1）计算可得其自由度为

$$F = 3n - 2P_L - P_H = 3 \times 3 - 2 \times 3 - 1 = 2$$

而实际上，当凸轮 1 作为原动件时，推杆 3 的位置是随着凸轮 1 的位置变化而变化的，也就是说当凸轮 1 按给定规律运动时，推杆 3 的运动也是确定的，该机构的自由度为 1。这与计算出来的自由度不相符。这主要是因为滚轮 2 可以绕自身的中心轴转动，其转动也是一个独立的运动，具有一个自由度。但由于滚轮 2 是圆形的，其自身的转动并不影响推杆 3 的运动，这只是滚轮 2 自身的局部运动。因此，将这种机构中某些构件产生的局部运动且不影响整个机构运动的自由度称为局部自由度。

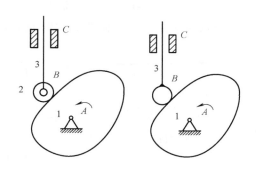

a) 具有局部自由度的凸轮机构　　b) 消除局部自由度的凸轮机构

图 2-1-16　局部自由度

在计算机构自由度时，若出现局部自由度，可以假想将滚轮和安装滚轮的构件固接为一个整体，只算一个构件，两者之间没有转动副，如图 2-1-16b 所示，其自由度 $F = 3n - 2P_L - P_H = 3 \times 2 - 2 \times 2 - 1 = 1$；或者可以从计算结果中再减去局部自由度数得到最终的自由度。

产生局部自由度的原因一般是为了减少高副元素产生的磨损，将滑动摩擦变为滚动摩擦。

3. 虚约束

在特定的几何条件或结构条件下，机构中某些运动副所引入的约束可能与其他运动副所起的限制作用是一致。这种不起独立限制作用的重复约束称为虚约束。在计算机构自由度时，应合理处理虚约束，以便得到与实际相符的自由度。常见的虚约束有下列几种情况。

1）两构件间形成多个运动副，这时只有一个运动副起约束作用，其他运动副所引入的约束都是虚约束。在进行自由度计算时，应只考虑一个运动副。如图 2-1-17a 所示两构件在 A、B 处形成两个转动副；图 2-1-17b 所示构件 5 和 1 在 A、B 处形成两个移动副，这两种情况中均存在虚约束。之所以出现这种情况，一般是为了改善支承构件的稳定性和受力的合理性。

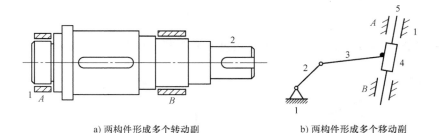

a) 两构件形成多个转动副　　　　　　　　b) 两构件形成多个移动副

图 2-1-17　两构件在多处配合形成虚约束

2）两构件上某两点间的距离在运动过程中始终保持不变，若在两点间引入一个构件和两个转动副，则存在虚约束。例如，对图 2-1-18a 所示的五杆机构，可计算其自由度为 0；

而对于图 2-1-18b 所示的平行四边形机构，杆 *AB*、*CD*、*EF* 平行且相等，将杆 *AB* 作为原动件，实际上，该机构是可以运动的，这与按自由度公式计算的结果不相符。主要是因为 *E* 点轨迹的圆心刚好是 *F* 点，无论杆 5 是否存在，都不影响 *E* 点的轨迹，即杆 5 对原机构的运动并无影响，引入杆 5 构成了虚约束。对于这种虚约束，在计算自由度时，可去除不对运动产生影响的构件，形成如图 2-1-18c 所示的等效机构，再按此机构来计算自由度。

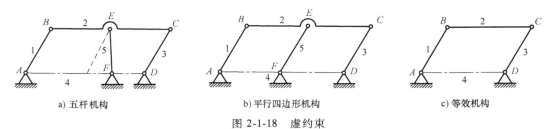

a) 五杆机构 b) 平行四边形机构 c) 等效机构

图 2-1-18 虚约束

3）机构中某些对称部分对机构运动的约束是重复的，因此也是虚约束。如图 2-1-19a 所示的行星轮系，齿轮 1 和 3 都是太阳轮，齿轮 2、2′、2″ 都是安装在行星架 4 上的行星轮。如果单从机构运动的角度来看，只需要一个行星轮就能满足传递运动的要求，但实际上为了使机构受力均衡、减小单个齿轮的受力，通常采用对称布置的结构，这便引入了虚约束。因此，计算该机构自由度时，应除去其中的两个行星轮不计，如图 2-1-19b 所示。

关于虚约束应强调的是，从机构运动的观点来看，虚约束是多余的，但虚约束绝不是可有可无的，虚约束的引入一般是为了改善机构受力，增大传递功率，或者满足其他特殊需求。但在计算机构自由度时，不应该考虑虚约束的作用。

还需要强调的是，在计算机构自由度时，应考虑是否存在复合铰链、局部自由度、虚约束情况，若存在上述情况，则应一一对机构进行简化和等效处理。

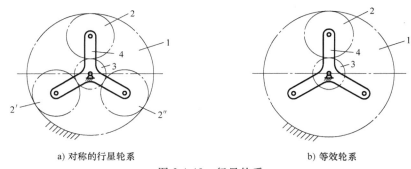

a) 对称的行星轮系 b) 等效轮系

图 2-1-19 行星轮系

例 1-4 试求图 2-1-20a 所示机构的自由度，并判断该机构是否存在确定的相对运动。

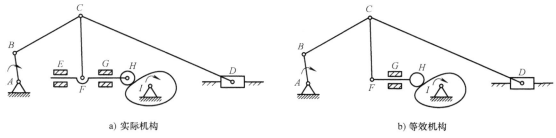

a) 实际机构 b) 等效机构

图 2-1-20 机构自由度的计算

解： 分析该机构的结构简图可知，其为平面机构，且 C 处存在复合铰链，有两个转动副；E、G 处两构件形成两个移动副，存在虚约束；H 处滚子有局部自由度，将虚约束和局部自由度去除后得图 2-1-20b。此时，$n = 7$，$P_L = 9$，$P_H = 1$，由式（1-1）可得机构的自由度为

$$F = 3n - 2P_L - P_H = 3 \times 7 - 2 \times 9 - 1 = 2$$

由于该机构中存在两个原动件，原动件数等于自由度数，因此该机构具有确定的相对运动。

习　题

1-1　组成机构的要素是什么？什么是运动副？运动副如何分类？

1-2　什么是自由度和约束？两者有何联系？

1-3　什么是运动链？它与机构有什么关系？

1-4　机构具有确定运动的条件是什么？试分析机构的原动件数与自由度数之间的关系。

1-5　在计算机构自由度时，应该注意哪些事项？

1-6　空间机构与平面机构的差别是什么？平面机构的自由度是否可以用空间机构的自由度计算公式来计算？

1-7　试画出图 2-1-21 所示机构的运动简图。

1-8　计算图 2-1-22 所示各机构的自由度，并判断是否有确定的相对运动。

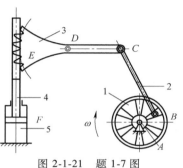

图 2-1-21　题 1-7 图

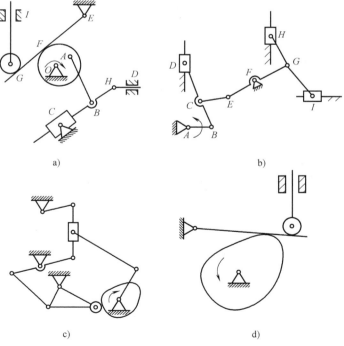

图 2-1-22　题 1-8 图

1-9　计算图 2-1-23 所示各空间机构的自由度。

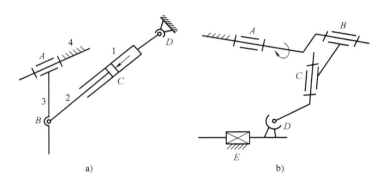

图 2-1-23   题 1-9 图

第 2 章

连杆机构

连杆机构是由若干刚性构件用低副（转动副、移动副、螺旋副、圆柱副、球副及球销副等）连接而构成的，由于其构件大都是杆状的，故称为连杆机构。若各运动构件在相互平行的平面内运动，则称为平面连杆机构，如图 2-2-1 所示的用于发动机的平面四杆机构。若各运动构件不都在相互平行的平面内运动，则称为空间连杆机构，如图 2-2-2 所示的 RSSR 空间四杆机构。按照杆的数目，连杆机构可分为四杆机构、五杆机构、六杆机构等。而五杆及以上的连杆机构又称为多杆机构。

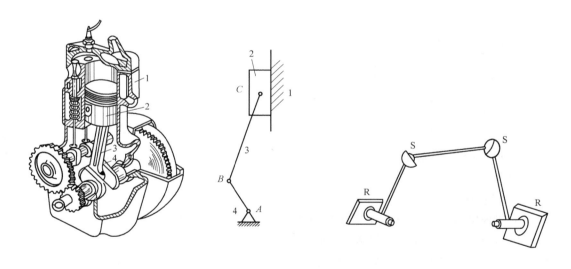

图 2-2-1　平面四杆机构
1—缸体　2—滑块　3—连杆　4—曲柄

图 2-2-2　空间四杆机构

由于连杆机构的运动副都是低副，为面接触，接触压强小，磨损小，使用寿命长；其接触面是圆柱面或平面，制造简单，加工精度高，成本较低。但其主要缺点是由于低副接触面有间隙存在，随着构件和运动副数目的增加，位置精度降低；且连杆的惯性力和惯性力矩不易平衡，故连杆机构一般用于低速、运动精度要求不高的场合。

自由度为 1 的平面四杆机构是连杆机构中结构最简单、应用最广泛的一种，本章主要介绍平面四杆机构。

2.1 平面四杆机构的基本组成及基本特性

2.1.1 基本组成

全部运动副均为转动副的四杆机构称为铰链四杆机构，如图 2-2-3 所示。其主要组成有：固定不动的机架，如构件 4；与机架相连的连架杆，如构件 1 和 3；以及机架对面的连杆，如构件 2。其中，如果连架杆能做整周运动，则称为曲柄；如果连架杆只能在一定角度范围内运动，则称为摇杆或摆杆。因此，根据两连架杆运动方式的不同，铰链四杆机构可分为曲柄摇杆机构、双曲柄机构、双摇杆机构。

1. 曲柄摇杆机构

在铰链四杆机构中，若一个连架杆是曲柄，另一个连架杆为摇杆，则称为曲柄摇杆机构。图 2-2-4 所示为应用于搅拌机的曲柄摇杆机构，其中曲柄为主动件，并利用连杆上某点 E 的轨迹将物体搅拌均匀。

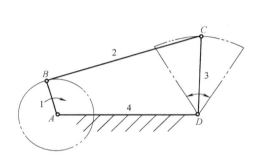

图 2-2-3　铰链四杆机构

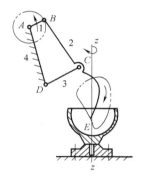

图 2-2-4　应用于搅拌器的曲柄摇杆机构

2. 双曲柄机构

在铰链四杆机构中，若两个连架杆均为曲柄，则称为双曲柄机构。在如图 2-2-5a 所示的双曲柄机构中，当主动曲柄 1 匀速转动时，从动曲柄 3 则做变速转动。惯性筛机构正是利用了这种特性。在双曲柄机构中，若两对边构件的长度相等且平行，则称为平行四边形机

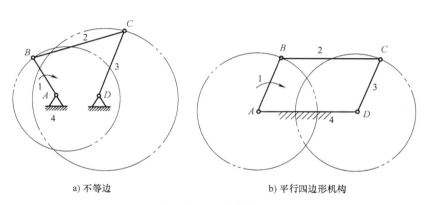

a) 不等边　　　　　　　　　　　b) 平行四边形机构

图 2-2-5　双曲柄机构

构，如图 2-2-5b 所示。机车车轮联动机构和摄影平台升降机构都利用了平行四边形机构。

3. 双摇杆机构

在铰链四杆机构中，若两个连架杆均为摇杆，则称为双摇杆机构，如图 2-2-6 所示。图 2-2-7 所示的鹤式起重机就是一种典型的双摇杆机构的应用实例。当主动摇杆 AB 摆动时，从动摇杆 CD 随之摆动，位于连杆 BC 延长线上的重物悬挂点 E 将沿近似直线轨迹移动，以避免重物移动时因不必要的升降而消耗能量。

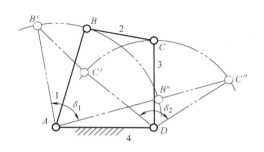

图 2-2-6 双摇杆机构

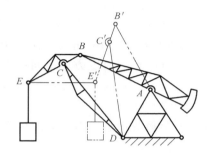

图 2-2-7 鹤式起重机

2.1.2 基本特性

1. 极位夹角与急回特性

在图 2-2-8 所示的曲柄摇杆机构中，当曲柄 AB 回转一周时，曲柄 AB 和连杆 BC 有两次共线，摇杆 CD 分别达到两个极限位置 C'D 和 C"D，此时，曲柄相对应的位置为 AB' 和 AB"。将摇杆两极限位置之间的夹角 φ 称为摇杆的摆角，与摇杆两极限位置相对应的曲柄两位置之间所夹的锐角 θ 称为极位夹角。

假设曲柄 AB 匀速沿顺时针方向转动，当曲柄从位置 AB' 转 $\varphi_1 = 180° + \theta$ 到位置 AB" 时，摇杆从位置 C'D 转到位置 C"D；当曲柄从位置 AB" 转 $\varphi_2 = 180° - \theta$ 到位置 AB' 时，摇杆从位置 C"D 转到位置 C'D。当摇杆运动相同角度时，$\varphi_1 > \varphi_2$，表明摇杆往复运动的平均速度不等，时快时慢，也

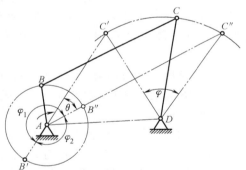

图 2-2-8 极位夹角与急回特性

就是说明摇杆有急回特性，并用行程速度变化系数 K 来表征急回特性，其表达式为

$$K = \frac{t_1}{t_2} = \frac{\varphi_1}{\varphi_2} = \frac{180° + \theta}{180° - \theta} \tag{2-1}$$

式中　t_1——摇杆推程所用时间；

　　　t_2——摇杆回程所用时间；

　　　φ_1——摇杆推程时，曲柄转动的角度；

　　　φ_2——摇杆回程时，曲柄转动的角度；

　　　θ——极位夹角。

若极位夹角 $\theta = 0°$，则 $K = 1$，机构无急回特性；反之，若 $\theta > 0°$，则 $K > 1$，机构有急回特

性。且 K 越大，机构的急回运动性质越显著。

2. 压力角与传动角

对于连杆机构，不仅要求其能实现给定的运动规律，而且要求机构传动效率高，通俗地说是传动性能好，为此引入压力角和传动角的概念。如图 2-2-9 所示，如果不考虑构件的重力、惯性力以及各运动副中的摩擦力，则主动件 AB 通过连杆 BC 作用于摇杆 CD 上的驱动力 F 沿着 BC 方向。该作用力 F 的方向与受力点 C 的速度方向之间所夹的锐角称为压力角 α。将压力角的余角称为传动角 γ，则 $\gamma = 90° - \alpha$。

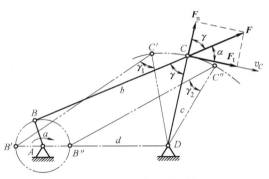

图 2-2-9 压力角与传动角

将力 F 分解为沿着受力点 C 速度方向（垂直于杆 CD）上的分力 F_t 和垂直于 v_C 方向的分力 F_n，则

$$F_t = F\cos\alpha \atop F_n = F\sin\alpha \Big\} \tag{2-2}$$

式中　F_n——沿摇杆方向的分力；

F_t——沿 C 点速度方向的分力。

分力 F_t 为有效分力，推动从动件运动；而分力 F_n 为有害分力，对从动件没有转动效应，且会增加运动副中的摩擦力。α 越小，分力 F_n 越小，γ 就越大，有效分力 F_t 越大，说明机构的传力性能就越好。反之，传力性能越差。为了保证机构具有良好的传力性能，设计时对传动角的最小值有限制，一般要求 $\gamma_{min} \geq [\gamma]$，$[\gamma]$ 称为许用传动角，推荐值为 $40° \sim 50°$。

图 2-2-9 所示的曲柄摇杆机构在工作过程中，传动角会不断地发生变化，最小传动角出现在曲柄 AB 与机架 AD 两次共线时之一处，即图中 γ_1 和 γ_2 两者较小值为最小传动角。

3. 死点位置

如图 2-2-10 所示的曲柄摇杆机构中，以摇杆 CD 为主动件，曲柄 AB 为从动件，当连杆 BC 与曲柄 AB 共线时，压力角 α 为 $90°$，传动角 γ 为 $0°$，则该点位置称为死点位置。此时，作用力 F 沿着杆 AB 方向，无论 F 力多大对 A 点的力矩都为零，因此不能驱动曲柄 AB 转动。

一般来说，出现死点位置对传动机构是不利的，应在设计时避免，也可以利用回转构件的惯性，或者添加辅助机构等措施使机构能顺利通过死点位置。但在实际应用中，有时也利用死点位置实现特殊的工作要求，如夹紧或自锁。图 2-2-11 就是利用机构的死点位置来夹紧工件，夹紧工件后，B、C、D 三点共线，无论工件反力 F_N 多大，工件仍不能松开；只有施加外力 F 使 C 点离开死点位置，才可松开工件。

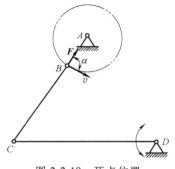

图 2-2-10 死点位置

4. 曲柄存在的条件

同样都是铰链四杆机构，却会出现曲柄摇杆机构、双曲柄机构和双摇杆机构，这取决于机构各构件的长度和哪个构

件为机架。下面讨论铰链四杆机构曲柄存在的条件及四杆机构类型判断的依据。

如图 2-2-12 所示的铰链四杆机构中，各杆长度分别为 a、b、c、d，且 $a<d$。假设构件 AB 为曲柄，能做整周回转运动，此时，曲柄 AB 必然与机架 AD 共线两次，整个机构分别构成两个三角形：$\triangle B_1C_1D$ 和 $\triangle B_2C_2D$，根据三角形构成原理可以推出下面各式：

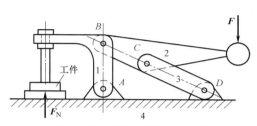

图 2-2-11 死点位置应用实例

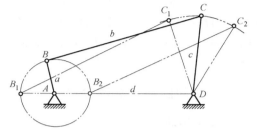

图 2-2-12 曲柄存在的条件

在 $\triangle B_1C_1D$ 中：

$$a+d \leqslant b+c \tag{2-3}$$

在 $\triangle B_2C_2D$ 中：

$$(d-a)+c \geqslant b$$

$$(d-a)+b \geqslant c$$

将上面三个式子两两相加并整理，可得

$$a+b \leqslant c+d \tag{2-4}$$

$$a+c \leqslant b+d \tag{2-5}$$

$$a \leqslant b, a \leqslant c, a \leqslant d \tag{2-6}$$

从式（2-6）可以看出，杆 AB 的长度最小，即存在最短杆；其他三杆必存在最长杆。从式（2-3）~式（2-5）可以看出，最短杆与最长杆的长度之和小于或等于其余两杆长度之和。

综上分析可得，曲柄存在的条件如下。

1）最短杆条件——连架杆或机架。

2）杆长之和条件——最短杆与最长杆的长度之和小于或等于其余两杆长度之和。

若 $a>d$，用同样的方法也可得到上述曲柄存在的条件。

在满足杆长之和条件的前提下，在铰链四杆机构中，若以最短杆的任一相邻构件作为机架，则该机构是曲柄摇杆机构；若以最短杆为机架，则该机构是双曲柄机构；若以与最短杆相对的杆件作为机架，则该机构是双摇杆机构。如果不满足杆长之和的条件，则没有曲柄存在，此时不论以哪一个构件作为机架，该机构均是双摇杆机构。

例 2-1 已知一铰链四杆机构中，各构件长度分别为：$l_{AB}=55mm$，$l_{BC}=40mm$，$l_{CD}=50mm$，$l_{AD}=25mm$。将哪个构件固定可以获得曲柄摇杆机构？将哪个构件固定可以获得双摇杆机构？将哪个构件固定可以获得双曲柄机构？写出判断依据。

解： 由 $l_{AB}+l_{AD}=55mm+25mm=80mm<l_{BC}+l_{CD}=40mm+50mm=90mm$，满足杆长之和条件。

1）以最短杆 AD 的任一相邻构件作为机架，则可获得曲柄摇杆机构，即以杆 AB 或 CD 作为机架（固定）。

2）以最短杆 AD 作为机架，则可获得双曲柄机构，即以杆 AD 作为机架（固定）。

3）以最短杆 AD 的对边构件作为机架，则可获得双摇杆机构，即以杆 BC 作为机架

（固定）。

2.2 平面四杆机构演化

除上述三种基本形式的铰链四杆机构外，在实际应用中，还存在着其他形式的四杆机构，它们都可以看作是铰链四杆机构通过某种方式演化而来的，如通过改变构件的长度、将不同的构件作为机架、运动副为移动副或扩大运动副等方式。了解这些演化方式，有利于设计新型的连杆机构。

2.2.1 转动副演化成移动副

1. 单个移动副

如图 2-2-13a 所示的曲柄摇杆机构中，摇杆 3 的摆动轨迹是个圆弧段 $\overset{\frown}{mm}$，如果将摇杆 3 做成滑块 3，且圆弧段 $\overset{\frown}{mm}$ 做成一个圆弧导轨，则滑块 3 在导轨中做往复摆动，如图 2-2-13b 所示，其运动形式与先前的曲柄摇杆是一致的；此时假想圆弧导轨的半径为无穷大，即转动中心 D 移动至无穷远处，则构件 3 与 4 之间的转动副将变为移动副，C 点摆动的圆弧段将变成直线，这样曲柄摇杆机构演变成了曲柄滑块机构，如图 2-2-13c 所示，图中 e 为曲柄回转中心到滑块移动导路的距离。若 $e \neq 0$，则称为偏置曲柄滑块机构；若 $e = 0$，则称为对心曲柄滑块机构，如图 2-2-13d 所示。

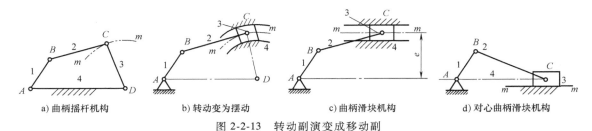

a) 曲柄摇杆机构　　b) 转动变为摆动　　c) 曲柄滑块机构　　d) 对心曲柄滑块机构

图 2-2-13　转动副演变成移动副

2. 两个移动副

对心曲柄滑块机构还可以用上述方法继续进行演变。如果将构件 1 与 4 之间的转动副演变成移动副，就得到图 2-2-14a 所示的双滑块机构；如果将构件 2 与 3 之间的转动副演变成移动副，就得到图 2-2-14b 所示的曲柄移动导杆机构，由于该机构中从动件 3 的位移 s 与曲

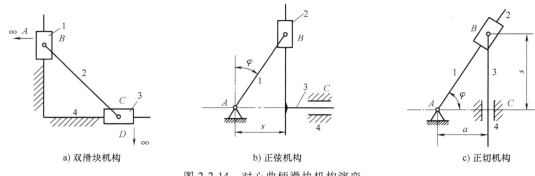

a) 双滑块机构　　b) 正弦机构　　c) 正切机构

图 2-2-14　对心曲柄滑块机构演变

柄 1 的转角 φ 之间的关系为 $s=l_{AB}\sin\varphi$，因此该机构也称为正弦机构；如果将构件 1 与 2 之间的转动副演变成移动副，如图 2-2-14c 所示，由于该机构中从动件 3 的位移 a 与曲柄 1 的转角 φ 之间的关系为 $s=a\tan\varphi$，因此该机构也称为正切机构。正弦机构和正切机构常用于仪器仪表装置中。

2.2.2 变换机架

铰链四杆机构的三种基本形式与各构件之间的长度及哪个构件作为机架有关系。对如图 2-2-15 所示的铰链四杆机构，各构件的长度如图所示，将构件 AD 或 BC 作为机架，可以得到曲柄摇杆机构，如图 2-2-15a、b 所示；将构件 AB 作为机架，则得到双曲柄机构，如图 2-2-15c 所示；将构件 CD 作为机架，则得到双摇杆机构，如图 2-2-15d 所示。

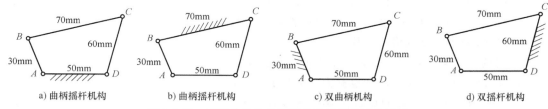

图 2-2-15 不同构件作为机架的铰链四杆机构形式

同样的，将上述的曲柄滑块机构（图 2-2-16a）不同构件作为机架，也将演变成不同的四杆机构。以曲柄 1 作为机架，曲柄滑块机构将演变成导杆机构，若构件 1 长度小于构件 2 长度，则构件 2 和 4 可以做整周运动，进一步称为转动导杆机构，如图 2-2-16b 所示；若构件 1 长度大于构件 2 长度，构件 2 能做整周运动，构件 4 只能在一定角度内摆动，进一步称为摆动导杆机构。以杆 2 作为机架，则曲柄滑块机构演变为摇块机构，如图 2-2-16c 所示；以滑块 3 作为机架，则得到定块机构，如图 2-2-16d 所示。

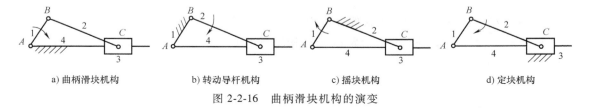

图 2-2-16 曲柄滑块机构的演变

2.2.3 扩大转动副

对于图 2-2-17a 所示的曲柄摇杆机构，当用于传递大动力时，各转动副的半径一般要比较大，如果曲柄 AB 比较短，则难以在其上安装两个大半径的转动副，此时，常将曲柄 AB

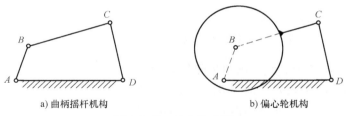

图 2-2-17 扩大转动副

上转动副 B 的半径扩大至大于曲柄 AB 的长度，则曲柄就演变成一个偏心轮，其回转中心为原来的转动副 A，几何中心为原来的转动副 B，偏心距就是原曲柄 AB 的长度，该曲柄摇杆机构演变成偏心轮机构，如图 2-2-17b 所示。该偏心轮机构常用于曲柄较短或载荷较大的机械，如压力机等。

2.3 平面四杆机构设计

2.3.1 设计的基本问题

连杆机构设计的主要任务是按照运动等方面的要求来确定机构运动简图中各构件的尺寸，而不涉及机构的具体结构和强度等问题，这种设计通常可归纳为如下三个方面。

1）实现给定连杆位置的设计。要求所设计的连杆能按顺序通过一系列给定的位置。此类设计也称为刚体引导机构的设计。

2）实现给定运动规律的设计。要求所设计的机构的主、从动连架杆之间的运动关系能满足给定的函数关系。此类设计也称为函数生成机构的设计。

3）实现给定运动轨迹的设计。要求所设计的机构连杆上某一点的轨迹符合给定的轨迹，或者依次通过给定曲线上若干成序列的点。此类设计也称轨迹生成机构的设计。

设计方法有图解法、解析法和实验法等。图解法直观清晰，简单易实现，但误差较大；解析法比较精确，但计算量大；实验法常需试凑，比较费时，得到的尺寸也往往不是最优的。随着计算机技术的发展，解析法得到了更多的应用。因此，可将图解法用于机构尺寸计算的初步设计阶段，再用解析法进行详细的设计和分析。下面通过举例仅对图解法进行简单的介绍。

2.3.2 图解法

1. 按照给定连杆位置设计平面四杆机构

例 2-2 按照图 2-2-18a 所示给定四杆机构中连杆的三个位置（B_1C_1、B_2C_2、B_3C_3），确定该四杆机构。

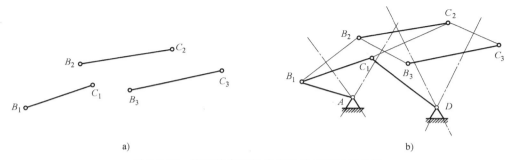

a)   b)

图 2-2-18 按照给定连杆位置设计平面四杆机构

解：如图 2-2-18b 所示，具体画图步骤如下：

1）连接 B_1B_2、B_2B_3，并分别作 B_1B_2、B_2B_3 的垂直平分线，得两垂线的交点 A。

2）连接 C_1C_2、C_2C_3，并分别作 C_1C_2、C_2C_3 的垂直平分线，得两垂线的交点 D。

3）A、D 两点分别为四杆机构两个转动副的中心位置，连接 AB_1、C_1D，则 AB_1C_1D 即为所求的平面四杆机构，且杆 AD 为机架。

如果给定连杆的两个位置，则无法确定 A、D 两固定铰链的位置，该四杆机构有无穷多解。在实际设计中，还需要再给定如机构尺寸、传动角大小、固定铰链安装位置等其他条件，以得到该机构的唯一解。

2. 按照给定从动件行程和行程速度变化系数设计平面四杆机构

例 2-3 已知曲柄摇杆机构中摇杆 CD 的长度 c 和摆动角度 φ_{max}，以及行程速度变化系数 K，试确定该平面四杆机构。

解： 如图 2-2-19 所示，具体画图步骤如下：

1）根据 K 计算极位夹角 θ。由式（2-1）可得

$$\theta = 180° \frac{K-1}{K+1}$$

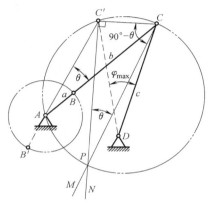

2）任选一点作为固定铰链 D 的中心点，根据摇杆 CD 的长度 c 及摆角 φ_{max}，确定 CD 的两个极限位置 CD 和 $C'D$。

图 2-2-19 按照给定从动件行程和行程速度变化系数设计平面四杆机构

3）连接 $C'C$，作 $\angle C'CM = 90° - \theta$，过 C' 作 $C'N$ 垂直于 $C'C$ 且与 CM 交于点 P，则 $\angle C'PC = \theta$。

4）作过 C'、C、P 三点的外接圆，在圆上任取一点 A，使 $\angle C'AC = \theta$。

5）根据曲柄摇杆机构在极限位置时曲柄与连杆共线，可得曲柄和连杆的长度分别为

$$a = \frac{AC - AC'}{2}$$

$$b = AC - a = AC' + a$$

如果没有给定其他条件，则任选 A 点均能满足题目给定的要求，因此有无穷多解。可以再附加其他条件，如机架 A、D 之间的距离或 C 处的传动角等，便可以得到唯一解。

习　题

2-1　铰链四杆机构最基本的形式是什么？它有几种演化形式？

2-2　铰链四杆机构曲柄存在的条件是什么？

2-3　什么是四杆机构的压力角和传动角？两者有什么实际意义？

2-4　什么是连杆机构的"死点"？

2-5　什么是连杆机构的急回特性？如何衡量急回特性？

2-6　如图 2-2-20 所示铰链四杆机构中，已知：$l_{BC} = 50\text{mm}$，$l_{CD} = 35\text{mm}$，$l_{AD} = 30\text{mm}$，AD 为机架。

1）若此机构为曲柄摇杆机构，且 AB 为曲柄，求 l_{AB} 的最大值。

2）若此机构为双曲柄机构，求 l_{AB} 的范围。

3）若此机构为双摇杆机构，求 l_{AB} 的范围。

2-7　在飞机起落架所用的铰链四杆机构中，已知连杆的两位置如图 2-2-21 所示，要求连架杆 AB 的铰链 A 位于 B_1C_1 的连线上，连架杆 CD 的铰链 D 位于 B_2C_2 的连线上。试设计此铰链四杆机构。

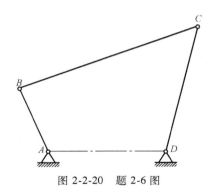

图 2-2-20 题 2-6 图

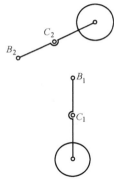

图 2-2-21 题 2-7 图

第 **3** 章

凸轮机构

3.1　凸轮机构的分类与应用

3.1.1　凸轮机构的分类

凸轮机构是一种高副机构，由凸轮、从动件和机架组成。其中，凸轮是具有一定曲线轮廓或凹槽的构件，通常做连续匀速转动，有的也做摆动、移动，而从动件在凸轮外轮廓曲线或凹槽曲线控制下，实现预定的往复移动或摆动等运动规律。

凸轮机构的类型较多，常按凸轮的形状、从动件的形状和运动形式，以及维持凸轮副的接触方式来分。

1. 按凸轮形状分类

（1）**盘形凸轮机构**　凸轮一般是具有变化曲率半径的盘形构件，常绕某固定轴转动，带动从动件在垂直于凸轮转动轴的平面内运动，因此属于平面凸轮机构。这种凸轮机构结构简单、应用广泛，是一种最基础的凸轮机构，如图 2-3-1a 所示。

（2）**移动凸轮机构**　当盘形凸轮的曲率半径变为无穷大时，凸轮呈板状，相对于机架做往复直线运动，带动从动件做直线运动或定轴摆动，成为移动凸轮机构。这种凸轮机构属于平面凸轮机构，如图 2-3-1b 所示。

（3）**圆柱凸轮机构**　圆柱凸轮是一种在圆柱面上开有曲线凹槽或者圆柱体端面具有曲线轮廓的构件，也可看成是将移动凸轮缠绕在圆柱体上形成的。这种凸轮机构属于空间凸轮机构，如图 2-3-1c 所示。

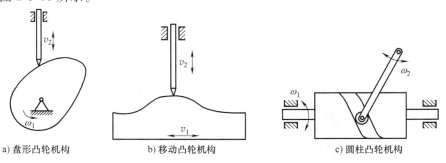

a) 盘形凸轮机构　　　　　b) 移动凸轮机构　　　　　c) 圆柱凸轮机构

图 2-3-1　按凸轮形状分类

2. 按从动件形状分类

（1）**尖底从动件凸轮机构**　如图 2-3-2a 所示，从动件与凸轮轮廓接触端为尖端，无论凸轮轮廓曲线如何复杂，两者都能保持接触，理论上讲，从动件能够实现任何复杂的运动规律，不会产生运动失真；但这种从动件易磨损，一般只适用于低速且传力不大的场合。

（2）**滚子从动件凸轮机构**　如图 2-3-2b 所示，从动件的端部采用滚子与凸轮轮廓接触，将尖底从动件的滑动摩擦变为滚动摩擦，以减少磨损，从而提高承载能力，扩大了凸轮机构的应用范围，但若凸轮曲线轮廓有小于滚子半径的凹处，便会出现滚子运动不到的地方，进而产生运动失真。因此，应合理设计凸轮轮廓与滚子半径的关系。

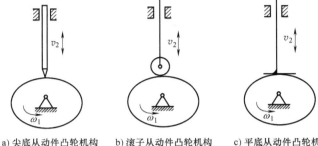

a) 尖底从动件凸轮机构　　b) 滚子从动件凸轮机构　　c) 平底从动件凸轮机构

图 2-3-2　按从动件形状分类

（3）**平底从动件凸轮机构**　如图 2-3-2c 所示，从动件与凸轮轮廓接触的一端为平底，若忽略摩擦，凸轮对平底的作用力垂直于从动件的平底，从动件与凸轮之间易形成油膜，润滑较好，所以这种机构受力平衡、摩擦小、传动效率高，适用于高速场合。但这种机构不能用于内凹的凸轮轮廓。

3. 按从动件的运动形式分类

（1）**移动从动件**　从动件做往复直线运动，如图 2-3-1a 所示。

（2）**摆动从动件**　从动件做往复摆动，如图 2-3-1c 所示。

3.1.2　特点与应用

凸轮机构在各种机械、仪器和控制装置中得到广泛应用，其主要特点如下。

1）只要能正确设计和制作出凸轮的轮廓曲线，就能把凸轮的回转运动准确可靠地转变为所预期的从动件运动，具有设计简单、结构简单紧凑、运动可靠等优点。

2）由于凸轮机构是高副机构，接触压强大，容易磨损，从而影响从动件的位置精度，一般用于传力不大的场合，且从动件的行程不宜过大，否则会导致凸轮形状过大。

图 2-3-3 所示为机床上控制刀具运动的靠模车削机构。凸轮作为靠模板固定在机床上，滚子在弹簧的作用下始终与凸轮紧密接触。当工件回转，且刀架随拖板向左运动时，在靠模板的作用下，刀架做横向运动，并切削出与靠模板曲线形状一致的工件。

图 2-3-4 所示为自动送料机构。当带凹槽的圆柱凸轮转动时，从动件做往复运动，并将工件推出到指定位置，完成自动送料过程。

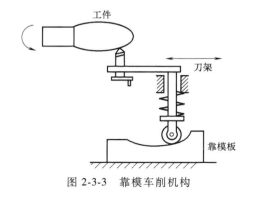

图 2-3-3　靠模车削机构

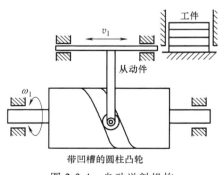

图 2-3-4　自动送料机构

3.2　从动件运动规律

3.2.1　基本名词

以图 2-3-5a 所示的盘形凸轮机构为例，说明凸轮机构运动过程中的基本名词。假设凸轮做逆时针匀速转动，A 点为凸轮轮廓曲线曲率半径由最小值开始增大的临界点，B 点为凸轮轮廓曲线曲率半径增大到最大值的临界点，C 点为凸轮轮廓曲线曲率半径由最大值开始变小的临界点，D 点为凸轮轮廓曲线曲率半径减小到最小值的临界点。

（1）偏心距 e　从动件的中心轴线与凸轮的回转中心之间的距离。若 $e \neq 0$，该机构称为偏心凸轮机构，否则称为对心凸轮机构。

（2）基圆半径 r_b　以凸轮回转中心为圆心，凸轮轮廓曲线的最小曲率半径 r_b 为半径所作的圆称为基圆，r_b 为基圆半径。

（3）推程运动角 Φ_t　当凸轮与从动件尖端的接触点由 A 点转移到 B 点时，从动件由最低位置按一定的运动规律上升到最高位置的过程称为推程，也称为升程。此时凸轮转动的角度（即为 $\angle BOB'$）称为推程运动角 Φ_t。

（4）远休止角 Φ_r　当凸轮从接触点 B 转动到 C 点时，由于这一段凸轮轮廓曲线的曲率半径不变，从动件在最高处停止不动的过程称为停程，凸轮相应转动的角度称为远休止角 Φ_r。

（5）回程运动角 Φ_h　当凸轮从接触点 C 转动到 D 点时，从动件由最高处按一定的运动规律下降到最低处的过程称为回程，凸轮相应转动的角度称为回程运动角 Φ_h。

（6）近休止角 Φ_j　当凸轮从接触点 D 转动到 A 点时，凸轮轮廓曲线的曲率半径不变，因此从动件在最低处停止不动，凸轮相应转动的角度称为近休止角 Φ_j。

随着凸轮继续转动，从动件便重复上述的升→停→降→停的工作循环，其运动规律如图 2-3-5b 所示。由此可知，从动件的运动规律取决于凸轮的轮廓形状，因此在设计凸轮轮廓形状时，必须先确定从动件的运动规律。

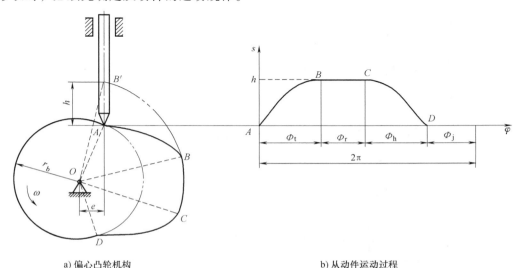

a) 偏心凸轮机构　　　　　　　　　　　　b) 从动件运动过程

图 2-3-5　凸轮机构的基本运动过程

3.2.2 从动件常用运动规律

从动件的运动规律是指从动件在整个运动循环中，其位移、速度、加速度等参数与凸轮转角之间的关系，是设计凸轮的重要依据。从动件常用运动规律有以下几种。

1. 等速运动规律

凸轮以等角速度做回转运动，从动件的运动速度为常数，其运动规律如图 2-3-6 所示，其推程运动方程为

位移：$s = \dfrac{h}{\Phi_t}\varphi$　　　速度：$v = v_0 = \dfrac{h}{\Phi_t}\omega$　　　加速度：$a = 0$

从速度和加速度曲线可以看出，从动件在速度换向处存在着速度突变，加速度在理论上为无穷大，会使机构产生非常大的惯性力，由此产生的冲击称为刚性冲击。因此，等速运动规律一般只用于低速轻载场合。

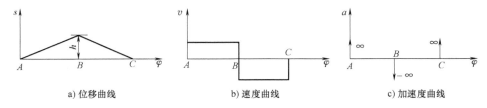

a) 位移曲线　　　　　b) 速度曲线　　　　　c) 加速度曲线

图 2-3-6　等速运动线图

2. 等加速等减速运动规律

在这种运动规律中，从动件在推程的前半段做等加速运动，在推程的后半段做等减速运动，回程则相反。通常情况下，两部分的加速度绝对值相等。其运动规律和方程如图 2-3-7 所示。从加速度曲线可以看出，加速度在拐点处存在着有限值突变，从而产生一定的惯性力，由此产生的冲击称为柔性冲击。由于柔性冲击的存在，凸轮机构在高速运动时，会产生较大的振动和噪声。因此，该运动规律一般适用于中速、轻载的场合。

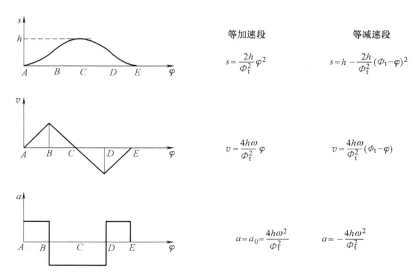

等加速段　　　　　　　等减速段

$s = \dfrac{2h}{\Phi_t^2}\varphi^2$　　　　$s = h - \dfrac{2h}{\Phi_t^2}(\Phi_t - \varphi)^2$

$v = \dfrac{4h\omega}{\Phi_t^2}\varphi$　　　　$v = \dfrac{4h\omega}{\Phi_t^2}(\phi_t - \varphi)$

$a = a_0 = \dfrac{4h\omega^2}{\Phi_t^2}$　　　　$a = -\dfrac{4h\omega^2}{\Phi_t^2}$

图 2-3-7　等加速等减速运动线图

3. 简谐运动规律

当质点在圆周上做匀速运动时，其在该圆直径上的投影所构成的运动称为简谐运动。从动件按简谐运动规律运动时，其加速度曲线按余弦规律变化，所以简谐运动又称为余弦加速度运动，其运动规律和方程如图 2-3-8 所示。从加速度曲线可以看出，在行程开始和终止位置，其加速度存在有限值突变，会产生柔性冲击。但是当从动件做无间歇的"升—降—升"连续往复运动时，则不会产生冲击现象。

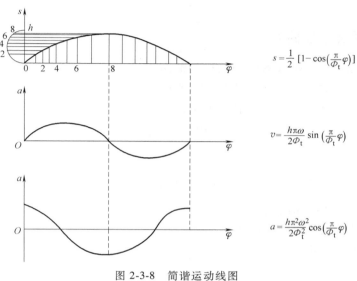

$$s = \frac{1}{2}\left[1 - \cos\left(\frac{\pi}{\Phi_t}\varphi\right)\right]$$

$$v = \frac{h\pi\omega}{2\Phi_t}\sin\left(\frac{\pi}{\Phi_t}\varphi\right)$$

$$a = \frac{h\pi^2\omega^2}{2\Phi_t^2}\cos\left(\frac{\pi}{\Phi_t}\varphi\right)$$

图 2-3-8　简谐运动线图

若从动件按正弦加速度运动规律（也称为摆线运动规律）时，则加速度曲线没有突变，不会产生冲击，可以应用于高速场合。

3.3　凸轮机构基本参数的确定

3.3.1　压力角的确定

与四杆机构的压力角定义和作用一样，凸轮机构的压力角是指在不计摩擦的情况下，从动件移动的速度方向与从动件在接触点所受的法向力所夹的锐角。压力角是衡量凸轮机构受力情况的重要参数，是凸轮机构设计的重要参数。对如图 2-3-9 所示对心直动从动件盘形凸轮机构，从动件在接触点 A 所受的法向力 F 可分解为沿从动件运动方向的有用分力 F_1 和垂直于从动件运动方向的有害分力 F_2，大小分别为

$$F_1 = F\cos\alpha$$
$$F_2 = F\sin\alpha \qquad\qquad (3-1)$$

可以看出，在驱动力 F 不变的情况下，压力角 α 越大，有用分力 F_1 越小，而有害分力 F_2 越大，所产生的摩擦阻力就越大，机构的传动效率就越低。当压力角 α 增大到一定数值，使

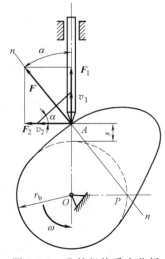

图 2-3-9　凸轮机构受力分析

得 F_1 减小到与从动件所受外负载平衡时，无论凸轮给从动件的作用力有多大，都不能使从动件运动，这种现象称为凸轮机构的自锁。因此，为了保证凸轮机构能够正常工作，并具有一定的传动效率，需要限制最大压力角不能超过许用值。在一般设计中，许用压力角 $[\alpha]$ 的推荐值如下。

（1）推程 直动从动件凸轮机构 $[\alpha] \leqslant 25° \sim 35°$

摆动从动件凸轮机构 $[\alpha] \leqslant 35° \sim 45°$

（2）回程 $[\alpha] \leqslant 70° \sim 80°$

3.3.2 凸轮基圆半径的确定

凸轮基圆半径的大小不仅影响凸轮机构的结构尺寸，而且影响凸轮机构的压力角。因此，在设计凸轮外轮廓时，需要合理确定基圆半径。如图 2-3-9 所示，从动件与凸轮轮廓在某一点 A 接触时，两者线速度在接触点 A 处的法向速度分量应相等。即

$$v_2 \sin\alpha = v_1 \cos\alpha$$

可得

$$\tan\alpha = \frac{v_1}{v_2} = \frac{v_1}{(r_b + s)\omega} \tag{3-2}$$

式中 v_1——从动件的线速度；

v_2——主动轮在 A 点的线速度；

s——从动件在 A 点的位移；

r_b——基圆半径；

ω——凸轮转动的角速度。

从式（3-2）可知，在其他条件不变的情况下，基圆半径越大，压力角就越小，凸轮机构尺寸就越大，机构越不紧凑，但传动效率就越高；反之，基圆半径越小，压力角越大，机构越紧凑，但压力角会超过许用值。在实际设计中确定基圆半径时，应在保证凸轮机构的最大压力角小于许用压力角的情况下，选取最小的基圆半径。

3.3.3 滚子半径的确定

滚子的引入是为了改善机构的受力特性，滚子半径越大，凸轮与滚子之间的接触应力就越小，但滚子半径过大，就会对凸轮轮廓产生很大影响。从强度要求考虑，可选取滚子半径 $r = (0.1 \sim 0.15)r_b$。从运动特性考虑，应不能产生运动失真现象。在设计时，凸轮的实际轮廓线是以理论轮廓线上各点为圆心，以滚子半径为半径的滚子圆族的包络线。因此，要注意滚子半径 r 与凸轮理论轮廓线的曲率半径 ρ_t、实际轮廓线的曲率半径 ρ_s 之间的关系。

当凸轮轮廓内凹时，如图 2-3-10a 所示，其实际轮廓线的曲率半径等于理论轮廓线的曲率半径与滚子半径之和，即

$$\rho_s = \rho_t + r \tag{3-3}$$

式中 ρ_s——实际轮廓线的曲率半径；

ρ_t——理论轮廓线的曲率半径；

r——滚子半径。

因此，不管滚子半径有多大，凸轮轮廓都是光滑曲线，不会产生运动失真。

当凸轮轮廓外凸时，如图 2-3-10b 所示，其实际轮廓线的曲率半径等于理论轮廓线的曲

率半径与滚子半径之差，即

$$\rho_s = \rho_t - r \qquad (3-4)$$

若凸轮理论轮廓外凸部分最小曲率半径 $\rho_{min} > r$，则能得到完整的凸轮实际轮廓，如图 2-3-10b 所示；若 $\rho_{min} = r$，凸轮实际轮廓曲线会出现尖点，工作时容易磨损，如图 2-3-10c 所示；若 $\rho_{min} < r$，凸轮实际轮廓会出现交叉曲线，在加工时交叉部分会被切除，使得从动件不能实现预期的运动规律，从而产生运动失真，如图 2-3-10d 所示。为避免产生失真，在实际设计中，滚子半径必须小于外凸凸轮理论轮廓曲线的最小曲率半径 ρ_{min}。

但滚子半径过小，会使接触应力变大，不能满足强度要求。通常取 $r \leqslant 0.8\rho_{min}$，并保证凸轮实际轮廓曲线的最小曲率半径 ρ'_{min} 不小于 5mm。

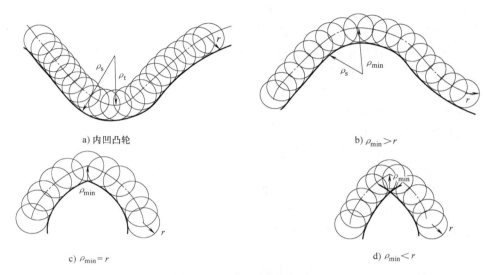

a) 内凹凸轮　　　　　　　　　　　　b) $\rho_{min} > r$

c) $\rho_{min} = r$　　　　　　　　　　　d) $\rho_{min} < r$

图 2-3-10　滚子半径的确定

3.4　图解法设计盘形凸轮轮廓

凸轮轮廓的设计主要是指根据工作要求确定凸轮的类型、基本参数及从动件的运动规律，结合结构所允许的空间和具体要求，设计出凸轮的轮廓曲线。其方法有图解法和解析法。由于学习图解法有助于对凸轮轮廓设计原理的理解，本节简单介绍盘形凸轮轮廓曲线的设计原理和方法。

3.4.1　图解法的基本原理

在凸轮机构工作时，凸轮始终都是在运动的，而采用图解法绘制凸轮轮廓时，需要凸轮与图纸相对静止，为此，在设计凸轮轮廓时采用"反转法"原理。如图 2-3-11 所示，当凸轮以角速度 ω 转动时，假定给整个凸轮机构

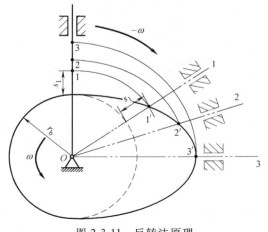

图 2-3-11　反转法原理

绕 O 点施加一个角速度 $-\omega$，这样凸轮相对静止不动，而从动件一方面随机架和导路绕凸轮中心以 $-\omega$ 的角速度转动，另一方面沿导路方向往复运动。由于从动件尖端始终与凸轮轮廓相接触，因此反转后，从动件尖端的运动轨迹即为凸轮的轮廓曲线。反转前，假设从动件向上运动位移为 s_1；反转后，从动件与凸轮轮廓接触点的曲率半径与凸轮基圆半径之差也是 s_1。如此可推，当知道从动件的运动规律后，便可绘出凸轮轮廓曲线。这就是图解法设计凸轮轮廓的基本原理，称为"反转法"。

3.4.2 偏心尖底直动从动件盘形凸轮轮廓的设计

凸轮机构的类型有多种，但利用图解法设计的基本原理是一样的，下面以偏心尖顶直动从动件盘形凸轮为例来说明图解法绘制凸轮轮廓曲线的步骤。

例 3-1 图 2-3-12 所示为偏心尖底直动从动件盘形凸轮，已知从动件位移曲线、凸轮基圆半径 r_b 和偏心距 e，且凸轮加速沿逆时针方向转动，试绘制凸轮轮廓曲线。

解： 用反转法作图，步骤如下：

1）在已知的从动件运动曲线上，按一定的角度对从动件的位移线图进行等分，得到各等分点的转角及相对应的从动件位移，如图 2-3-12b 所示。等分点越密，所绘制的凸轮轮廓曲线也就越精细，但也耗时更长。

2）任选一点 O 为圆心，以 r_b 为半径作凸轮基圆，以 e 为半径作偏心圆。

3）作偏心圆的竖直切线，该切线就是从动件导路，与基圆的交点 A_0 作为从动件的起始位置，将偏心圆按步骤 1）的等分角度进行等分，再过这些等分点分别作偏心圆的切线，与基圆的交点分别记为 B_1、B_2、$\cdots$、B_n。

4）量取从动件各等分点的位移量，在各切线上分别取 $B_1A_1 = s_1$，$B_2A_2 = s_2$，$\cdots$，$B_nA_n = s_n$。

5）将 A_1、A_2、$\cdots$、A_n 光滑连接成曲线，便得到凸轮轮廓的曲线。

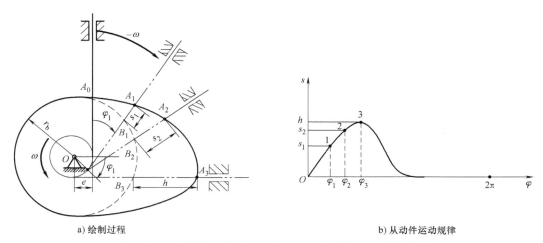

a）绘制过程   b）从动件运动规律

图 2-3-12 用图解法设计偏心尖底直动从动件盘形凸轮轮廓

习 题

3-1 凸轮机构一般由哪几部分组成？

3-2 凸轮与从动件有哪几种主要形式？各有何缺点？

3-3　常见的从动件的运动规律有哪些？各有何特点？

3-4　什么是凸轮的压力角？如何选择凸轮的压力角？

3-5　利用反转法设计凸轮轮廓的原理是什么？

3-6　已知一尖底从动件对心凸轮机构，凸轮做逆时针等速转动，当凸轮转角为 0~180°时，从动件等速上升 25mm；转角为 180°~270°时，从动件等速下降到原位；转角为 270°~360°时，从动件停止。假定基圆半径为 20mm，滚子半径为 10mm，试绘制从动件位移线图和凸轮轮廓线。

第 **4** 章

齿轮机构

4.1 齿轮机构的特点及类型

4.1.1 特点

齿轮机构是目前应用最广的传动机构之一，用来传递空间任意两轴的运动和动力。其主要优点如下：

1）传动比恒定，传递运动准确。

2）传动的功率和速度范围宽。

3）传动效率高，工作寿命长，工作可靠。

4）结构紧凑。

齿轮机构的主要缺点有：对加工制造及安装精度要求较高，成本较高；且不适宜传递远距离两轴间的运动和动力。

4.1.2 类型

按照齿轮传动时两轴间的相对位置，齿轮机构可分为平面齿轮机构和空间齿轮机构。

（1）平面齿轮机构　主要用于传递两平行轴间的运动和动力。根据轮齿的方向，可分为：轮齿方向与齿轮轴线平行的直齿圆柱齿轮机构，如图 2-4-1a 所示；轮齿方向与齿轮轴线倾斜一定角度的斜齿圆柱齿轮机构，如图 2-4-1b 所示；由方向相反的两部分轮齿构成的人字齿轮机构，如图 2-4-1c 所示。

平面齿轮机构又可以分为外啮合齿轮机构（两轮齿的转动方向相反，如图 2-4-1a 所示）、内啮合齿轮机构（两齿轮的转动方向相同），如图 2-4-1d 所示和齿轮齿条机构（实现转动与直线运动的相互转换），如图 2-4-1e 所示。

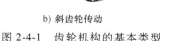

a) 直齿齿轮传动　　　　　　　b) 斜齿轮传动　　　　　　　c) 人字齿轮传动

图 2-4-1　齿轮机构的基本类型

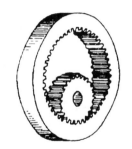

d) 内啮合齿轮传动

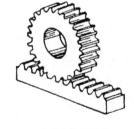

e) 齿轮齿条传动

f) 锥齿轮传动

g) 曲线齿锥齿轮传动

h) 交错轴斜齿轮传动

i) 蜗杆传动

图 2-4-1 齿轮机构的基本类型 （续）

（2）空间齿轮机构 主要用于传递两相交轴或两交错轴间的运动和动力。其中，相交轴齿轮机构因其齿轮外形为圆锥形，也称为锥齿轮机构，锥齿轮机构包括直齿锥齿轮机构（图 2-4-1f）和曲线齿锥齿轮机构（图 2-4-1g）。而交错轴齿轮机构又包括交错轴斜齿轮机构（图 2-4-1h）和蜗杆机构（图 2-4-1i）。

4.2 齿廓啮合基本定理及渐开线齿廓

4.2.1 齿廓啮合基本定理

齿轮机构是通过两齿廓间的表面接触来实现运动和动力的传递，其最大的特点是能保证瞬时传动比恒定，即两齿廓在任一瞬时接触，其传动比都保证不变。而要保证瞬时传动比恒定不变，齿轮的齿廓必须满足一定的条件。齿轮机构的瞬时传动比是两齿轮的瞬时角速度之比，即

$$i_{12} = \frac{\omega_1}{\omega_2}$$

一对相互啮合的齿轮如图 2-4-2 所示，两轮齿在任一瞬间的接触点设为 K，K 称为啮合点。过啮合点 K 作两齿廓的公法线 NN，与两齿轮的连心线 O_1O_2 交于点 P。设主动轮 1 以角速度 ω_1 绕轴 O_1 沿顺时针方向回转，从动轮 2 在轮 1 的推动下以角速度 ω_2 绕轴 O_2 沿逆时针方向回转。两齿轮在点 K 处的线速度分别为 v_{K1}、v_{K2}。要使这一对齿廓能实现正常的啮合传动，则 v_{K1}、v_{K2} 在公法线 NN 方向上的分速度应相等，以保证两齿廓彼此既不能分离，也不能嵌入，即

$$v_{K1}\cos\alpha_{K1} = v_{K2}\cos\alpha_{K2}$$

此时，这对齿轮的瞬时传动比为

$$i_{12} = \frac{\omega_1}{\omega_2} = \frac{\overline{O_2K}\cos\alpha_{K2}}{\overline{O_1K}\cos\alpha_{K1}} = \frac{\overline{O_2N_2}}{\overline{O_1N_1}} = \frac{\overline{O_2P}}{\overline{O_1P}} \qquad (4\text{-}1)$$

式中　ω_1、ω_2——主动轮、从动轮转动的角速度；

　　　α_{K1}、α_{K2}——主动轮、从动轮在 K 点接触时的压力角。

由式（4-1）可知，两齿轮的瞬时传动比等于瞬时接触点的公法线把连心线分成的两线段长度的反比。若要保证两

齿轮在任何时刻都啮合，其瞬时传动比恒定，则 $\dfrac{\overline{O_2P}}{\overline{O_1P}}$ 应为定

值，故两齿廓在任何时刻的啮合点 P 位置也必须保持不变。这就是齿廓啮合的基本定律：不论两齿廓在何位置接触，过接触点的公法线必须与两齿轮的连心线相交于定点 P。这也是齿轮机构保证瞬时传动比恒定的条件。其中，定点 P 称为节点；以 O_1、O_2 为圆心，过节点所作的圆称为节圆。节点是两节圆的切点。

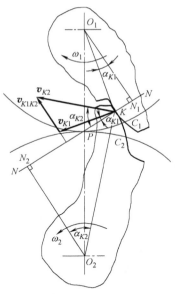

图 2-4-2　一对相互啮合的齿轮

凡能满足齿廓啮合基本定律的一对齿廓都称为共轭齿廓。理论上讲，有很多的曲线都可作为共轭齿廓。对于齿轮机构来讲，常用的齿廓曲线有渐开线、摆线、圆弧曲线等。其中，渐开线齿廓易于制造和安装，是目前齿廓曲线中应用最广的一种。本章将主要介绍渐开线齿轮机构。

4.2.2　渐开线的形成及其性质

如图 2-4-3 所示，当直线 nn 沿一圆周做纯滚动时，直线上任一点 K 的移动轨迹 AK 称为该圆的渐开线。该圆为渐开线的基圆，其半径用 r_b 表示；直线 nn 称为渐开线的发生线；渐开线所对应的中心角 θ_K 称为渐开线 AK 段的展角。

渐开线的主要特性如下。

1）由于发生线在基圆上做纯滚动，因此发生线在基圆上滚动的线段长度等于基圆上被滚动的圆弧段长，即 $\overline{BK} = \overset{\frown}{AB}$。

2）渐开线上任意一点的法线必切于基圆。直线 BK 是渐开线上点 K 的法线，线段 $\overline{BK}$ 为该点的曲率半径，点 B 为曲率中心。

3）渐开线的形状取决于基圆半径的大小。如图 2-4-4 所示，基圆半径越小，渐开线越弯曲；基圆半径越大，渐开线越平直。特殊地，当基圆半径无穷大时，其渐开线变为一条直线。齿条的齿廓曲线就是直线。

4）渐开线上各点的压力角不相等。如图 2-4-3 所示，渐开线上任意一点 K 的法线（受力方向）与该点速度方向所夹的锐角 α_K，称为该点的压力角。可得

$$\cos\alpha_K = \frac{\overline{OB}}{\overline{OK}} = \frac{r_b}{r_K} \qquad (4\text{-}2)$$

式中　r_b——基圆半径；

　　　r_K——渐开线在 K 点的曲率半径。

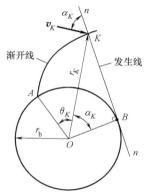

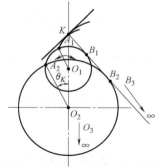

图 2-4-3　渐开线的形成　　　　　　图 2-4-4　基圆大小对渐开线的影响

由此可以看出，K 点的曲率半径 r_K 越大，其压力角越大。基圆上的压力角为零。

5）基圆内无渐开线。

4.2.3　渐开线齿廓的啮合特性

一对渐开线齿廓在啮合传动时，具有以下主要特性。

1）**符合齿廓啮合的基本定理，保持传动比恒定**。如图 2-4-5 所示的一对渐开线齿廓任一瞬间在 K 点接触，过 K 点作两齿廓的公法线 N_1N_2，并与连心线 O_1O_2 交于 P 点。由渐开线的性质可知，该公法线同时与两渐开线齿廓的基圆相切，且两基圆的大小和位置均固定，因此该公法线为一条固定的直线。不论这对渐开线齿廓在何处啮合，过啮合点 K 所作两齿廓的公法线必为一条固定的直线，即为两基圆的内公切线，它与连心线的交点 P 也必为一个固定点。故一对渐开线齿廓在啮合传动时符合齿廓啮合基本定理，能保持瞬时传动比恒定。其瞬时传动比为

$$i_{12} = \frac{\omega_1}{\omega_2} = \frac{\overline{O_2P}}{\overline{O_1P}} = \frac{\overline{O_2N_2}}{\overline{O_1N_1}} = \frac{r_{b2}}{r_{b1}} = \text{常数} \tag{4-3}$$

由此可见，两齿轮在啮合传动时，其传动比与两基圆半径成反比，且保持不变，为常数。

2）**渐开线齿廓传动的可分性**。两渐开线齿廓啮合时，若两轮心的位置发生改变，则由式（4-3）可知，两齿廓的传动比仍为两基圆半径的反比。对于渐开线齿轮来说，当两齿轮加工制造完成后，其基圆大小就完全确定了，因此该两齿轮的传动比也完全确定。不管两齿轮的实际安装中心距为多少，都不会改变两者的传动比。这就是渐开线齿廓传动的可分性。在实际应用时，因齿轮加工、安装、磨损等影响，实际安装的中心距与设计的中心距存在误差，但是这种误差并不会影响齿轮传动比。

3）**啮合线为一直线**。两渐开线齿廓啮合时，其啮

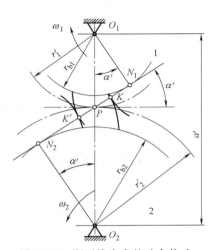

图 2-4-5　渐开线齿廓的啮合传动

合点的轨迹称为啮合线。由上述分析可知，两齿廓在任何位置啮合时，过接触点 K 的公法线都是两基圆的内公切线，都是同一条直线 N_1N_2。这说明两轮廓从开始接触啮合到脱离接触啮合，其所有的啮合点都在直线 N_1N_2 上。因此，渐开线齿廓的啮合线为一直线，且与公法线 N_1N_2 重合。

4）啮合角为常数。过 P 点作两节圆的公切线，其与啮合线的夹角称为啮合角。由于啮合线为一固定的直线，因此其啮合角也为常数，且等于渐开线在节圆上的压力角 α'。啮合角不变表示一对渐开线齿轮在传动时，其齿廓之间的作用力方向也始终不变，这有利于提高齿轮传动的平稳性。

4.3 渐开线标准直齿圆柱齿轮的几何尺寸

4.3.1 齿轮各部分的名称

根据同一基圆作出的两段对称的渐开线组成的齿形为渐开线齿轮。取标准直齿圆柱外齿轮的局部，其各部分的名称和符号如图 2-4-6 所示并介绍如下。

（1）齿顶圆与齿根圆 轮齿顶部所在的圆称为齿顶圆，其直径用 d_a 表示，半径用 r_a 表示。齿槽底部所在的圆称为齿根圆，其直径用 d_f 表示，半径用 r_f 表示。

（2）基圆与分度圆 形成齿廓渐开线的圆称为基圆，其直径用 d_b 表示，半径用 r_b 表示。所谓的分度圆是一个假想的圆，是设计齿轮的基准圆，其直径用 d 表示，半径用 r 表示。

（3）齿槽宽、齿厚与齿距 齿轮上相邻两齿之间的空间称为齿槽。在任意直径为 d_K 的圆周上，齿槽两侧齿廓之间的弧长称为该圆的齿槽宽，用 e_K 表示；轮齿两侧齿廓之间的弧长称为该圆的齿厚，用 s_K 表示；相邻两齿同侧齿廓之

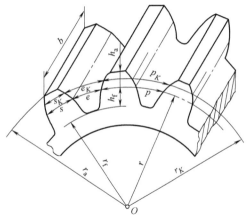

图 2-4-6 齿轮各部分的名称和符号

间的弧长称为该圆的齿距，用 p_K 表示。在同一圆周上，齿距等于齿厚与齿槽宽之和，即 $p_K = e_K + s_K$。在分度圆上，齿槽宽用 e 表示，齿厚用 s 表示，且 $e = s = p/2$。

（4）齿顶高、齿根高与齿高 齿顶圆与分度圆之间的径向高度称为齿顶高，用 h_a 表示；齿根圆与分度圆之间的径向高度称为齿根高，用 h_f 表示；齿顶高与齿根高之和称为齿高，用 h 表示。显然，$h = h_a + h_f$。

4.3.2 齿轮的基本参数

（1）齿数 在齿轮整个圆周上均匀分布的轮齿总数称为齿数，用 z 表示。

（2）模数 分度圆周长等于 zp，也等于 πd，因此可得

$$d = \frac{zp}{\pi}$$

(4-4)

式中 d——分度圆直径；

　　z——齿轮齿数；

　　p——齿轮齿距。

式（4-4）包含无理数 π，这对齿轮的计算、制造和检验都很不利。因此，人为令

$$m = \frac{p}{\pi} \tag{4-5}$$

这个比值 m 称为模数，并标准化为一些简单的有理数值，则分度圆直径为

$$d = mz \tag{4-6}$$

　　模数 m 是齿轮几何尺寸计算中最基本的一个参数，齿数相同的齿轮，模数越大，轮齿就越大，轮齿的抗弯曲能力也就越强，所以模数 m 也是轮齿抗弯能力的重要标志。我国制定的标准模数值见表 2-4-1。

表 2-4-1　标准模数值（摘自 GB/T 1357—2008）　　　　　（单位：mm）

第一系列	1　1.25　1.5　2　2.5　3　4　5　6　8　10　12　16　20　25　32　40　50
第二系列	1.125　1.375　1.75　2.25　2.75　3.5　4.5　5.5　(6.5)　7　9　11　14　18　22　28　36　45

　　注：优先采用第一系列，括号内的模数尽可能不用。

　　（3）分度圆压力角　分度圆压力角用 α 表示，由式（4-2）可知

$$d_b = d\cos\alpha \tag{4-7}$$

式中　d_b——基圆直径；

　　　　α——分度圆压力角。

　　从式（4-7）可以看出，分度圆半径相同的齿轮，如果其压力角 α 不同，则基圆半径也不相同，所形成的渐开线齿廓的形状也就不同。因此，压力角 α 也是决定渐开线齿廓形状的一个基本参数。国家标准规定渐开线标准圆柱齿轮分度圆上的压力角为 20°，在某些特殊场合可以采用 15°。

　　（4）齿顶高系数与顶隙系数　齿顶高与模数的比值称为齿顶高系数，用 h_a^* 表示，则齿轮的齿顶高为

$$h_a = h_a^* m \tag{4-8}$$

　　为了保证一对齿轮啮合时，一个齿轮的齿顶圆不会与另一个齿轮的齿根圆相接触，也便于润滑油的存储与流动，两者应有一定的径向间歇。该间歇称为顶隙，用 c 表示。顶隙与模数的比值称为顶隙系数，用 c^* 表示。由于轮齿的齿根高应大于齿顶高，故

$$h_f = (h_a^* + c^*) m \tag{4-9}$$

齿顶高系数与顶隙系数也已经标准化，见表 2-4-2。

表 2-4-2　渐开线圆柱齿轮的齿顶高系数和顶隙系数

系数	正常齿制		短齿制
	$m \geqslant 1\,mm$	$m < 1\,mm$	
h_a^*	1.0	1.0	0.8
c^*	0.25	0.35	0.3

4.3.3　渐开线标准直齿圆柱齿轮的几何尺寸计算

1. 外啮合

外啮合渐开线标准直齿圆柱齿轮几何尺寸的计算公式见表 2-4-3。

表 2-4-3　外啮合渐开线标准直齿圆柱齿轮几何尺寸的计算公式

名称	符号	计算公式
齿数	z	根据工作条件（传动比计算）而定
模数	m	根据强度计算或结构需要而定
压力角	α	$\alpha = 20°$
分度圆直径	d	$d_1 = mz_1$，$d_2 = mz_2$
齿顶圆直径	d_a	$d_{a1} = d_1 + 2h_a = (z_1 + 2h_a^*)m$，$d_{a2} = d_2 + 2h_a = (z_2 + 2h_a^*)m$
齿根圆直径	d_f	$d_{f1} = d_1 - 2h_f = (z_1 - 2h_a^* - 2c^*)m$ $d_{f2} = d_2 - 2h_f = (z_2 - 2h_a^* - 2c^*)m$
基圆直径	d_b	$d_{b1} = d_1\cos\alpha$，$d_{b2} = d_2\cos\alpha$
齿高	h	$h = h_a + h_f = (2h_a^* + c^*)m$
齿顶高	h_a	$h_a = h_a^* m$
齿根高	h_f	$h_f = (h_a^* + c^*)m$
顶隙	c	$c = c^* m$
齿厚	s	$s = \pi m/2$
齿槽宽	e	$e = \pi m/2$
齿距	p	$p = \pi m$
基圆节距	p_b	$p_b = p\cos\alpha$
中心距	a	$a = (d_1 + d_2)/2 = m(z_1 + z_2)/2$

2. 内啮合

如图 2-4-7 所示为内齿轮，与外齿轮相比，主要不同点有：①内齿轮的齿廓是内凹的，其轮齿和齿槽相当于外齿轮的齿槽和轮齿；②齿根圆直径大于分度圆直径，分度圆直径大于齿顶圆直径，齿顶圆直径大于基圆直径，以保证齿廓为渐开线；③除齿顶圆直径 $d_a = d - 2h_a$，齿根圆直径 $d_f = d + 2h_f$ 外，其几何尺寸计算公式基本与外齿轮相同。

3. 齿条

当基圆半径变为无穷大时，渐开线形状变为一条直线，则渐开线齿轮变为齿条，如图 2-4-8 所示，齿条运动是直线移动。与齿轮相比，齿条的主要特点有：①基线、分度线、

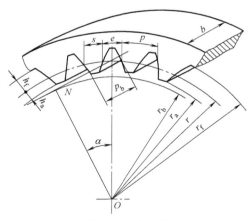

图 2-4-7　内齿轮

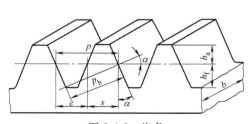

图 2-4-8　齿条

齿顶线等为相互平行的直线；②齿廓上各点的压力角均相等，其大小为齿廓的齿形角 α；③在与分度线相平行的各直线上，齿距均相同，且模数为同一标准值。但是只有在分度线上，齿槽宽等于齿厚，即 $e = s = p/2$。

齿条的基本尺寸可参照标准直齿圆柱齿轮几何尺寸的计算公式进行计算。

例 4-1 一对渐开线标准直齿圆柱齿轮外啮合传动，已知传动比 $i_{12} = 3$，现测得小齿轮的齿数 $z_1 = 24$，齿顶圆直径 $d_{a1} = 104\text{mm}$。

试求：1）齿轮的模数 m。

2）大齿轮的齿数 z_2、分度圆直径 d_2、齿根圆直径 d_{f2}。

3）这对齿轮传动的标准中心距 a。

解：1）由 $d_{a1} = d_1 + 2h_a = (z_1 + 2h_a^*)m = 104\text{mm}$，$h_a^* = 1$，$z_1 = 24$，可得 $m = 4\text{mm}$。

2）由 $i_{12} = \dfrac{z_2}{z_1} = 3$，$z_1 = 24$，可得 $z_2 = 72$。进而可得

$$d_2 = mz_2 = 4 \times 72\text{mm} = 288\text{mm}$$

$$d_{f2} = d_2 - 2h_f = d_2 - 2(h_a^* + c^*)m = 288\text{mm} - 2 \times (1 + 0.25) \times 4\text{mm} = 278\text{mm}$$

3）由 $a = \dfrac{d_1 + d_2}{2} = \dfrac{m}{2}(z_1 + z_2)$，可得 $a = 192\text{mm}$。

4.4 渐开线标准直齿圆柱齿轮的啮合传动

4.4.1 正确啮合条件

渐开线齿轮传动除了应满足传动比要求外，还应能正确地进行啮合传动。两个相互啮合的齿轮，要保证一个齿轮的轮齿能够正常进入另一个齿轮的齿槽中以进行啮合传动，齿对交替过程中不会发生冲击，否则将无法实现正确的啮合传动。要使一对齿轮能实现正确的啮合传动，两齿轮的法向齿距（相邻两齿同侧齿廓在啮合线上的距离）应相等，都等于 KK'，如图 2-4-9 所示。由渐开线特性可知，齿轮的法向齿距（p_n）应等于基圆节距（p_b），即

$$p_{n1} = p_{b1} = p_{n2} = p_{b2}$$

式中 p_{n1}、p_{b1}——齿轮 1 的法向齿距和基圆节距；

$\qquad p_{n2}$、p_{b2}——齿轮 2 的法向齿距和基圆节距。

可得

$$p_{b1} = p_1\cos\alpha_1 = \pi m_1\cos\alpha_1 = p_{b2} = p_2\cos\alpha_2 = \pi m_2\cos\alpha_2$$

故

$$\pi m_1\cos\alpha_1 = \pi m_2\cos\alpha_2 \qquad (4\text{-}10)$$

由于齿轮模数和压力角都已标准化，要满足式（4-10），应使

$$\left.\begin{array}{l} m_1 = m_2 = m \\ \alpha_1 = \alpha_2 = \alpha \end{array}\right\} \qquad (4\text{-}11)$$

由此可得，一对渐开线齿轮正确啮合条件是：两齿轮的模数和压力角分别相等。此时，其传动比可进一步表示为

$$i_{12} = \frac{\omega_1}{\omega_2} = \frac{d_{b2}}{d_{b1}} = \frac{d_2}{d_1} = \frac{z_2}{z_1} \tag{4-12}$$

4.4.2 正确安装条件

为了避免在传动时产生冲击、振动、噪声等现象，一对齿轮除了满足上述的正确啮合条件外，还应满足正确安装条件：两齿轮的齿侧间隙为零和顶隙为标准值，如图 2-4-10 所示。

为了满足无侧隙啮合，一齿轮节圆上的齿厚应等于另一齿轮节圆上的齿槽宽。由于标准齿轮分度圆上的齿厚与齿槽宽相等，因此齿轮无侧隙啮合的条件也可表述为：两标准直齿齿轮按分度圆相切来安装，即分度圆与节圆重合。这种安装称为标准安装，此时两齿轮的中心距称为标准中心距，用 a 表示，即

$$a = r_1' + r_2' = r_1 + r_2 = m(z_1 + z_2)/2 \tag{4-13}$$

式中　r_1'、r_1、z_1——齿轮 1 的节圆半径、分度圆半径、齿数；

　　　　r_2'、r_2、z_2——齿轮 2 的节圆半径、分度圆半径、齿数。

此时，啮合角 α' 等于分度圆上的压力角 α。

当两齿轮实际安装的中心距 a' 与标准中心距 a 不相等时，如图 2-4-11 所示，两齿轮的分度圆不再相切，节圆与分度圆也不重合，且节圆大于分度圆；同时，顶隙大于标准值，而且出现侧隙。这种安装称为非标准安装。此时，啮合角 α' 也不等于分度圆上的压力角，齿轮的实际中心距与啮合角的关系为

$$a' = r_1' + r_2' = \frac{r_{b1}}{\cos\alpha'} + \frac{r_{b2}}{\cos\alpha'} = (r_1 + r_2)\frac{\cos\alpha}{\cos\alpha'} = a\frac{\cos\alpha}{\cos\alpha'}$$

可得

$$a'\cos\alpha' = a\cos\alpha \tag{4-14}$$

式中　a'、α'——实际安装的中心距和啮合角；

　　　　a、α——标准安装的中心距和分度圆上的压力角。

需要注意的是，由于两齿轮加工完成后，其基圆半径不变，因此两齿轮的实际中心距变化并不会改变其传动比。这就是前面提到的齿轮传动的可分性。这对齿轮的加工与安装是十分有利的，允许齿轮加工、安装时存在一定的误差。

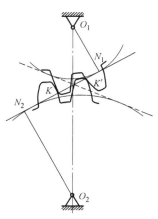

图 2-4-9　齿轮正确啮合条件

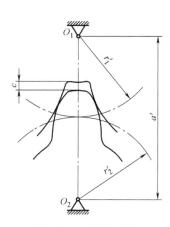

图 2-4-10　标准安装

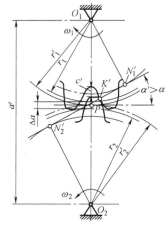

图 2-4-11　非标准安装

4.4.3　连续传动条件

上述正确啮合条件只能保证在传动时各个轮对可依次进行正确啮合，但并不能保证两齿轮可实现连续的传动，因此需要研究齿轮连续传动的条件。

如图 2-4-12 所示，在一对渐开线齿轮传动中，齿轮 1 为主动轮，以角速度 ω_1 沿顺时针方向转动，齿轮 2 为从动轮，以角速度 ω_2 沿逆时针方向转动。根据渐开线齿廓的特性，N_1N_2 为两齿廓啮合点的轨迹线，由于基圆内没有渐开线，因此啮合点不可能超出极限点 N_1 和 N_2，故线段 N_1N_2 称为理论啮合线。在实际啮合传动中，主动轮的齿根推动从动轮的齿顶，从动轮的齿顶与啮合线 N_1N_2 的交点 B_2 为两齿廓沿啮合线啮合的起始点。随着两轮继续转动，实际啮合点的位置沿啮合线 N_1N_2 向下移动，直到两齿对的齿廓脱离啮合，且啮合终止点为主动轮的齿顶与啮合线 N_1N_2 的交点 B_1，故称线段 B_1B_2 为实际啮合线。可见，齿轮上齿对啮合传动的区间是有限的。为了使两齿轮能连续传动，要保证当前一齿对开始脱离啮合时，后一齿对必须进入啮合。若后一齿对还没进入啮合，会导致两齿轮没有啮合接触，传动中断，不能实现连续传动。因此，齿轮实现连续传动的条件为：实际啮合线 B_1B_2 大于或等于齿轮的法向齿距 p_{b}。将啮合线 B_1B_2 与 p_{b} 的比值 ε_{a} 称为齿轮传动的重合度。因此，齿轮连续传动的条件也可表示为

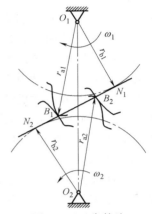

图 2-4-12　齿轮连续传动的条件

$$\varepsilon_{\mathrm{a}} = \frac{\overline{B_1B_2}}{p_{\mathrm{b}}} \geq 1 \qquad (4\text{-}15)$$

重合度表示同时参加啮合的轮齿对数，其值越大，表示同时啮合的轮齿对数越多，则每对轮齿承受的载荷就越小，传动越平稳。为了保证齿轮传动的连续性，且考虑到齿轮的制造、安装误差等因素，一般齿轮传动应使 $\varepsilon_{\mathrm{a}} \geq 1.2$。

4.5　渐开线齿轮的加工与变位齿轮

4.5.1　渐开线齿廓的切削原理

齿轮的加工方法很多，有铸造法、冲压法和切削法等。目前最常用的是切削法，其按切削原理可分为成形法和展成法两种。

1. 成形法

成形法是指用渐开线齿形的成形铣刀直接切出齿形。其中刀具的轴向剖面切削刃形状为被切齿轮齿槽。常用的成形铣刀有盘形齿轮铣刀和指形齿轮铣刀，如图 2-4-13 所示。其加工原理：被加工齿轮沿其轴线方向直线移动，在高速旋转铣刀的切削下，被铣出一个齿槽；之后，被加工齿轮返回到原位置，并转过 $360°/z$，继续铣出第二个齿槽。依次重复上述过程，直到铣出所有齿槽。

采用成形法加工齿轮的主要运动有：铣刀旋转所形成的切削运动、被加工齿轮的进给运

动和分度运动。

理论上，模数 m 和压力角 α 相同但齿数 z 不同的齿轮，其齿形也就不同。而一把成形铣刀只能准确加工与刀具齿数相同的齿轮。这显然是不经济的。因此，在实际生产中，为了减少刀具数量，一般对模数和压力角相同的齿轮根据其齿数不同而配备 8 或 15 把成形铣刀，一把成形铣刀加工出一定范围内齿数的齿轮。因

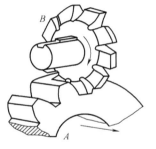 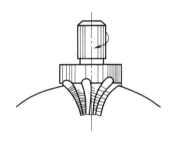

a) 盘形齿轮铣刀   b) 指形齿轮铣刀

图 2-4-13　成形铣刀加工齿轮

此，成形法加工齿轮存在着加工精度低、生产率低等缺点，但其优点是加工方法简单、不需要专用机床，一般用于单件生产及加工精度要求不高齿轮的生产。

2. 展成法

一对标准齿轮做无侧隙啮合传动时有四个基本要素：一对齿轮的两个齿廓（几何要素）和两个角速度（运动要素）。已知两个运动要素和一个几何要素，求出（生成）另一个几何要素的方法称为展成法，也称包络法。齿轮展成法加工是利用一对齿轮做无侧隙啮合传动时齿廓互为包络线的原理，当具有渐开线（齿轮）或直线形状（齿条）的齿廓刀具与被加工齿轮毛坯按给定传动比运动时，齿廓刀具就在齿轮毛坯上加工出与其共轭的渐开线齿廓的齿轮。

常用刀具有齿轮插刀、齿条插刀和齿轮滚刀。下面以齿轮插刀为例来介绍展成法加工过程。

如图 2-4-14a 所示的齿轮插刀，其外形是一个具有切削刃的外齿轮，但其刀具顶部比正常轮齿高出 c^*m，以便切出顶隙部分。其插齿过程：插刀沿轮坯轴线方向做往复切削运动，同时插刀与轮坯像一对齿轮一样按一定的传动比传动，直至全部齿槽切削完毕。根据齿轮的正确啮合条件，被加工齿轮的模数和压力角必与齿轮插刀的模数和压力角相等。通过调节两轮的传动比，用同一把刀具就可以准确地加工出相同模数、相同压力角、不同齿数的齿轮。

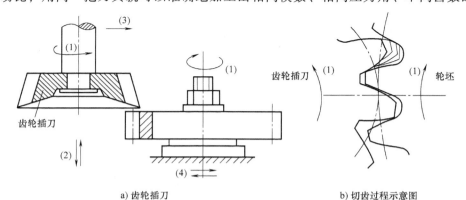

a) 齿轮插刀   b) 切齿过程示意图

图 2-4-14　用齿轮插刀切齿

用展成法加工齿轮时，刀具与齿轮毛坯之间形成的主要运动有：模拟齿轮啮合传动的展成运动（1）、沿轮坯轴向的切削运动（2）、沿轮坯径向的进刀运动（3）和让刀运动（4）。

相对于成形法，展成法加工齿轮的加工精度和生产率都较高。

4.5.2 根切现象

为了使齿轮传动机构紧凑、体积小，应当选用齿数较少的齿轮，但如果标准齿轮的齿数小于某个数，则采用展成法切制齿轮时，刀具的齿顶会把齿轮根部已切制好的渐开线齿廓再切去一部分，这种现象称为齿廓根切，如图 2-4-15a 所示。而产生根切的原因是刀具齿顶线与啮合线的交点超过了极限啮合点 N。齿轮一旦产生根切，将破坏正常的齿廓，减小重合度，影响传动的连续性和稳定性；且使得轮齿根部变薄，降低齿轮的抗弯强度。因此，应该避免出现根切现象。

若要避免产生根切，则必须使刀具齿顶线与啮合线的交点 B 不超过啮合极限点 N，如图 2-4-15b 所示，即

$$\overline{PN} \geqslant \overline{PB}$$

根据几何关系，可得

$$\overline{PN} = \frac{mz}{2}\sin\alpha, \quad \overline{PB} = \frac{h_a^* m}{\sin\alpha}$$

所以，所加工标准齿轮的齿数应满足

$$z \geqslant \frac{2h_a^*}{\sin^2\alpha} \tag{4-16}$$

对于标准齿轮，$\alpha = 20°$，$h_a^* = 1$ 时，不产生根切的最小齿数 $z_{\min} = \dfrac{2h_a^*}{\sin^2\alpha} = \dfrac{2}{\sin^2 20°} = 17$。

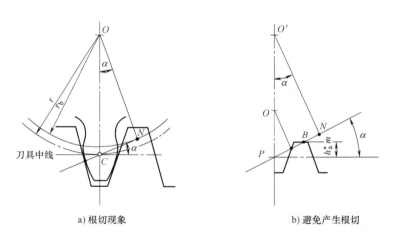

a) 根切现象   b) 避免产生根切

图 2-4-15 根切现象和不产生根切的最小齿数

4.5.3 变位齿轮

虽然标准齿轮具有许多优点，但也存在不足之处，例如存在如下情况。

1）当采用展成法加工标准齿轮时，其最小齿数应不小于17，否则将产生根切。

2）标准齿轮非标准安装会导致齿侧间隙增大，重合度减小，传动不平稳。

3）一对标准齿轮传动（材料相同）中，因小齿轮的齿根厚度较薄且啮合次数较多，故小齿轮相较于大齿轮更容易出现损坏的现象。

为避免上述情况，可采用变位齿轮。通过改变刀具与轮坯的相对位置切制齿轮的方法称为变位修正法，切制出的齿轮称为变位齿轮。如图 2-4-16 所示，以切制标准齿轮时的位置为基准（刀具齿条的分度线与被加工齿轮的分度圆相切），刀具所移动的距离 xm 称为变形量，其中 x 称为变位系数，并规定当刀具远离轮坯中心时称为正变位，$x>0$；当刀具趋近轮坯中心时称为负变位，$x<0$。

当采用展成法加工变位齿轮时，为避免产生根切，若被加工齿轮齿数小于 z_{min}，也应使刀具齿顶线与啮合线的交点 B 不超过啮合极限点 N，即

$$\overline{PN} \geqslant \overline{PB}$$

此时，$\overline{PB} = \dfrac{h_a^* m - xm}{\sin\alpha}$，可得

$$\frac{mz}{2}\sin\alpha \geqslant \frac{h_a^* m - xm}{\sin\alpha}$$

$$x_{min} \geqslant h_a^* \left(\frac{z_{min} - z}{z_{min}} \right) \tag{4-17}$$

对于 $h_a^* = 1$ 的齿轮，最小变位系数的计算公式为

$$x_{min} = h_a^* \left(\frac{z_{min} - z}{z_{min}} \right) = \frac{17 - z}{17} \tag{4-18}$$

如图 2-4-17 所示，变位齿轮与标准齿轮相比，具有以下特点。

1）因切制变位齿轮和标准齿轮所用刀具和分度运动传动比是一样的，故两者的模数和压力角相同，分度圆和基圆也相同。

2）在分度圆上，标准齿轮的齿厚与齿槽宽相等（$s=e$）；正变位齿轮 $s>e$，负变位齿轮 $s<e$。

3）正变位使齿轮齿根变厚，齿根高减小，而齿顶高增加；负变位对齿轮的作用与此正好相反。因此，采用正变位齿轮可提高轮齿的强度。

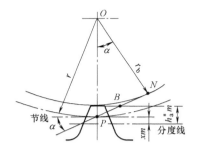

图 2-4-16　变位修正法

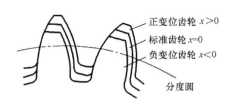

图 2-4-17　变位齿轮与标准齿轮的比较

4.6　斜齿圆柱齿轮机构

4.6.1　齿廓曲面的形成及啮合特点

如图 2-4-18 所示，与直齿圆柱齿轮相比，斜齿圆柱齿轮的齿廓面是发生面沿基圆柱做

纯滚动时，发生面上一条与基圆柱轴线倾斜一个角度 β_b 的直线所形成的曲面。该曲面称为渐开螺旋面，它在齿轮端面（垂直于其轴线的截面）形成的齿廓曲线仍是渐开线，因此满足齿廓啮合基本定律，能保证瞬时传动比恒定不变；β_b 称为基圆柱上的螺旋角。

斜齿圆柱齿轮在不同圆柱面上的螺旋角一般也是不同的，通常所说的斜齿轮螺旋角为分度圆柱上的螺旋角 β，它反映了斜齿轮的倾斜程度，是斜齿轮的一个重要参数。按螺旋角的倾斜方式，斜齿圆柱齿轮可分为左旋和右旋。

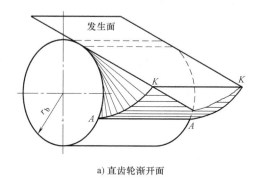

a) 直齿轮渐开面 　　　　　　　　　　b) 斜齿轮渐开螺旋面

图 2-4-18　齿廓曲面的形成

直齿圆柱齿轮传动时，两齿廓曲面的接触线是与轴线平行的直线，如图 2-4-19a 所示，两齿廓沿整个齿宽同时进入或退出啮合，使轮齿突然加载或卸载，因此其传动平稳性差、冲击噪声大，不适用于高速重载传动。

斜齿圆柱齿轮传动时，由于齿轮是倾斜的，两齿廓曲面的接触线是与轴线倾斜、长度不一的直线，如图 2-4-19b 所示，因此两齿面上的接触线由短变长进入啮合，再由长变短脱离啮合，这减少了齿轮传动时的冲击和噪声，提高了传动平稳性。故斜齿轮适用于高速重载传动。

但是，斜齿轮在工作时会产生轴向力 F_a，如图 2-4-20a 所示，且螺旋角 β 越大，其轴向力也越大，会导致齿轮有沿着其轴线移动的趋势，因此需要安装能承受轴向力的轴承。另外，为克服这一缺点，可采用由螺旋角大小相等、旋向相反的两个斜齿轮合并而成的人字齿轮，如图 2-4-20b 所示，其左右对称结构可使得两轴向力方向相反、相互抵消，但人字齿轮制造较困难，成本较高。

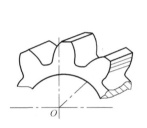

a) 直齿轮啮合接触线

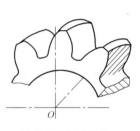

b) 斜齿轮啮合接触线

图 2-4-19　齿轮啮合接触线

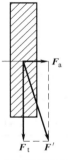

a) 斜齿轮轴向力

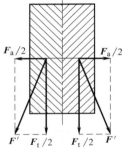

b) 人字齿轮轴向力

图 2-4-20　齿轮轴向力

螺旋角的大小对斜齿轮传动质量有很大的影响，一般取 $8° \sim 20°$。

4.6.2　主要参数及几何尺寸计算

1. 主要参数

由于斜齿圆柱齿轮的齿向是倾斜的，其主要参数有法向（垂直于螺旋线的平面）参数和端面参数之分。

加工斜齿轮时，刀具是沿着螺旋线方向切制的，因此规定在垂直于分度圆柱螺旋线平面的参数为法向参数，且为标准值，加下标 n，如法向压力角 α_n、法向模数 m_n 等。

而垂直于轴线平面的参数称为端面参数，加下标 t，如端面压力角 α_t、端面模数 m_t 等。一般齿轮的几何计算是用端面参数来计算的，因此要进行法向和端面参数之间的换算，这是斜齿轮计算的特点。

图 2-4-21a 为斜齿圆柱齿轮在分度圆柱的展开图，阴影部分为轮齿，空白部分为斜齿槽。由图 2-4-21a 可知，法向齿距 p_n 和端面齿距 p_t 之间的关系为

$$p_n = p_t \cos\beta \tag{4-19}$$

因 $p = m\pi$，故相应的法向模数 m_n 和端面模数 m_t 之间的关系为

$$m_n = m_t \cos\beta \tag{4-20}$$

如图 2-4-21b 所示，斜齿轮的法向压力角 α_n 和端面压力角 α_t 之间的关系为

$$\tan\alpha_n = \tan\alpha_t \cos\beta \tag{4-21}$$

无论从法向看还是从端面看，斜齿轮的齿顶高是相同的，顶隙也是相同的，即

$$h_{an}^* m_n = h_{at}^* m_t, c_n^* m_n = c_t^* m_t$$

结合式（4-20），其端面齿顶高系数和端面顶隙系数分别为

$$h_{at}^* = h_{an}^* \cos\beta, c_t^* = c_n^* \cos\beta \tag{4-22}$$

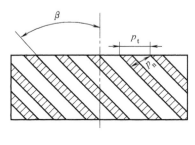
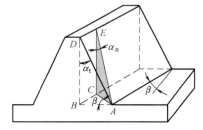

a) 斜齿轮的展开图　　　　　　　　b) 端面压力角和法向压力角

图 2-4-21　法向参数与端面参数的关系

2. 几何尺寸的计算

国家标准规定斜齿轮的法向模数、法向压力角等法向参数为标准值，其数值与直齿轮相同，其几何尺寸的计算可借鉴直齿轮的几何尺寸计算公式，按表 2-4-4 进行计算。

表 2-4-4　标准斜齿圆柱齿轮的几何尺寸计算公式

名称	符号	计算公式及参数的选择
螺旋角	β	一般取 $8° \sim 20°$
端面模数	m_t	$m_t = m_n / \cos\beta$（m_n 为标准值）

（续）

名称	符号	计算公式及参数的选择
端面分度圆压力角	α_t	$\tan\alpha_t = \tan\alpha_n / \cos\beta\,(\alpha_n = 20°)$
端面齿顶高系数	h_{at}^*	$h_{at}^* = h_{an}^* \cos\beta$（$h_{an}^*$ 为标准值，$h_{an}^* = 1$）
端面顶隙系数	c_t^*	$c_t^* = c_n^* \cos\beta$（c_n^* 为标准值，$c_n^* = 0.25$）
齿顶高	h_a	$h_a = h_{an}^* m_n = m_n$
齿根高	h_f	$h_f = (h_{an}^* + c_n^*)m_n = 1.25m_n$
齿高	h	$h = h_a + h_f = 2.25m_n$
齿顶间隙	c	$c = h_f - h_a = 0.25m_n$
分度圆直径	d_1、d_2	$d_1 = m_t z_1 = m_n z_1 / \cos\beta,\ d_2 = m_t z_2 = m_n z_2 / \cos\beta$
齿顶圆直径	d_{a1}、d_{a2}	$d_{a1} = d_1 + 2h_a,\ d_{a2} = d_2 + 2h_a$
齿根圆直径	d_{f1}、d_{f2}	$d_{f1} = d_1 - 2h_f,\ d_{f2} = d_2 - 2h_f$
标准中心距	a	$a = (d_1 + d_2)/2 = m_t(z_1 + z_2)/2 = m_n(z_1 + z_2)/(2\cos\beta)$

4.6.3 正确啮合条件和重合度

1. 正确啮合条件

一对平行轴斜齿圆柱齿轮要正确啮合，除两齿轮的模数和压力角应分别相等外，两相互啮合轮齿在啮合点处螺旋线的切线方向应一致，即螺旋角大小必须相等，所以正确啮合条件为

$$\left.\begin{array}{r} m_{n1} = m_{n2} \\ \alpha_{n1} = \alpha_{n2} \\ \beta_1 = \pm\beta_2 \end{array}\right\} \tag{4-23}$$

其中，"+"用于内啮合，"-"用于外啮合，如图 2-4-22 所示。

a) 外啮合 $\beta_1 = -\beta_2$　　　　　　　　b) 内啮合 $\beta_1 = \beta_2$

图 2-4-22　斜齿轮正确啮合条件

2. 重合度

由于斜齿轮啮合的特点，计算其重合度应考虑螺旋角 β 的影响。两个端面尺寸（齿数、模数、压力角、齿顶高系数、顶隙系数）完全相同的标准直齿轮和标准斜齿轮的分度圆柱面展开图如图 2-4-23 所示。其中，直线 B_1B_1 与直线 B_2B_2 之间的区域为啮合区。

直齿轮啮合传动时，轮齿在 KK 处整个轮齿进入啮合，而转动到 $K'K'$ 处整个轮齿退出啮

合。但斜齿轮啮合传动时，轮齿在 KK 处开始接触进入啮合，直至整个轮齿完全进入啮合；当转动到 $K'K'$ 处开始脱离啮合，直到 $K''K''$ 处整个轮齿才完全脱离啮合。由此可见，斜齿轮比直齿轮多转过一段分度圆弧长 ΔL，由此产生的斜齿轮重合度增加量（也称为斜齿轮的轴向重合度）为

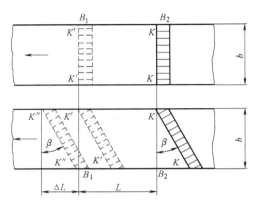

$$\varepsilon_a = \Delta\varepsilon = \frac{b\tan\beta}{p_t}$$

则斜齿轮的重合度为

$$\varepsilon = \varepsilon_t + \varepsilon_a = \varepsilon_t + b\tan\beta/p_t = \varepsilon_t + b\tan\beta/(m_t\pi)$$

$$(4\text{-}24)$$

图 2-4-23　斜齿轮与直齿轮重合度对比

式中　ε_t——斜齿轮的端面重合度，与直齿轮（端面参数与斜齿轮相同）的重合度完全相同。

4.6.4　当量齿数

用成形法加工斜齿圆柱齿轮时，铣刀是沿螺旋齿槽方向进刀的，因此需要知道斜齿轮的法向齿形以用于选择铣刀刀号；在进行强度计算时，也需要知道斜齿轮的法向齿形。而精确的法向齿形难以获得，通常采用一个虚拟的与该斜齿轮法向齿廓相当的直齿轮，该直齿轮称为斜齿圆柱齿轮的当量齿轮，其齿数称为当量齿数，用 z_v 表示。

当量齿轮的主要作用：①用成形法加工斜齿轮时，应按其当量齿数选择铣刀；②进行强度计算时，可按一对当量直齿轮传动近似计算一对斜齿轮传动；③用于选择变位系数及测量齿厚。

如图 2-4-24 所示，过斜齿轮分度圆柱面上齿廓的任一点 C 作该轮齿螺旋线的法面 nn，将分度圆柱剖开，该剖面为一椭圆，其长轴半径 $a = d/(2\cos\beta)$，短轴半径 $b = d/2$，椭圆在 C 点的曲率半径 $\rho = a^2/b = d/(2\cos^2\beta)$。

以 ρ 为分度圆半径，斜齿轮的法向模数 m_n 为模数，取标准压力角 α_n 作一假想的直齿圆柱齿轮。显然，该假想直齿轮的齿形与斜齿轮的法向齿形近似相同，即为斜齿圆柱齿轮的当量齿轮，其当量齿数为

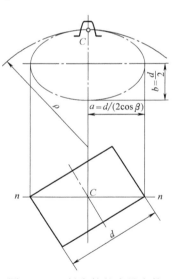

$$z_v = \frac{2\rho}{m_n} = \frac{d}{m_n\cos^2\beta} = \frac{m_n z}{m_n\cos^3\beta} = \frac{z}{\cos^3\beta} \qquad (4\text{-}25)$$

图 2-4-24　斜齿轮的当量齿数

式中　z——斜齿轮的实际齿数。

进而可得正常标准斜齿轮不发生根切的齿数为

$$z_{\min} = z_{v\min}\cos^3\beta = 17\cos^3\beta \qquad (4\text{-}26)$$

4.6.5　斜齿轮的特点

与直齿轮相比，斜齿轮的主要特点如下。

1）在传动中，斜轮齿逐渐进入并逐渐脱离啮合，故传动平稳，冲击和噪声小。

2）重合度大，并随着齿宽和螺旋角的增大而增大，故承载能力强，运动平稳，适用于高速传动。

3）不产生根切的最小齿数比直齿轮少，故结构紧凑。

4）不增加制造成本。

5）斜齿轮在工作时会产生轴向推力 F_a，且随着螺旋角的增大而增大；采用人字齿轮可克服这一缺点，但人字齿轮的缺点是制造较困难，成本较高。

4.7　锥齿轮机构

4.7.1　传动的特点与应用

锥齿轮机构一般用来传递两相交轴之间的运动和动力，两轴间的夹角可以根据需要确定，一般为 90°。锥齿轮的轮齿分布在一个圆锥面上（图 2-4-1f），齿形尺寸由大端向锥顶方向逐渐缩小，为了便于计算和测量，通常取锥齿轮大端的参数为标准值。

与圆柱齿轮机构类似，锥齿轮有分度圆锥面、齿顶圆锥面、齿根圆锥面等，相对应的锥角的一半分别称为分锥角 δ、顶锥角 δ_a、根锥角 δ_f 等。一对正确安装的标准直齿锥齿轮传动，其节圆锥与分度圆锥重合，如图 2-4-25 所示。设 δ_1 和 δ_2 分别为小齿轮和大齿轮的分锥角，Σ 为两轴线的交角，则 $\Sigma = \delta_1 + \delta_2$。其中应用最广泛的是 $\Sigma = 90°$，此时，其传动比为

$$i_{12} = \frac{\omega_1}{\omega_2} = \frac{z_2}{z_1} = \frac{d_2}{d_1} = \frac{\sin\delta_2}{\sin\delta_1} = \tan\delta_2 \qquad (4\text{-}27)$$

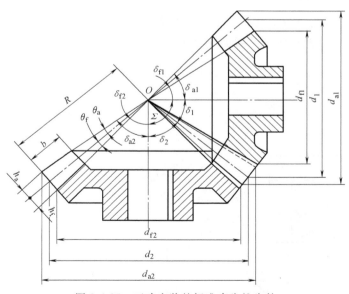

图 2-4-25　正确安装的标准直齿锥齿轮

锥齿轮的齿形有直齿、斜齿和曲线齿等多种形式，由于直齿锥齿轮的设计、制造和安装均较简单，故应用最为广泛；但制造误差较大，传动时易产生振动和噪声，常用于低速、传动精度要求不高的场合。曲线齿锥齿轮由于传动平稳、承载能力强，常用于高速重载传动，

但其设计和制造均较复杂。

本节只介绍两轴垂直的直齿锥齿轮传动。

4.7.2 直齿锥齿轮的背锥及当量齿数

锥齿轮齿廓的形成与圆柱齿轮相似，不同的只是用基圆锥代替基圆柱。如图 2-4-26 所示，平面 S（发生面）与基圆锥相切，并在其上做纯滚动，该平面上任意点 B 描绘出的轨迹为球面渐开线 AB，所以锥齿轮的理论齿廓曲线就是以锥顶 O 为球心的球面渐开线。

1. 背锥

理论上，锥齿轮的齿廓曲线为球面曲线，由于球面不能展开成平面，这导致锥齿轮的设计和制造都较难，因此通常采用近似曲线代替球面曲线。

图 2-4-27a 所示为标准直齿锥齿轮的半剖视图。OAB 表示分度圆锥，$\widehat{Aa}$ 和 $\widehat{Ab}$ 为大端球面上轮齿的齿根高和齿顶高。过 A 点作球面的切线 AO_1 与中心轴线交于 O_1，以 OO_1 为轴线、O_1A 为母线作一圆锥 O_1AB，该圆锥称为锥齿轮的背锥。显然，背锥面与球面相切于锥齿轮大端的分度圆锥面，如图 2-4-27b 所示。将球面渐开线

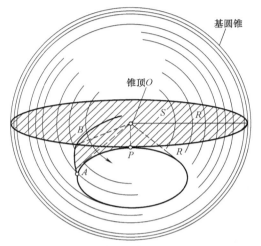

图 2-4-26 锥齿轮理论齿廓曲线的形成

齿形投影到背锥上，由 a、b 点得到 a′、b′点。可见，在 A 点和 B 点附近，线段 Aa′ 和 Ab′ 与 $\widehat{Aa}$ 和 $\widehat{Ab}$ 非常接近，因此可近似地用背锥面上的齿形来代替球面上的理论齿形。因背锥面可展开成平面，这样可以把球面渐开线简化成平面渐开线进行研究，这将给锥齿轮的设计和制造带来极大方便。

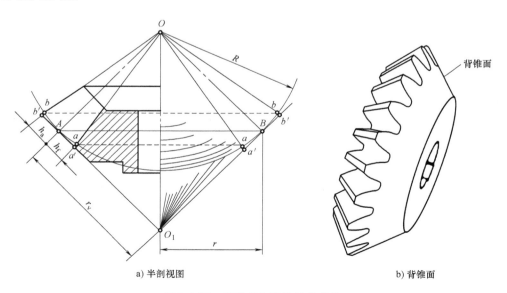

a) 半剖视图　　　　　　　　　　　　b) 背锥面

图 2-4-27 标准直齿锥齿轮的背锥

2. 当量齿数

如图 2-4-28 所示，将背锥面展开成一平面扇形齿轮，并将该扇形齿轮补足成一个完整的直齿圆柱齿轮，该齿轮称为直齿锥齿轮的当量齿轮，其齿数 z_v 称为当量齿数。其中，当量齿轮的模数、压力角、齿顶高和齿根高分别等于锥齿轮大端的模数、压力角 α、齿顶高 h_a 和齿根高 h_f。

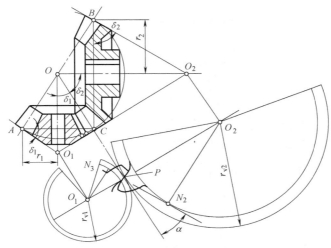

图 2-4-28　锥齿轮的当量齿轮

由图 2-4-28 可知，当量齿轮的分度圆半径 r_v1 等于大端背锥的锥距 O_1A，即

$$r_\mathrm{v1} = \frac{r_1}{\cos\delta_1} = \frac{mz_1}{2\cos\delta_1} \tag{4-28}$$

又因为 $r_\mathrm{v1} = mz_\mathrm{v1}/2$，可得

$$z_\mathrm{v1} = \frac{z_1}{\cos\delta_1} \tag{4-29}$$

式中　z_1——锥齿轮 OO_1 的实际齿数。

锥齿轮 OO_2 的分析同理。

应用当量齿轮，可以把直齿圆柱齿轮的理论近似地用到锥齿轮上。例如，锥齿轮不产生根切的最少齿数为 $z_\mathrm{min} = z_\mathrm{vmin}\cos\delta$；其正确啮合条件为大端的模数和压力角分别相等，即 $m_1 = m_2$，$\alpha_1 = \alpha_2$。

4.7.3　主要参数及几何尺寸计算

直齿锥齿轮的参数和几何尺寸以大端为准，且取大端的模数、压力角、齿顶高系数、顶隙系数为标准值（GB/T 12369—1990）。其几何尺寸计算公式见表 2-4-5。

表 2-4-5　标准直齿锥齿轮传动的几何尺寸计算公式（$\Sigma = 90°$）

名称	符号	计算公式及参数的选择
模数	m	取标准值
齿数	z	根据工作要求定出
压力角	α	取标准值，$\alpha = 20°$

（续）

名称	符号	计算公式及参数的选择
传动比	i	$i = z_2/z_1 = \tan\delta_2$
当量齿数	z_{v1}，z_{v2}	$z_{v1} = z_1/\cos\delta_1$，$z_{v2} = z_2/\cos\delta_2$
分度圆直径	d_1，d_2	$d_1 = mz_1$，$d_2 = mz_2$
分锥角	δ_1，δ_2	$\delta_1 = \arctan(z_1/z_2)$，$\delta_2 = 90° - \delta_1$
齿顶高	h_a	取标准值，$h_a^* = 1$ $h_a = h_a^* m = m$
齿根高	h_f	取标准值，$c^* = 0.2$ $h_f = (h_a^* + c^*)m = 1.2m$
齿高	h	$h = h_a + h_f = 2.2m$
齿顶圆直径	d_{a1}，d_{a2}	$d_{a1} = d_1 + 2h_a\cos\delta_1$，$d_{a2} = d_2 + 2h_a\cos\delta_2$
齿根圆直径	d_{f1}，d_{f2}	$d_{f1} = d_1 - 2h_f\cos\delta_1$，$d_{f2} = d_2 - 2h_f\cos\delta_2$
外锥距	R	$R = \sqrt{\left(\dfrac{d_1}{2}\right)^2 + \left(\dfrac{d_2}{2}\right)^2} = \dfrac{m}{2}\sqrt{z_1^2 + z_2^2}$
齿宽	b	$b \leqslant R/3$
齿顶角	θ_a	$\theta_a = \arctan(h_a/R)$
齿根角	θ_f	$\theta_f = \arctan(h_f/R)$
顶锥角	δ_{a1}，δ_{a2}	$\delta_{a1} = \delta_1 + \theta_a$，$\delta_{a2} = \delta_2 + \theta_a$
根锥角	δ_{f1}，δ_{f2}	$\delta_{f1} = \delta_1 - \theta_f$，$\delta_{f2} = \delta_2 - \theta_f$

4.8 蜗杆机构

4.8.1 传动特点

蜗杆机构是由交错轴斜齿圆柱齿轮机构演化而来的，属于齿轮机构的一种特殊类型，由蜗杆和蜗轮组成，用于传递空间交错轴之间的运动和动力（通常两轴的交错角为90°），如图 2-4-1i 所示。小齿轮螺旋角较大，分度圆柱直径较小，且轴向长度较长，齿数较少（一般为 1~4），因而每个轮齿能在分度圆柱面绕成完整的螺旋齿。因其外形像一根螺杆，故该小齿轮称为蜗杆，通常作为主动件。大齿轮螺旋角较小，分度圆柱直径较大，且轴向长度较短，齿数较多，实际上是一个斜齿轮，称为蜗轮，通常作为从动件。为改善啮合情况，将蜗轮齿形做成凹型圆弧曲面，以部分包住蜗杆。

与螺杆一样，按照螺旋线旋向的不同，蜗杆有左旋与右旋之分，但通常采用右旋；按照螺旋线头数的不同，蜗杆有单头与多头之分。蜗杆轴线与垂直于螺旋线法向平面之间的夹角 γ 称为导程角，与蜗轮齿螺旋角 β_2 大小相等、方向相同。

蜗杆传动的主要特点如下。

1）传动比大，结构紧凑。其传动比计算公式为

$$i_{12} = \omega_1/\omega_2 = z_2/z_1$$

式中　z_1——蜗杆的头数；

　　　z_2——蜗轮的齿数。

因 z_1 较小，z_2 较大，故传动比 i_{12} 可以很大，一般为 $10 \sim 100$；用于分度机构时，传动比可达几百，甚至到 1000。

2）传动平稳，振动、冲击和噪声均很小。这是由于蜗杆上的是连续的螺旋齿，啮合时为线接触。

3）能实现自锁。当蜗杆的导程角 γ 小于啮合轮齿间的当量摩擦角时，机构具有自锁性，即只能以蜗杆为主动件带动蜗轮传动，而不能由蜗轮带动蜗杆运动。

4）由于啮合轮齿间相对滑动速度大，因此摩擦损耗较大，传动效率低（一般为 $0.7 \sim 0.8$）。此外，在连续传动时发热严重，蜗轮易发生磨损和胶合，因此蜗轮常用耐磨材料制成，如锡青铜等，故而成本较高。

蜗杆机构按照蜗杆形状的不同，可分为圆柱蜗杆机构、圆弧面蜗杆机构和锥面蜗杆机构。根据蜗杆的螺旋面形状，圆柱蜗杆又可分为阿基米德蜗杆（其端面齿形为阿基米德螺旋线，如图 2-4-29 所示）、渐开线螺杆（其端面齿形为渐开线）等。其中阿基米德蜗

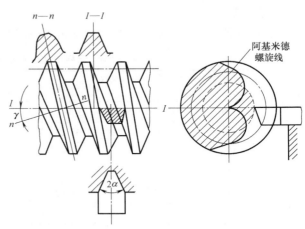

图 2-4-29 阿基米德蜗杆

杆便于制造，因此应用广泛，本节主要讨论这类蜗杆。

4.8.2 正确啮合条件

如图 2-4-30 所示的圆柱蜗杆机构，通过蜗杆轴线并与蜗杆轴线相垂直的平面定义为中间平面。在该平面内，蜗杆齿廓为直线，相当于齿条；蜗轮齿廓为渐开线，相当于齿轮，故该蜗杆机构就相当于齿轮齿条机构。因此，蜗杆机构的正确啮合条件为：蜗杆的轴向模数 m_{x1} 等于蜗轮的端面模数 m_{t2}，并等于标准模数 m（表 2-4-6）；蜗杆的轴向压力角 α_{x1} 等于蜗

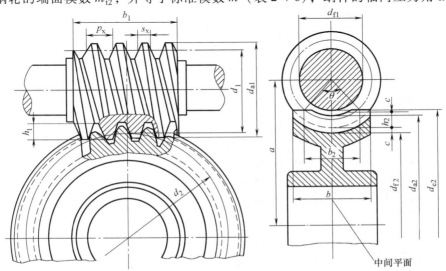

图 2-4-30 圆柱蜗杆机构

轮的端面压力角 α_{t2}；蜗杆导程角 γ 等于蜗轮螺旋角 β，且旋向相同，即

$$\left.\begin{array}{r} m_{x1} = m_{t2} = m \\ \alpha_{x1} = \alpha_{t2} = \alpha \\ \gamma = \beta \end{array}\right\} \qquad (4\text{-}30)$$

4.8.3 主要参数及几何尺寸计算

1. 主要参数

已标准化的圆柱蜗杆机构参数（轴交角 $\Sigma = 90°$）见表 2-4-6，下面对其主要参数进行说明。

表 2-4-6 已标准化的圆柱蜗杆机构参数

模数 m/mm	分度圆直径 d_1/mm	蜗杆头数 z_1	直径系数 q	$m^2 d_1$/mm³	模数 m/mm	分度圆直径 d_1/mm	蜗杆头数 z_1	直径系数 q	$m^2 d_1$/mm³
1	**18**	1	18.000	18	6.3	(80)	1,2,4	12.698	3175
1.25	20	1	16.000	31.25		**112**	1	17.778	4445
	22.4	1	17.920	35	8	(63)	1,2,4	7.875	4032
1.6	20	1,2,4	12.500	51.2		80	1,2,4,6	10.000	5120
	28	1	17.500	71.68		(100)	1,2,4	12.500	6400
2	(18)	1,2,4	9.000	72		**140**	1	17.500	8960
	22.4	1,2,4,6	11.200	89.6	10	(71)	1,2,4	7.100	7100
	(28)	1,2,4	14.000	112		90	1,2,4,6	9.000	9000
	35.5	1	17.750	142		(112)	1,2,4	11.200	11200
2.5	(22.4)	1,2,4	8.960	140		160	1	16.000	16000
	28	1,2,4,6	11.200	175	12.5	(90)	1,2,4	7.200	14062
	(35.5)	1,2,4	14.200	221.9		112	1,2,4	8.960	17500
	45	1	18.000	281		(140)	1,2,4	11.200	21875
3.15	(28)	1,2,4	8.889	277.8		200	1	16.000	31250
	35.5	1,2,4,6	11.270	352.2	16	(112)	1,2,4	7.000	28672
	(45)	1,2,4	14.286	446.5		140	1,2,4	8.750	35840
	56	1	17.778	556		(180)	1,2,4	11.250	46080
4	(31.5)	1,2,4	7.875	504		250	1	15.625	64000
	40	1,2,4,6	10.000	640	20	(140)	1,2,4	7.000	56000
	(50)	1,2,4	12.500	800		160	1,2,4	8.000	64000
	71	1	17.750	1136		(224)	1,2,4	11.200	89600
5	(40)	1,2,4	8.000	1000		315	1	15.750	126000
	50	1,2,4,6	10.000	1250	25	(180)	1,2,4	7.200	112500
	(63)	1,2,4	12.600	1575		200	1,2,4	8.000	125000
	90	1	18.000	2250		(280)	1,2,4	11.200	175000
6.3	(50)	1,2,4	7.936	1985		400	1	16.000	250000
	63	1,2,4,6	10.000	2500					

注：1. 本表摘自国家标准 GB/T 10085—2018《圆柱蜗杆传动基本参数》，其中 $m^2 d_1$ 值是根据教学需要补充的。

2. 表中带括号的数字尽可能不采用，分度圆直径值为黑体的是导程角 $\gamma < 3°30'$ 的自锁圆柱蜗杆。

（1）**模数 m 和压力角 α**　蜗杆模数系列与齿轮模数系列有所不同，具体见表 2-4-6，其仅列出 $1 \sim 25\text{mm}$ 的 m 值。

通常，阿基米德蜗杆轴向截面压力角 α 为 $20°$。在分度传动中，允许减小压力角，推荐采用 $15°$ 或 $12°$；在动力传动中，允许增大压力角，推荐采用 $25°$。

（2）**蜗杆分度圆直径 d_1 和蜗杆直径系数 q**　蜗杆分度圆直径也称为蜗杆中圆直径。因用于加工蜗轮的蜗轮刀具的几何参数必须与蜗杆的几何参数相同，故加工不同尺寸的蜗轮时，需要使用不同的蜗轮刀具。为了使蜗轮刀具标准化、系列化，国家标准将蜗杆的分度圆直径规定为标准值，即每一个标准模数值 m 对应一定数量的蜗杆分度圆直径值 d_1，见表 2-4-7。

将蜗杆分度圆直径与模数的比值称为蜗杆直径系数 q，即

$$q = d_1/m \tag{4-31}$$

因 d_1 和 m 均为标准值，故 q 不一定是整数，见表 2-4-7。在分度传动中，q 值为 $16 \sim 30$；在动力传动中，q 值为 $7 \sim 18$。

（3）**蜗杆导程角 γ**　蜗杆的螺旋面与分度圆柱面的交线是螺旋线。设蜗杆的头数为 z_1，蜗杆的轴向齿距为 p_{x1}，由图 2-4-31 可得

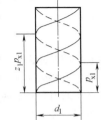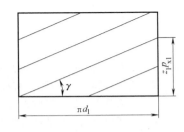

图 2-4-31　蜗杆导程角 γ

$$\tan\gamma = \frac{z_1 p_{x1}}{\pi d_1} = \frac{z_1 m}{d_1} = \frac{z_1}{q} \tag{4-32}$$

γ 值的范围通常为 $3.5° \sim 35°$。γ 值越大，传动效率就越高，但蜗杆的加工难度就越大；反之，γ 值越小，传动效率就越低。当 $\gamma = 3.5° \sim 4.5°$ 时，蜗杆具有自锁性。

（4）**蜗杆头数 z_1 和蜗轮齿数 z_2**　常用蜗杆头数 z_1 为 1、2、4、6。其中，蜗杆头数越少，越易得到大传动比，但导程角就越小，传动效率越低，但是蜗杆传动的自锁性越好。当要求反向行程自锁时，可取 $z_1 = 1$。反之，蜗杆头数越多，导程角就越大，传动效率越高，但制造困难。

已知传动比和蜗杆头数便可得到蜗轮齿数 z_2，蜗轮齿数一般为 $28 \sim 80$。z_2 越大，传动平稳性越好，但蜗轮尺寸越大，蜗杆轴越长且刚度会越小；z_2 越小，传动平稳性越差，且易产生根切。

z_1、z_2 的推荐值见表 2-4-7。

表 2-4-7　蜗杆头数 z_1 和蜗轮齿数 z_2 的推荐值

传动比 $i = z_2/z_1$	$7 \sim 8$	$9 \sim 13$	$14 \sim 27$	$28 \sim 40$	>40
蜗杆头数 z_1	4	3、4	2、3	1、2	1
蜗轮齿数 z_2	$28 \sim 32$	$27 \sim 52$	$28 \sim 81$	$28 \sim 80$	>40

2. 几何尺寸计算

圆柱蜗杆机构的几何关系如图 2-4-30 所示，根据 GB/T 10087—2018，$h_a = 1m$，$c = 0.2m$，则其几何尺寸计算公式见表 2-4-8。

表 2-4-8　圆柱蜗杆机构的几何尺寸计算公式

名称	计算公式	
	蜗杆	蜗轮
分度圆直径	$d_1 = mq = mz_1/\tan\gamma$	$d_2 = mz_2$
齿顶圆直径	$d_{a1} = d_1 + 2m = m(q+2)$	$d_{a2} = d_2 + 2m = m(z_2+2)$
齿根圆直径	$d_{f1} = d_1 - 2.4m = m(q-2.4)$	$d_{f2} = d_2 - 2.4m = m(z_2-2.4)$
齿顶高	$h_{a1} = m$	$h_{a2} = m$
齿根高	$h_{f1} = 1.2m$	$h_{f1} = 1.2m$
顶隙	$c = 0.2m$	
蜗杆导程角和蜗轮螺旋角	蜗杆导程角 $\gamma = \arctan(z_1/q)$	蜗轮螺旋角 $\beta = \gamma$
齿距	轴向齿距 $p_{x1} = m\pi$	端面齿距 $p_{t1} = m\pi$
中心距	$a = (d_1 + d_2)/2 = m(q+z_2)/2$	

习　题

4-1　渐开线有哪些重要性质？在研究渐开线齿轮啮合的哪些原理时曾用到这些性质？

4-2　简述节圆与分度圆、啮合角与压力角的区别。

4-3　什么是重合度？影响重合度大小的因素有哪些？

4-4　试述成形法与展成法切齿的原理、特点及其适用情况。

4-5　什么是根切？它有何危害？应如何避免？

4-6　齿轮为什么要变位？齿轮正变位后与变位前相比，其主要参数发生哪些变化？

4-7　与直齿圆柱齿轮传动相比，斜齿圆柱齿轮传动的特点与应用有哪些？

4-8　试指出直齿圆柱齿轮传动、斜齿圆柱齿轮传动、直齿锥齿轮传动和蜗杆传动的正确啮合条件分别是什么？

4-9　蜗杆传动有哪些特点？为何要规定蜗杆分度圆直径为标准值？

4-10　已知一标准渐开线直齿圆柱齿轮，其齿顶圆直径 $d_{a1} = 77.5\text{mm}$，齿数 $z_1 = 29$。现要求设计一个大齿轮与其相啮合，要求传动的中心距 $a = 145\text{mm}$，试计算齿轮的模数 m 以及大齿轮的齿数 z_2、分度圆直径 d_2、齿根圆直径 d_{f2}、分度圆齿距 p。

4-11　有一对外啮合标准直齿圆柱齿轮，已知 $z_1 = 24$，$z_2 = 120$，$m = 2\text{mm}$，其他值均为标准值。试计算其传动比 i_{12}、两轮的分度圆直径 d_1 和 d_2、齿顶圆直径 d_{a1} 和 d_{a2}、齿高 h、标准中心距 a 及分度圆齿厚 s 和齿槽宽 e，并计算基圆齿距 p_b 和重合度 ε 的大小。

4-12　一对标准安装的渐开线标准直齿圆柱齿轮外啮合传动，已知 $a = 100\text{mm}$，$z_1 = 20$，$z_2 = 30$，$d_{a1} = 88\text{mm}$。

1) 试求齿轮的模数 m 和标准中心距 a。

2) 若安装中心距增至 $a' = 102\text{mm}$，试求此时的传动比 i 和啮合角 α'（$h_a^* = 1$，$c^* = 0.25$）。

4-13　已知一对正常标准斜齿圆柱齿轮的模数 $m = 3\text{mm}$，齿数 $z_1 = 23$，$z_2 = 76$，分度圆螺旋角 $\beta = 8°6'34''$。试求其中心距 a、端面压力角 α_t，以及斜齿轮 1 的当量齿数 z_{v1}、分度圆直径 d_1、齿顶圆直径 d_{a1} 和齿根圆直径 d_{f1}。

4-14　一对直齿锥齿轮啮合传动，已知 $\Sigma = 90°$，$z_1 = 17$，$z_2 = 43$，$m = 3\text{mm}$，$h_a^* = 1$，试确定该对锥齿轮的主要几何尺寸。

4-15　有一普通圆柱蜗杆，已知模数 $m = 8\text{mm}$，传动比 $i_{12} = 20$，蜗杆分度圆直径 $d_1 = 80\text{mm}$，蜗杆头数 $z_1 = 2$。试计算该蜗杆的主要几何尺寸。

第 **5** 章

轮系

5.1 轮系的组成与类型

在实际机械中，单对齿轮传动因其传动比有限、不能实现换向等问题，一般满足不了工程实际的需求，故常采用一系列相互啮合的齿轮将主动轴与从动轴连接起来传递运动和动力，以实现较远距离传动、大传动比传动、变速传动、换向传动、合成或分解运动等。这种由一系列齿轮组成的传动系统称为**轮系**。

根据轮系运动时各个齿轮的转动轴线相对于机架的位置是否固定，将轮系分为定轴轮系和周转轮系两种。

5.1.1 定轴轮系

如图 2-5-1 所示，齿轮 1 为主动件，输入动力，并经过一系列齿轮传动，带动齿轮 5 转动，并输出运动和动力。在整个传动过程中，所有齿轮的转动轴线相对于机架的位置都是固定的，这种轮系称为定轴轮系。

5.1.2 周转轮系

如图 2-5-2a 所示，齿轮 1 和 3 都是绕固定的中心轴 O 转动的，齿轮 2 安装在构件 H 上，而构件 H 是绕中心轴 O 转动的，所以在传动时，齿轮 2 既绕自身的轴线自转，又随着构件 H 一起绕固定轴 O 公转，即齿轮 2 做行星运动。这种有一个或几个齿轮的轴线绕其他齿轮的固定轴线转动的轮系称为周转轮系，绕固定轴线转动的齿轮称为太阳轮，如齿轮 1 和 3；轴线位置变动的齿轮称为行星轮，如齿轮 2；支承行星轮运动的构件称为行星架（或称为转臂），如构件 H。

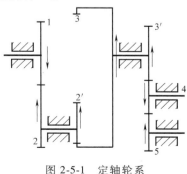

图 2-5-1 定轴轮系

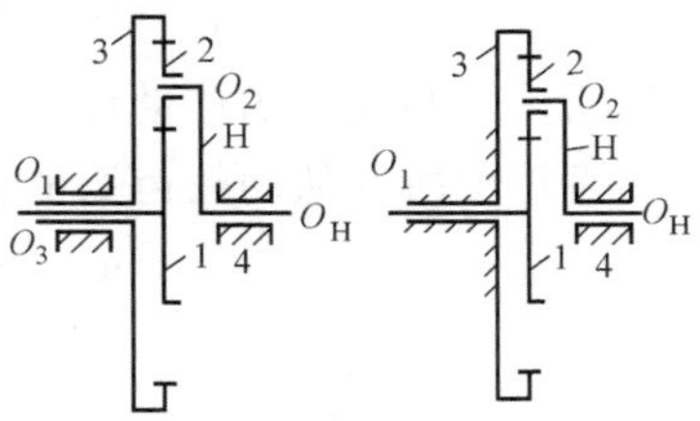

a) 差动轮系   b) 行星轮系

图 2-5-2 周转轮系

周转轮系由太阳轮、行星轮、行星架及机架组成，一般以太阳轮和行星架作为轮系的输入和输出构件，且两者的转动轴线必须重合。

根据周转轮系自由度的不同，可分为自由度为 2 的差动轮系，如图 2-5-2a 所示，太阳轮 1、3 均能转动；自由度为 1 的行星轮系，如图 2-5-2b 所示，太阳轮 3 不可以运动。

5.1.3 复合轮系

在实际机械传动中，常用到由定轴轮系和周转轮系，也会用到两个及以上的周转轮系组合而形成的复杂轮系，其称为复合轮系或混合轮系，如图 2-5-3 所示。它包括太阳轮 1 和 3、行星轮 2-2′、行星架 H 组成的周转轮系，以及齿轮 3′、4 组成的定轴轮系，其中行星架 H 与齿轮 3′为同一构件，是两个基本轮系的连接件。

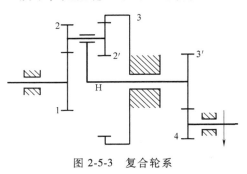

图 2-5-3　复合轮系

5.2　轮系的传动比计算

传动比是机构中两转动构件角速度（或转速）之比，也称为速比。对于单对齿轮传动，其传动比是两个直接啮合齿轮的角速度之比。对于轮系，其传动比是输入构件与输出构件的角速度之比，计算时，既要确定传动比的大小，又要确定输入、输出构件之间的转动方向关系。

5.2.1　定轴轮系传动比的计算

1. 传动比大小的计算

单对齿轮传动，若齿轮 1 为输入构件、齿轮 2 为输出构件，则其传动比大小为

$$i_{12} = \frac{\omega_1}{\omega_2} = \frac{n_1}{n_2} = \frac{z_2}{z_1}$$

例 5-1　对如图 2-5-1 所示的定轴轮系，设齿轮 1 为输入构件（首轮），齿轮 5 为输出构件（末轮），并已知齿轮齿数，试计算该轮系的传动比 i_{15}。

解：轮系各对啮合齿轮的传动比大小分别为

$$i_{12} = \frac{\omega_1}{\omega_2} = \frac{n_1}{n_2} = \frac{z_2}{z_1} \quad i_{2'3} = \frac{\omega_{2'}}{\omega_3} = \frac{n_{2'}}{n_3} = \frac{z_3}{z_{2'}} \quad i_{3'4} = \frac{\omega_{3'}}{\omega_4} = \frac{n_{3'}}{n_4} = \frac{z_4}{z_{3'}} \quad i_{45} = \frac{\omega_4}{\omega_5} = \frac{n_4}{n_5} = \frac{z_5}{z_4}$$

则该轮系的总传动比为

$$i_{15} = \frac{\omega_1}{\omega_5} = i_{12} \times i_{2'3} \times i_{3'4} \times i_{45} = \frac{\omega_1 \omega_{2'} \omega_{3'} \omega_4}{\omega_2 \omega_3 \omega_4 \omega_5} = \frac{z_2 z_3 z_4 z_5}{z_1 z_{2'} z_{3'} z_4}$$

上式说明，定轴轮系的传动比等于组成该轮系的各对啮合齿轮传动比的连乘积，其大小为各对啮合齿轮中所有从动轮齿数的连乘积与所有主动轮齿数的连乘积之比，即

$$i_{io} = \frac{\omega_i}{\omega_o} = \frac{n_i}{n_o} = \frac{各从动轮齿数的连乘积}{各主动轮齿数的连乘积} \tag{5-1}$$

式中　i_{io}——轮系的总传动比；

ω_i、n_i——轮系输入的角速度和转速；

ω_o、n_o——轮系输出的角速度和转速。

式（5-1）只是给出定轴轮系传动比的大小，下面介绍转向关系的确定。

2. 首、末轮转向关系的确定

（1）各齿轮轴线均互相平行 如果两齿轮的转动轴线互相平行，可在其传动比前加"±"表示两者的转向关系，其中"+"表示两者转向相同；"−"表示两者转向相反。如果轮系中所有齿轮转动轴线都是互相平行的，则其传动比的正负（首、末两轮转向相同或相反）取决于外啮合的次数，这是由于外啮合两齿轮转向相反、内啮合两齿轮转向相同，可以在式（5-1）的传动比公式前加上 $(-1)^m$ 来确定首、末轮的转向关系，即

$$i_{io} = \frac{\omega_i}{\omega_o} = \frac{n_i}{n_o} = (-1)^m \frac{各从动轮齿数的连乘积}{各主动轮齿数的连乘积} \tag{5-2}$$

式中 m——外啮合的次数。

图 2-5-1 所示定轴轮系的传动比可计算为

$$i_{15} = (-1)^3 \frac{z_2 z_3 z_4 z_5}{z_1 z_{2'} z_{3'} z_4} = -\frac{z_2 z_3 z_5}{z_1 z_{2'} z_{3'}} \tag{5-3}$$

式（5-3）所计算出来的"−"表示齿轮 1 与 5 的转向相反。从式（5-3）也可知，齿轮 4 的齿数不影响轮系传动比的大小，这是由于齿轮 4 同时与两个齿轮啮合，它既是前一级的从动轮，又是后一级的主动轮，但它的引入改变了外啮合次数，从而改变传动比的符号。将这种不改变传动比大小，只改变传动比符号的齿轮称为惰轮（或过轮、介轮）。

表达首、末轮的转向关系，还可在图上根据内啮合（转向相同）、外啮合（转向相反）的关系，依次画上箭头来确定。如图 2-5-1 所示，假设轮 1 的转动方向已知，如图中箭头表示（箭头方向表示可见侧圆周速度方向），按转动方向，依次画出其他齿轮转动方向，可以看出，齿轮 1 和齿轮 5 的转向相反。

（2）首、末轮的轴线互相平行，中间有轴线不平行 轮系中有轴线不平行于首、末轮轴线的齿轮时，总传动比不能用式（5-2）来表达，而必须用画箭头的方法来确定转向，然后可以在传动比大小前加"+"或"−"来表示首、末轮之间的关系。对如图 2-5-4 所示的定轴轮系，根据式（5-1）及图中所示的转向关系，该轮系的传动比为

$$i_{14} = -\frac{z_2 z_3 z_4}{z_1 z_{2'} z_{3'}}$$

（3）首、末两轮轴线不平行 首、末两轮轴线不平行时，仍可用式（5-1）计算其传动比大小，但其转向关系只能在图上标注箭头来确定，如图 2-5-5 所示。

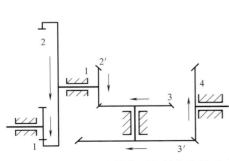

图 2-5-4 首、末轮轴线平行的定轴轮系

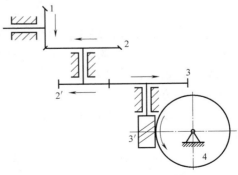

图 2-5-5 含有空间齿轮的定轴轮系

5.2.2　周转轮系传动比的计算

与定轴轮系相比，周转轮系有转动的行星架，行星轮既公转又自转，因此总传动比不能直接套用定轴轮系传动比计算公式。但是，根据相对运动原理，如果假定行星架 H 固定不动，并且保持周转轮系中各个构件之间的相对运动不变，那么所有齿轮的几何轴线位置就全部固定，原来的周转轮系就转化成为一个假想的定轴轮系，便可应用定轴轮系传动比的计算方法。这种假想的定轴轮系称为原周转轮系的转化轮系或转化机构。

对于如图 2-5-6a 所示的周转轮系，当给整个周转轮系加上一个绕轴 O 的公共角速度 $-\omega_H$ 后，行星架 H 便相对静止不动，原来的周转轮系便成为定轴轮系，如图 2-5-6b 所示。各构件转化前、后的角速度对比见表 2-5-1。

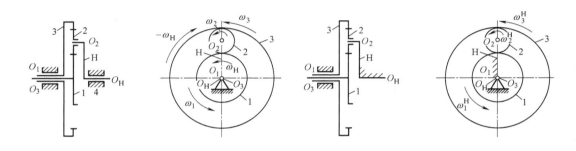

a) 周转轮系　　　　　　　　　　　　　　　　b) 转化轮系

图 2-5-6　周转轮系及其转化轮系

表 2-5-1　各构件转化前、后的角速度对比

构件	原转速	转化轮系中的转速
1	ω_1	$\omega_1^H = \omega_1 - \omega_H$
2	ω_2	$\omega_2^H = \omega_2 - \omega_H$
3	ω_3	$\omega_3^H = \omega_3 - \omega_H$
H	ω_H	$\omega_H^H = \omega_H - \omega_H = 0$

对于转化后的定轴轮系，其齿轮 1 和齿轮 3 之间的传动比可表达为

$$i_{13}^H = \frac{\omega_1^H}{\omega_3^H} = \frac{\omega_1 - \omega_H}{\omega_3 - \omega_H} = (-1)\frac{z_2 z_3}{z_1 z_2} = -\frac{z_3}{z_1} \tag{5-4}$$

式中负号表示齿轮 1 与齿轮 3 在转化轮系中的转向相反。

式（5-4）表明了太阳轮 1、3 及行星架 H 的角速度与齿数之间的相对比例关系。如果已知各齿轮的齿数，并已知 ω_1、ω_3 及 ω_H 中的任意两个（包括大小和方向），就可求出另外一个的大小和方向。

推广到一般情形，周转轮系中任意两个齿轮 G 和 K，它们与行星架 H 的角速度之间的关系为

$$i_{GK}^H = \frac{\omega_G^H}{\omega_K^H} = \frac{\omega_G - \omega_H}{\omega_K - \omega_H} = \pm\frac{\text{转化轮系中从 } G \text{ 至 } K \text{ 间所有从动轮齿数的连乘积}}{\text{转化轮系中从 } G \text{ 至 } K \text{ 间所有主动轮齿数的连乘积}} \tag{5-5}$$

式中 i_{GK}^{H}——周转轮系中齿轮 G 到齿轮 K 相对于行星架 H 的相对传动比；

ω_{G}^{H}——齿轮 G 相对于行星架 H 的相对角速度；

ω_{K}^{H}——齿轮 K 相对于行星架 H 的相对角速度；

ω_{H}——行星架 H 的角速度。

若有一个太阳轮 K 固定不动，则其传动比为

$$i_{GK}^{H}=\frac{\omega_{G}^{H}}{\omega_{K}^{H}}=\frac{\omega_{G}-\omega_{H}}{0-\omega_{H}}=1-i_{GH} \tag{5-6}$$

即

$$i_{GH}=1-i_{GK}^{H} \tag{5-7}$$

在应用式（5-5）计算周转轮系传动比时，应特别注意以下问题。

1）该公式只适用于转化轮系中齿轮 G、K 和行星架 H 的转动轴线互相平行或重合的周转轮系。

2）一定要考虑齿数连乘积之比前的正负号，其正负号判定：按转化后定轴轮系各主、从动轮的转向关系。

3）ω_{G}、ω_{K} 及 ω_{H} 均为代数值，且应带正负号代入，转向相同为正，转向相反为负，未知量的转向应由计算结果判定。

例 5-2 在图 2-5-7 所示的周转轮系中，已知各轮的齿数分别为 $z_1=100$，$z_2=101$，$z_{2'}=100$，$z_3=99$，求传动比 i_{H1} 的大小和方向。

解：由于齿轮 3 为固定轮，故按式（5-7）得

$$i_{1H}=1-i_{13}^{H}=1-\frac{z_2 z_3}{z_1 z_{2'}}=\frac{1}{10000}$$

即

$$i_{H1}=\frac{1}{i_{1H}}=10000$$

可知轮 1 与行星架 H 的转向相同。

从该例也可以看出，行星轮系可以实现大的传动比。

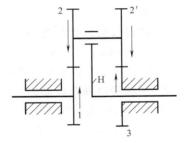

图 2-5-7 周转轮系

5.2.3 复合轮系传动比的计算

复合轮系是由定轴轮系和周转轮系或几个周转轮系组合而成的，既不能用定轴轮系的公式来计算传动比，也不能按周转轮系的公式来计算传动比，而需要按如下步骤计算。

1）正确划分轮系，把各个基本轮系正确划分开来。

2）分别写出各个基本轮系传动比的计算公式。

3）找出各基本轮系之间的联系。

4）联立各基本轮系传动比公式进行求解，得出所需的传动比或转速。

例 5-3 在图 2-5-3 所示的复合轮系中，已知各轮齿数为 $z_1=40$，$z_2=16$，$z_{2'}=20$，$z_{3'}=40$，$z_4=20$，各齿轮模数相等，且齿轮 1 与齿轮 $3'$ 轴线重合。$n_4=60\text{r/min}$，试求 n_1 的大小和相对 n_4 的方向。

解：1）由图 2-5-3 所示几何关系可得 $r_3=r_{2'}+r_2+r_1$，根据分度圆公式，$\frac{m z_3}{2}=\frac{m z_{2'}}{2}+\frac{m z_2}{2}+$

$\dfrac{mz_1}{2}$，故 $z_3 = z_{2'} + z_2 + z_1 = 20 + 16 + 40 = 76$。

2）由齿轮 3′、4 组成定轴轮系，可得

$$i_{65} = \frac{n_4}{n_{3'}} = -\frac{z_{3'}}{z_4}$$

解得 $\qquad\qquad\qquad\qquad n_{3'} = -30\text{r/min}$

3）由齿轮 1、2、2′、3 和行星架 H 组成定轴轮系，可得

$$i_{13}^{\text{H}} = \frac{n_1 - n_{\text{H}}}{n_3 - n_{\text{H}}} = -\frac{z_2 z_3}{z_1 z_{2'}}$$

代入数据得 $\qquad\qquad \dfrac{n_1 - n_{\text{H}}}{-n_{\text{H}}} = -\dfrac{z_2 z_3}{z_1 z_{2'}} = -1.52$

4）由 $n_{3'} = n_{\text{H}}$，可得 $n_1 = -75.6\text{r/min}$，可知其方向与 n_4 相反。

5.3　轮系的功能

轮系在机械中的应用十分广泛，大致可以归纳为以下几种情况。

1. 实现大传动比传动

单对齿轮传动受其结构尺寸所限，传动比一般不大于 8。当需要获得较大的传动比时，可采用轮系，如例 5-2 所示。当齿数选择合理时，可实现大传动比，且具有结构紧凑、体积小等特点。

2. 实现较远距离的传动

如图 2-5-8 所示，当传动距离比较远时，若仅用一对齿轮来传动，则齿轮尺寸就较大，结构不紧凑，占用空间大，且制造安装都不方便。若改用轮系传动，则可克服上述缺点。

3. 实现变速换向传动

在主动轴转速和转向不变的情况下，可利用轮系使输出轴获得多种转速或改变转向。汽车、机床、起重设备等多种机器设备都需要变速换向传动。

对于如图 2-5-9 所示的汽车变速器传动，其中轴 I 为动力输入轴，轴 II 为输出轴，不同的齿轮啮合组合可实现不同的转速和换向，具体如下：1→2→5→8 为第一档；1→2→4→3 为第二档；当离合器接合时，齿轮均脱开，为第三档；1→2→6→7→8 为倒退档；离合器脱开时为空档。

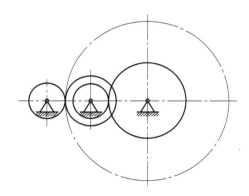

图 2-5-8　较远距离的两轴传动

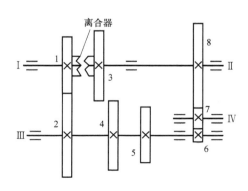

图 2-5-9　汽车变速器传动

4．实现分路传动

利用定轴轮系，可以使得一个输入轴同时带动若干个输出轴转动，以实现不同转速的分路传动，如图 2-5-10 所示，轮系将输入轴 I 的转动通过轮系传动，转变为轴 II 、轴 III 、轴 IV 的输出转动。

5．实现运动的合成与分解

差动轮系有两个自由度，当有 2 个输入、1 个输出时，两个独立的运动会被合成为一个运动；当有 1 个输入、2 个输出时，一个运动会被分解为两个独立的运动。因此，差动轮系可实现运动的合成与分解。

如图 2-5-11 所示的由锥齿轮所组成的差动轮系，当齿轮 1、3 的齿数相同时，可得

$$i_{13}^{H} = \frac{n_1^{H}}{n_3^{H}} = \frac{n_1 - n_H}{n_3 - n_H} = -\frac{z_3}{z_1} = -1$$

即

$$n_H = \frac{1}{2}(n_1 + n_3) \tag{5-8}$$

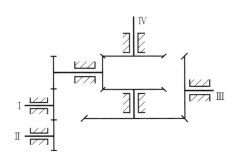

图 2-5-10　分路传动

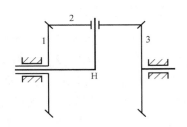

图 2-5-11　运动的合成与分解

式（5-8）表明：构件 1、3 的运动可以合成为构件 H 的运动，此时，该机构也称为加法机构；也可以将构件 H 作为输入构件，将其运动分解为构件 1、3 的运动。利用差动轮系的合成与分解传动广泛应用在机床、计算装置、补偿调整装置中。

6．实现大功率传动

在大功率传动时，可采用周转轮系中均匀分布多个行星轮的结构型式，如图 2-5-12 所示，使得多个行星轮共同分担载荷，又能使得轮 1 与轮 2 啮合处的径向力和轮 2 转动时所产生的离心惯性力各自得以平衡，改善受力状况。

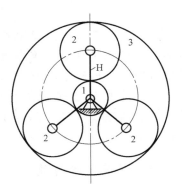

图 2-5-12　大功率传动

5.4　其他轮系简介

5.4.1　渐开线少齿差行星齿轮传动

如图 2-5-13 所示的行星轮系由太阳轮 1、行星轮 2 和行星架 H 组成。太阳轮是固定的，

行星架为主动件，行星轮为从动件，但由于行星轮既自转又公转，因此不能直接将行星轮的中心轴的运动作为输出，还需采用合适的输出机构来传递行星轮的运动。在该轮系中，若太阳轮 1 与行星轮 2 的齿数差为 1~4，则该传动称为少齿差行星齿轮传动。

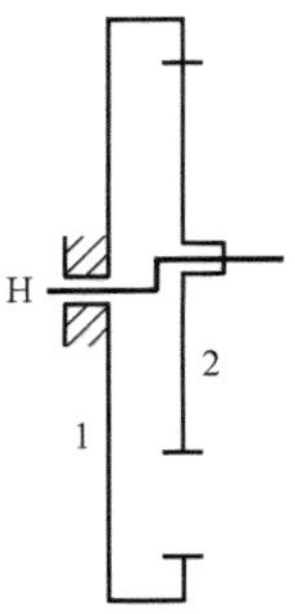

其传动比为

$$i_{12}^{H} = \frac{n_1 - n_H}{n_2 - n_H} = \frac{z_2}{z_1}$$

又 $n_1 = 0$，可得

$$i_{H2} = \frac{n_H}{n_2} = -\frac{z_2}{z_1 - z_2} \qquad (5-9)$$

图 2-5-13　少齿差行星轮系

式中　n_1、n_2、n_H——太阳轮 1、行星轮 2、行星架 H 的转速；

　　　　z_1、z_2——太阳轮 1、行星轮 2 的齿数。

式（5-9）表明，当齿数差 $z_1 - z_2$ 很小时，传动比 i_{H2} 很大。特殊地，当 $z_1 - z_2 = 1$ 时，称为一齿差行星齿轮传动，其传动比 $i_{H2} = -z_2$，负号表示其输入与输出的转向相反。少齿差行星齿轮机构只用很少的几个构件，便可实现较大的传动比。

5.4.2　摆线针轮传动

摆线针轮行星轮系的结构和工作原理与渐开线少齿差行星轮系基本相同，主要由太阳轮 1（针轮）、行星轮 2（摆线轮）、行星架及输出机构组成，如图 2-5-14 所示。其中，行星轮 2 采用摆线轮廓，也称为摆线轮；固定太阳轮 1 的轮齿为带套筒的圆柱销，也称为针轮，且针轮与摆线轮的齿数差为 1，故其传动比为

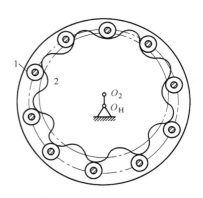

$$i_{H2} = -z_2$$

由于在工作时，摆线轮和针轮同时参与啮合的齿数多，因此该传动具有重合度大、承载能力强、传动平稳等特点，同时还具有传动比大、传动效率高等优点，但其主要缺点是加工精度要求较高、加工复杂等。这种传动机构常应用于军工、冶金、化工、造船等设备上。

图 2-5-14　摆线针轮行星轮系

5.4.3　谐波齿轮传动

谐波齿轮传动机构是建立在弹性变形理论基础上的一种传动机构，其结构组成如图 2-5-15 所示，主要由波发生器 H（相当于行星架 H）、刚轮 1（相当于太阳轮）、柔轮 2（相当于行星轮）组成。其中，刚轮 1 是一个刚性内齿轮，柔轮 2 是一个弹性外齿轮，其齿形与刚轮 1 齿形完全相同，但会比刚轮 1 少一个或几个齿。通常情况下，刚轮 1 固定，波发生器 H 为主动件，柔轮 2 为从动件。

当波发生器 H 装入柔轮 2 后，由于波发生器 H 上的滚轮外接圆直径比柔轮 2 的内圆孔直径略大，会迫使柔轮 2 从原始圆形变为椭圆形。柔轮 2 椭圆长轴两端附近的轮齿与刚轮 1

的轮齿完全啮合，而椭圆短轴两端附近的轮齿则与刚轮 1 的轮齿完全脱开。随着波发生器 H 的连续转动，柔轮上的长轴和短轴的位置也随之变化，从而使得柔轮 1 的轮齿依次与刚轮 2 的轮齿完成啮合→脱开→啮合的循环过程，从而实现啮合传动，完成运动和动力的传递。

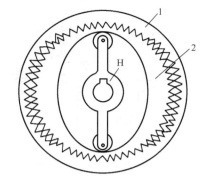

图 2-5-15　谐波齿轮传动结构组成

由于在传动过程中柔轮产生的弹性波形近似于谐波，故称之为谐波传动。柔轮与刚轮的啮合与行星齿轮传动类似，其传动比可按周转轮系的计算方法求得。当刚轮 1 固定时，可得

$$i_{H2} = \frac{\omega_H}{\omega_2} = -\frac{z_2}{z_1 - z_2}$$

谐波齿轮传动传动比大且变化范围宽；因啮合齿数多，故传动平稳，承载能力大；并且传动效率高，结构简单，体积小，因而适用范围很广。但其柔轮易发生疲劳损坏，需采用高弹性和热处理性能好的材料。

习　题

5-1　什么是轮系？其主要功用有哪些？

5-2　什么是定轴轮系和周转轮系？如何区分两者？

5-3　周转轮系可分为哪两种？其主要区别是什么？

5-4　传动比的正、负号表示什么意义？如何确定轮系的转向关系？

5-5　什么是惰轮？它有什么作用？

5-6　为什么要引入转化轮系？使用转化轮系传动比计算公式时应注意哪些问题？

5-7　在图 2-5-16 所示轮系中，已知各轮齿数为 $z_1 = 50$，$z_2 = 20$，$z_{2'} = 25$，$z_3 = 45$，$z_{3'} = 96$，$z_4 = 48$，$z_{4'} = 30$，$z_5 = 20$，$n_1 = 120 \mathrm{r/min}$，转向如图所示，试求 n_5 的大小，并在图中标出齿轮 5 的转向。

5-8　在图 2-5-17 所示轮系中，已知各轮齿数为 $z_1 = 30$，$z_2 = 20$，$z_{2'} = 40$，$z_3 = 50$，蜗轮 $z_{3'} = 100$，蜗杆 $z_4 = 1$，右旋。$n_1 = 100 \mathrm{r/min}$，方向如图所示，试求 n_4 的大小和方向。

5-9　在图 2-5-18 所示轮系中，已知各轮齿数为 $z_1 = 15$，$z_2 = 20$，$z_{2'} = z_{3'} = z_4 = 30$，$z_3 = 40$，$z_5 = 90$，试求传动比 i_{1H}，并说明Ⅰ、Ⅱ轴的转向是否相同？

5-10　在图 2-5-19 所示轮系中，已知各轮齿数为 $z_1 = 1$（右旋蜗杆），$z_2 = 40$，$z_{2'} = 24$，$z_3 = 72$，$z_{3'} = 18$，$z_4 = 114$。试求轮系的传动比 i_{1H}，并在图中标出行星架 H 的转向。

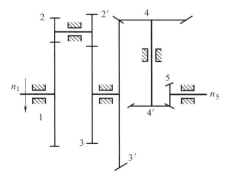

图 2-5-16　题 5-7 图

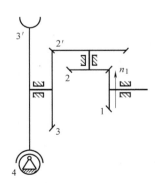

图 2-5-17　题 5-8 图

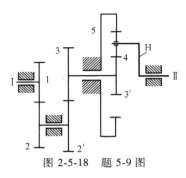

图 2-5-18　题 5-9 图

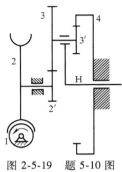

图 2-5-19　题 5-10 图

第 **6** 章

螺纹与螺旋传动

6.1 螺纹的基本概念

6.1.1 螺纹的形成

将一直角三角形绕在直径为 d_2 的圆柱表面上，使三角形底边 ab 与圆柱体底面圆周重合，则三角形的斜边在圆柱体表面形成一条螺旋线。若取一个平面图形（如三角形、梯形或矩形等），使其平面始终通过圆柱体的轴线并沿着螺旋线运动，则该平面图形在空间形成一个螺旋形体，称为螺纹；该平面图形称为螺纹的牙型，如图 2-6-1 所示。根据螺旋线的绕行方向，螺纹可分为左旋螺纹和右旋螺纹；按螺旋线的数目，可分为单线螺纹和多线螺纹。

常用螺纹的类型主要有普通螺纹、管螺纹、矩形螺纹、梯形螺纹和锯齿形螺纹。其中，前两种主要用于连接，后三种主要用于传动。

6.1.2 螺纹的主要参数

如图 2-6-1 和图 2-6-2 所示，普通螺纹有如下主要参数。

（1）大径 d　螺纹的最大直径，也称为公称直径。

（2）小径 d_1　螺纹的最小直径，一般作为强度计算中螺杆危险截面的计算直径。

（3）中径 d_2　螺纹轴向截面上其牙厚与牙间宽相等处的直径。

（4）螺距 P　相邻两个牙型上对应点间的轴向距离。

（5）螺纹线数 n　螺纹螺旋线的数目，一般 $n \leqslant 4$。

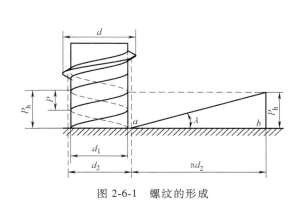

图 2-6-1　螺纹的形成

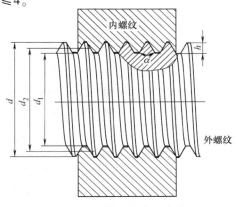

图 2-6-2　螺纹的主要参数

（6）导程 P_h　螺纹上任一点沿同一条螺旋线转一周所移动的轴向位移，$P_h = nP$。

（7）螺纹升角 λ　在中径圆柱面上，螺旋线的切线与垂直于螺纹轴线平面间的夹角，如图 2-6-1 所示的角度 λ，即

$$\lambda = \arctan \frac{P_h}{\pi d_2}$$

（8）牙型角 α　螺纹轴向截面内，螺纹牙型两侧边间的夹角。

（9）牙型高度 h　螺纹牙型的径向高度。

6.2　螺旋传动

6.2.1　工作原理与类型

螺旋传动机构是由螺杆、螺母及机架组成的，主要是利用螺杆与螺母的相对运动，将旋转运动转变为直线运动，以实现测量、调整及传递运动等功能。螺杆与螺母的相对运动关系式为

$$l = \frac{P_h}{2\pi} \varphi \tag{6-1}$$

式中　l——螺杆与螺母的相对位移；

　　　P_h——螺纹导程；

　　　φ——螺杆和螺母间的相对转角（rad）。

螺旋传动按其用途可分为传动螺旋传动、传力螺旋传动及调整螺旋传动三种类型。

（1）传动（传导）螺旋传动　以精确传递相对运动或相对位移为主，常见于机床进给机构、分度机构或测量仪器，如千分尺等。因其传动误差直接影响机构的工作精度，故要求传动螺旋传动机构具有传动精度高、空回误差小，以及耐磨性好等特点。

（2）传力螺旋传动　以传递动力为主，如螺旋压力机、螺旋千斤顶等。传力螺旋传动机构需要承受较大的载荷，因此要有足够的强度，而传动精度要求不高。

（3）调整螺旋传动　通常用于调整或固定零部件之间的相对位置，一般不经常转动。常用作机床、仪器及测试装置中的微调机构。

按照螺旋副的摩擦性质，螺旋传动可分为滑动螺旋传动和滚动螺旋传动。

6.2.2　滑动螺旋传动

1. 主要形式和应用

（1）差动螺旋传动　由两个螺旋副组成的使可动螺母与螺杆产生差动的螺旋传动称为差动螺旋传动，其原理如图 2-6-3 所示。

若螺杆 3 左、右段螺纹旋向相同，当螺杆转动 φ 时，可动螺母 2 实际移动的位移为

$$l = \frac{\varphi}{2\pi}(P_{h1} - P_{h2}) \tag{6-2}$$

式中　P_{h1}、P_{h2}——左、右段螺纹导程。

由此可见，若两段螺纹的导程 P_{h1} 和 P_{h2} 相差很小，则即使螺杆转动较大的角度 φ，可动螺母的位移 l 仍可以很小。因此，该差动螺旋可以实现微调的目的，常用于各种测微、分

度机构及精密机床的微动装置中。

若螺杆 3 左、右段螺纹旋向相反，则当螺杆转动 φ 时，可动螺母 2 实际移动的位移为

$$l=\frac{\varphi}{2\pi}\left(P_{h1}+P_{h2}\right) \qquad (6\text{-}3)$$

可见，可动螺母能获得较大位移，实现快速移动。因此，这种差动螺旋传动常用于快速夹紧的夹具或锁紧机构中，如在采用螺旋传动的轨道车辆自动门系统中实现门扇的开启与关闭。

（2）螺杆原位转动，螺母做直线移动　如图 2-6-4a 所示，该机构的刚度较大，结构紧凑，适用于大行程的精密进给机构，如机床工作台的移动机构。

（3）螺母原位转动，螺杆做直线移动　如图 2-6-4b 所示，这种机构的轴向尺寸取决于螺母厚度和行程的长度，其所占空间较大，精度较低，结构比较复杂，适用于仪器和设备中的调节机构。

（4）螺母不动、螺杆转动并做直线运动　如图 2-6-4c 所示，这种机构结构比较简单，但轴向尺寸较大，刚性较差，一般适用于短行程的微动机构中，如台虎钳。

（5）螺杆固定、螺母转动并做直线运动　如图 2-6-4d 所示，这种机构所需轴向尺寸较小，但难以实现连续传动，精度低，仅用于仪器和设备中的间隙调整和锁紧结构，如螺旋千斤顶。

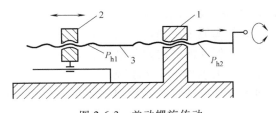

图 2-6-3　差动螺旋传动

1—固定螺母　2—可动螺母　3—螺杆

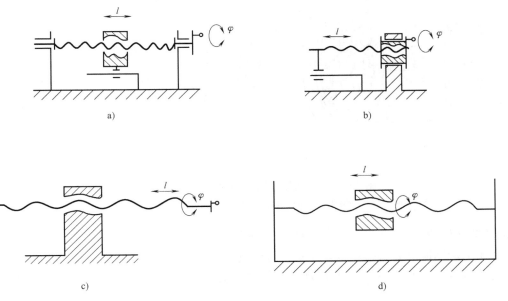

a)

b)

c)

d)

图 2-6-4　滑动螺旋传动的应用形式

2. 滑动螺旋传动的特点

滑动螺旋传动的特点如下：结构简单、便于制造，降速传动比大，传动精度高，工作平稳；当输入一个较小的转矩时，从动件上能得到较大的轴向力，具有增力作用；当螺纹升角小于摩擦角时，具有自锁作用；但是因螺旋工作面的摩擦为滑动摩擦，摩擦力大，故其传动效率低（一般为30%~40%），磨损快，不适用于高速和大功率传动。

6.2.3 滚动螺旋传动

由于滑动螺旋传动存在自身缺点而不能满足现代机械的精密传动要求，因此，现代机械中多采用滚动螺旋传动（也称为滚珠螺旋传动或滚珠丝杠传动）。滚动螺旋传动由螺杆、螺母、滚珠和滚珠循环返回装置组成，如图2-6-5所示。其工作原理是在螺杆与螺母的螺纹滚道间装有滚动体，当螺杆或螺母转动时，滚动体在螺纹滚道内滚动，并通过滚珠循环返回装置的通道形成封闭循环，从而将滑动摩擦变为滚动摩擦，提高传动效率和传动精度。

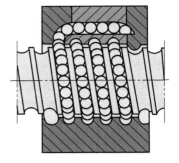

图2-6-5 滚动螺旋传动组成

滚动螺旋机构按其滚动体循环方式的不同，分为内循环和外循环两种形式。所谓内循环是指滚珠在循环过程中始终与螺杆接触，如图2-6-6a所示，其原理是将反向器（返回通道）装在螺母上的侧孔内，使得相邻的滚道连通，滚珠越过螺纹顶部进入相邻滚道，形成封闭循环回路。内循环的回路短（一个循环回路就一圈）、滚珠少，故而流畅性好、效率高；但反向器的回珠槽具有空间曲面，加工较复杂。

所谓外循环是指滚珠在回程时与螺杆脱离接触的循环，如图2-6-6b所示。外循环螺母只需前、后各设置一个反向器。外循环具有结构简单、加工方便等特点；但回路路径较长，容易卡住。

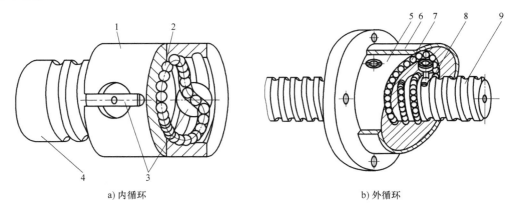

a) 内循环　　　　　　　　　　　　b) 外循环

图2-6-6 滚动螺旋传动的两种循环方式

1、5—螺母 2、7—滚珠 3—反向器 4、9—螺杆 6—套筒 8—挡珠器

与滑动螺旋传动相比，滚动螺旋传动具有以下特点。

1）由于为滚动摩擦，磨损小且寿命长，传动效率高（高达90%以上），且传动精度高。

2）传动具有可逆性，可将直线运动变为旋转运动；但不具有自锁性，常需附加自锁装置。

3）结构复杂，加工复杂，成本较高。

因此，滚动螺旋传动多用于对传动精度要求较高的场合，如数控机器的进给机构、自动控制装置、升降机构和精密测量仪器等。

习　　题

6-1　螺纹的主要参数有哪些？

6-2　螺距与导程有何区别？两者有何关系？

6-3　滑动螺旋传动的主要优、缺点各是什么？主要应用形式有哪几种？并举出应用实例。

6-4　什么是差动螺旋传动？

6-5　滚动螺旋传动的主要特点是什么？

6-6　滚动螺旋传动的循环方式有哪几种？各有什么特点？

第 **7** 章

带传动与链传动

7.1 带传动机构

7.1.1 带传动的类型、特点与几何参数

1. 带传动的类型

带传动是一种以带作为中间挠性件来传递运动和动力的一种摩擦或啮合传动。一般情况下，带传动由主动轮 1、从动轮 2 和张紧在带轮上的环形带 3 组成，如图 2-7-1 所示。当主动轮 1 转动时，依靠带轮与传动带间的摩擦或啮合作用，将运动和动力通过环形带 3 传递给从动轮 2。

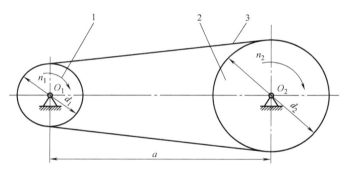

图 2-7-1 带传动示意图

1—主动轮　2—从动轮　3—环形带

带传动根据其传动原理的不同可分为摩擦带传动和啮合带传动。其中，摩擦带传动根据带截面形状的不同，又可分为平带传动、V 带传动、多楔带传动和圆带传动，如图 2-7-2a～d 所示；啮合带传动仅有同步带传动一种，如图 2-7-2e 所示。

（1）**平带传动**　平带的横截面为扁平矩形，如图 2-7-2a 所示，其工作面为与轮面相接触的内表面。平带传动结构简单，带轮加工方便，一般适用于中心距较大的应用场合。

（2）**V 带传动**　V 带的横截面为等腰梯形，如图 2-7-2b 所示，其工作面是与带轮 V 形槽相接触的两侧面，V 带底面与 V 形槽底不接触。由于轮槽的楔形效应，在张紧力相同时，V 带传动较平带传动能产生更大的摩擦力，因此也具有更大的牵引能力和承载能力。V 带传动结构紧凑，且其传动带无接头，所以传动较平稳，是应用最广泛的带传动。

（3）**多楔带传动**　多楔带的横截面为多楔形，如图 2-7-2c 所示，是在平带基体下附有

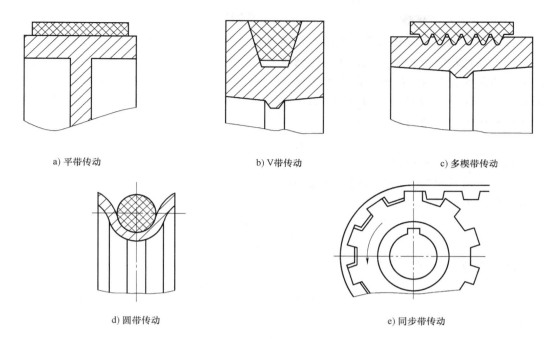

a) 平带传动　　　　　　　　b) V带传动　　　　　　　　c) 多楔带传动

d) 圆带传动　　　　　　　　　　　e) 同步带传动

图 2-7-2　带传动的类型

若干纵向三角形楔的环形带，其工作面是楔形侧面。多楔带传动兼有平带传动弯曲应力小、柔韧性好和 V 带传动摩擦力大等优点，主要用于传递大功率而要求结构紧凑的应用场合。

（4）圆带传动　圆带的横截面为圆形，如图 2-7-2d 所示，圆带有圆皮带、圆绳带、圆锦纶带等类型。因为圆带的牵引能力小，所以常用于仪器和家用器械等需要低速、小功率的场合。

（5）同步带传动　同步带传动是一种啮合传动，是利用带与带轮轮齿的啮合进行传动的，如图 2-7-2e 所示。它具有传动比恒定、无滑动，且带的柔韧性好，带轮直径可较小等优点，因而广泛用于高速设备中，如数控机床、机器人、汽车行业等。

2. 带传动的优缺点

与其他传动形式相比，带传动具有以下几个优点。

1）结构简单，容易加工制造，成本低。

2）工作时传动较平稳，噪声小。

3）具有过载保护等作用。这是由于过载时，带轮和带间会出现相对滑动，能防止其他零件因过载而损坏。

同时，带传动也存在如下缺点。

1）传动精度较低，传动比不恒定，这是由于工作时带与带轮之间存在弹性滑动。

2）传动转矩较小。

3）传动件工作表面磨损较快，寿命短；另外，摩擦会产生火花，不能用于易燃、易爆的场合。

4）传动效率较低，平带传动一般为 0.95，V 带传动一般为 0.92。

因此，带传动一般适用于两轴中心距较大，传动精度要求不高的场合，其中以 V 带传动应用最广。

3. 带传动的几何参数

带传动的几何关系如图 2-7-3 所示，带传动的主要几何参数有大、小带轮直径，中心距，带长度和包角等。其中，主、从动轮轴线之间的距离称为中心距 a；带与带轮接触弧所对的中心角称为包角 α，包角是带传动中的一个重要参数，相同条件下，包角越大，带的摩擦力和能传递的功率也越大。设 d_1 和 d_2 分别表示小带轮和大带轮的直径，L 表示带的长度，则小带轮上的包角为

$$\alpha_1 = \pi - 2\theta \tag{7-1}$$

式中　α_1——小带轮的包角；

　　　θ——两带轮的公切线与连心线之间的夹角。

因 θ 角较小，所以有

$$\theta \approx \sin\theta = \frac{d_2 - d_1}{2a} \tag{7-2}$$

将式（7-2）代入式（7-1）得

$$\alpha_1 = \pi - \frac{d_2 - d_1}{a} \tag{7-3}$$

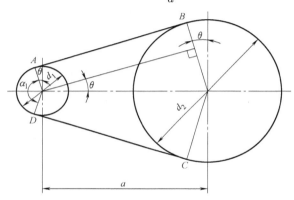

图 2-7-3　带传动的几何关系

根据几何关系，可得带长

$$L = 2\overline{AB} + \overset{\frown}{BC} + \overset{\frown}{AD} = 2a\cos\theta + \frac{\pi(d_1 + d_2)}{2} + \theta(d_2 - d_1) \tag{7-4}$$

将 $\cos\theta = \sqrt{1 - \sin^2\theta} \approx 1 - \frac{1}{2}\theta^2$ 及式（7-2）代入式（7-4），可得

$$L \approx 2a + \frac{\pi}{2}(d_1 + d_2) + \frac{(d_2 - d_1)^2}{4a} \tag{7-5}$$

当带长已知时，由式（7-5）可得中心距

$$a \approx \frac{2L - \pi(d_1 + d_2) + \sqrt{[2L - \pi(d_1 + d_2)]^2 - 8(d_2 - d_1)^2}}{8} \tag{7-6}$$

7.1.2　带传动的受力分析与应力分析

1. 带传动的受力分析

当带传动尚未工作时，如图 2-7-4a 所示，带以一定的预紧力 $\boldsymbol{F}_0$ 紧套在两个带轮上。由

于 F_0 的作用，带与带轮的接触面上产生正压力。当带静止时，带两边的拉力相等，都等于 F_0。

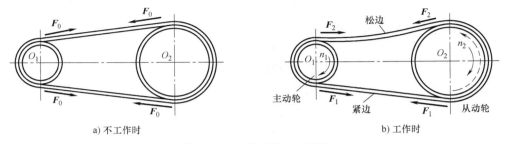

图 2-7-4　带传动的受力情况

当带传动工作时，如图 2-7-4b 所示，由于带与轮面间摩擦力的作用，带两边的拉力不再相等。即将绕进主动轮的一边，拉力由 F_0 增大到 F_1，此边称为紧边；而另一侧，带与带轮即将分离的一边，带的拉力由 F_0 减小为 F_2，此边称为松边。设环形带的总长度不变，则紧边拉力的增加量 $F_1 - F_0$ 和松边拉力的减少量 $F_0 - F_2$ 相等，即

$$F_0 = \frac{1}{2}(F_1 + F_2) \tag{7-7}$$

两边拉力之差称为带传动的有效拉力（总摩擦力），也就是带所传递的圆周力 F，即

$$F = F_1 - F_2 \tag{7-8}$$

圆周力 F、带速 v 和传递功率 P 之间的关系为

$$P = \frac{Fv}{1000} \tag{7-9}$$

式中　v——带速（m/s）；

　　　P——带的传递功率（kW）。

若带所传递的圆周力超过带与带轮面间的极限摩擦力总和，则带与带轮之间将发生显著的相对滑动，这种现象称为打滑。出现打滑现象后，带的磨损将加剧，传动效率会降低，导致传动失效。因此，应该避免出现打滑现象。

以平带传动为例，分析带在即将打滑时紧边拉力 F_1 与松边拉力 F_2 的关系。如图 2-7-5 所示，在平带上截取一微弧段 $\mathrm{d}l$，其对应的包角为 $\mathrm{d}\alpha$，则法向和切向各力的平衡方程分别为

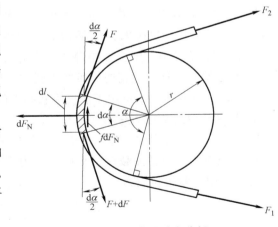

图 2-7-5　带的受力分析

$$\mathrm{d}F_N = F\sin\frac{\mathrm{d}\alpha}{2} + (F + \mathrm{d}F)\sin\frac{\mathrm{d}\alpha}{2} \tag{7-10}$$

$$f\mathrm{d}F_N = (F + \mathrm{d}F)\cos\frac{\mathrm{d}\alpha}{2} - F\cos\frac{\mathrm{d}\alpha}{2} \tag{7-11}$$

式中　F、$F + \mathrm{d}F$——微弧段两端的拉力；

　　　$\mathrm{d}F_N$——带轮给微弧段的正压力；

$f \mathrm{d} F_\mathrm{N}$——带与带轮面间的极限摩擦力。

若不考虑带的离心力，因 $\mathrm{d}\alpha$ 很小，故可做近似：$\sin\dfrac{\mathrm{d}\alpha}{2} = \dfrac{\mathrm{d}\alpha}{2}$，$\cos\dfrac{\mathrm{d}\alpha}{2} = 1$，进而将式（7-10）、式（7-11）化简，并忽略两个微元相乘的项，得

$$\mathrm{d} F_\mathrm{N} = F \mathrm{d}\alpha$$
$$f \mathrm{d} F_\mathrm{N} = \mathrm{d} F$$

由此得

$$\frac{\mathrm{d} F}{F} = f \mathrm{d}\alpha$$

$$\int_{F_2}^{F_1} \frac{\mathrm{d} F}{F} = \int_0^\alpha f \mathrm{d}\alpha$$

$$\ln \frac{F_1}{F_2} = f\alpha$$

故紧边和松边的拉力比为

$$\frac{F_1}{F_2} = e^{f\alpha} \qquad\qquad (7\text{-}12)$$

式中 f——带与带轮面间的摩擦因数。

式（7-12）是柔韧体摩擦的基本公式（欧拉公式），反映了摩擦力达到最大时紧边拉力和松边拉力的关系。联立求解式（7-7）、式（7-8）和式（7-12）可得最大有效圆周力 F，即为最大有效拉力、临界摩擦力或极限摩擦力，得

$$F = F_1 - F_2 = F_1 \left(1 - \frac{1}{e^{f\alpha}}\right) = 2 F_0 \frac{e^{f\alpha} - 1}{e^{f\alpha} + 1} \qquad\qquad (7\text{-}13)$$

由式（7-13）可知，带传动所能传递的最大有效圆周力的大小取决于张紧力 F_0、包角 α 和摩擦因数 f。其中，包角是带传动中的一个重要参数，相同条件下，包角越大，带的摩擦力和能传递的功率也越大。F_0 若过大，则会导致带的磨损加剧，加快松弛，降低带的寿命；反之，F_0 若过小，则会影响带的工作能力，导致易打滑。因此，应合理设置初始张紧力 F_0。当已知带传递的载荷时，可根据式（7-13）确定应保证的最小初始张紧力 F_0。同时也要注意，式（7-13）不可用于非极限状态下的受力计算。

2. 带传动中的带应力分析

在带传动工作过程中，带上的应力由拉应力、离心拉应力、弯曲应力三部分组成。

（1）**拉应力** 由传递载荷过程中的拉力产生的拉应力，在紧边和松边上的拉应力是不相等的，其中，紧边拉应力

$$\sigma_1 = \frac{F_1}{A}$$

松边拉应力

$$\sigma_2 = \frac{F_2}{A}$$

式中 A——带的横截面面积。

（2）**离心拉应力** 在带传动过程中，带沿轮缘做圆周运动时，因受离心力的作用而在其中产生离心拉应力。如图 2-7-6 所示，当带绕过带轮时，在微弧段 $\mathrm{d}l$ 上产生的离心力为

$$dF_{Nc} = (r\,d\alpha)\,q\,\frac{v^2}{r} = qv^2\,d\alpha \tag{7-14}$$

式中　q——带的线质量（单位长度内的质量）；

　　　r——带轮的半径。

设离心力在该微弧段两边引起拉力 F_c，由微弧段上各力的平衡得

$$2F_c\sin\frac{d\alpha}{2} = qv^2\,d\alpha \tag{7-15}$$

做 $\sin\dfrac{d\alpha}{2} = \dfrac{d\alpha}{2}$ 近似，得

$$F_c = qv^2 \tag{7-16}$$

离心力虽只发生在带做圆周运动的部分，但由此引起的拉力却作用于带的全部范围上，故离心拉应力为

$$\sigma_c = \frac{F_c}{A} = \frac{qv^2}{A} \tag{7-17}$$

（3）**弯曲应力**　带绕在带轮上时，因弯曲而产生弯曲应力。V 带中的弯曲应力如图 2-7-7 所示。由材料力学公式可知，带的弯曲应力为

$$\sigma_b = \frac{2yE}{d} \tag{7-18}$$

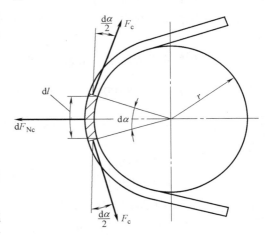

图 2-7-6　带的离心力

式中　y——带的节线到最外层的垂直距离；

　　　E——带的弹性模量；

　　　d——带轮的基准圆直径。

显然，因两轮直径不相等，带在两轮上的弯曲应力也不相等。

图 2-7-8 所示为带的应力分布情况，各截面应力的大小用从该处引出的径向线（或垂直于带的线）的长短来表示。由图可知，带在工作时，最大应力发生在紧边与小带轮的接触处，其值为

$$\sigma_{max} = \sigma_1 + \sigma_c + \sigma_{b1} \tag{7-19}$$

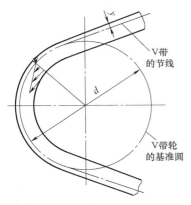

图 2-7-7　V 带中的弯曲应力

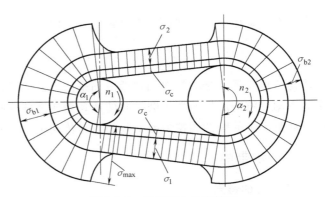

图 2-7-8　带的应力分布情况

7.1.3　带传动的弹性滑动和打滑

带具有很好的柔韧性，但在带传动工作时，带受到拉力后会产生弹性变形，且由于紧边和松边的拉力不同，因而弹性变形程度也不同。

当紧边在点 A_1 处绕进主动轮时，如图 2-7-9 所示，其所受的拉力为 F_1，此时带的线速度 v 和主动轮的圆周速度 v_1 相等。在带由点 A_1 转到点 B_1 的过程中，带所受的拉力由 F_1 逐渐降低到 F_2，带的弹性变形也随之逐渐减小，因而带沿主动轮的运动是一面绕进、一面向后收缩的运动，导致带的速度逐渐低于主动轮的圆周速度 v_1。这说明带在绕进主动轮的过程中，带与主动轮缘之间发生了相对滑动。

同样，相对滑动现象也发生在从动轮上，但情况恰恰相反。当带绕过从动轮时，拉力由 F_2 逐渐增大到 F_1，弹性变形随之逐渐增加，因而带沿从动轮的运动是一面绕进、一面向前伸长的运动，所以带的速度便逐渐高于从动轮的圆周速度 v_2，即带与从动轮之间也发生了相对滑动。这种由带的弹性变形而引起的带与带轮间的微量滑动，称为带的弹性滑动。这是带传动在正常工作时固有的特性。

由于弹性滑动的存在，从动轮的圆周速度低于主动轮的圆周速度，即

$$v_1 > v > v_2$$

其降低程度可用滑动率 ε 来表示，即

$$\varepsilon = \frac{v_1 - v_2}{v_1} \times 100\% \qquad （7\text{-}20a）$$

或者

$$v_2 = (1 - \varepsilon)v_1 \qquad （7\text{-}20b）$$

其中

$$\left. \begin{array}{l} v_1 = \pi d_1 n_1 \\ v_2 = \pi d_2 n_2 \end{array} \right\} \qquad （7\text{-}21）$$

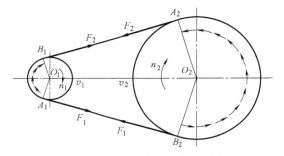

图 2-7-9　带的弹性滑动示意图

式中　n_1、n_2——主动轮和从动轮的转速。

将式（7-21）代入式（7-20b），可得

$$d_2 n_2 = (1 - \varepsilon)d_1 n_1$$

因而带传动的实际平均传动比为

$$i = \frac{n_1}{n_2} = \frac{d_2}{d_1(1 - \varepsilon)} \qquad （7\text{-}22）$$

在一般传动中，滑动率并不大（$\varepsilon \approx 1\% \sim 2\%$），故可不予考虑，可取传动比

$$i = \frac{n_1}{n_2} \approx \frac{d_2}{d_1} \qquad （7\text{-}23）$$

值得注意的是，带的打滑和弹性滑动是两个截然不同的概念。带的打滑是指由过载引起的全面滑动，将造成带的严重磨损并使从动轮转速急速降低，导致传动失效，应当避免。而弹性滑动是由带的弹性和拉力差引起的，是传动中不可避免的现象。

7.1.4　同步带的简介

1. 同步带的特点

同步带传动是结合了带传动和齿轮传动优点的一种新型带传动，如图 2-7-10 所示。同

步带以钢丝绳为强力层，外面用氯丁橡胶或聚氨酯包覆，如图 2-7-11 所示。带的工作面压制成齿形，与齿形带轮做啮合传动。由于钢丝绳在承受负载后仍能使同步带的节距保持不变，故带与带轮之间无相对滑动，因此主动轮和从动轮能做同步传动，从而保证其传动比恒定，传动精度高。同步带正是由于其独有的特点，且能满足多种传动要求，因此在现代机械中被广泛使用。

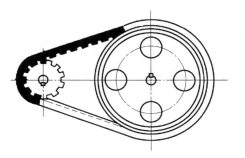

图 2-7-10　同步带传动

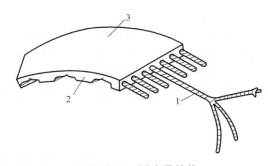

图 2-7-11　同步带结构

1—钢丝绳　2—带齿　3—带背

2. 同步带的尺寸参数

同步带的主要参数是节距 p_b，如图 2-7-12a 所示，它是指在规定的张紧力下，同步带纵向截面上相邻两齿中心线在节线上的距离。而节线是指当同步带垂直其底边弯曲时，在带中保持长度不变的周线，通常位于承载层的中线上。节线长度 L_p 为公称长度。

3. 同步带的类型

同步带按其带齿的形状可分为梯形齿同步带和圆弧齿同步带。其中，梯形齿同步带又分为单面同步带（简称单面带）和双面同步带（简称双面带）两种，仪器中常用前一种。同步带按节距不同分为最轻型（MXL）、超轻型（XXL）、特轻型（XL）、轻型（L）、重型（H）、特重型（XH）、超重型（XXH）七种。

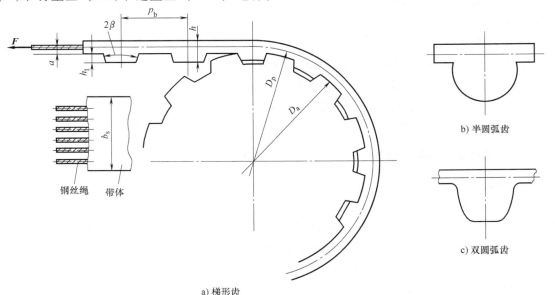

a) 梯形齿

b) 半圆弧齿

c) 双圆弧齿

图 2-7-12　同步带的尺寸参数

7.2　链传动机构

7.2.1　链传动的类型和特点

1．组成与类型

链传动是以链条为中间挠性件，靠链条与链轮轮齿的啮合来传递运动和动力的。其基本组成有：装在平行轴上的链轮 1、2 和跨绕在两链轮上的环形链条 3，如图 2-7-13 所示。

按照链条的结构不同，链条主要有滚子链和齿形链两种，如图 2-7-14 所示。齿形链相较于滚子链具有传动平稳、冲击小、噪声低等优点；但其结构复杂，价格较高。因此，齿形链的应用不如滚子链广泛。

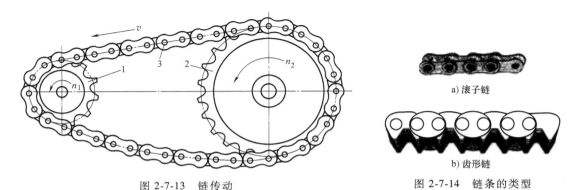

图 2-7-13　链传动
1—主动链轮　2—从动链轮　3—环形链条

图 2-7-14　链条的类型

a) 滚子链

b) 齿形链

2．主要特点

（1）优点　与齿轮传动相比，链传动的制造和安装精度要求较低，结构简单，成本较低；与带传动相比，链传动没有弹性滑动和打滑，其平均传动比 $i = n_1/n_2 = z_2/z_1$ 为常数；需要的张紧力小，作用在轴上的压力也小，可减少传动中的磨损；能在温度较高、有油污等恶劣环境条件下工作。

（2）缺点　链条绕在链轮上呈多边形，链传动工作时，其瞬时链速和瞬时传动比不是常数，传动平稳性较差，且有一定的冲击和噪声。

因此，链传动广泛应用于工作速度不高、载荷较大及工作环境恶劣的矿山机械、农业机械、石油机械及运输机械中。

7.2.2　链条与链轮的结构

1．链条

滚子链的结构如图 2-7-15 所示，它由内链板 1、外链板 2、销轴 3、套筒 4 和滚子 5 组成。其中，内链板 1 与套筒 4、外链板 2 与销轴 3 分别采用过盈配合固连在一起，内、外链节就构成一个铰链。为减轻啮合时链条与链轮轮齿的磨损，套筒 4 与滚子 5 之间为间隙配合。

滚子链相邻两滚子中心的距离称为链节距，用 p 表示，它是链条的主要参数。节距 p 越大，链条的承载能力也越大。

滚子链可以制成单排链（图 2-7-15）和多排链，如双排链（图 2-7-16）或三排链。

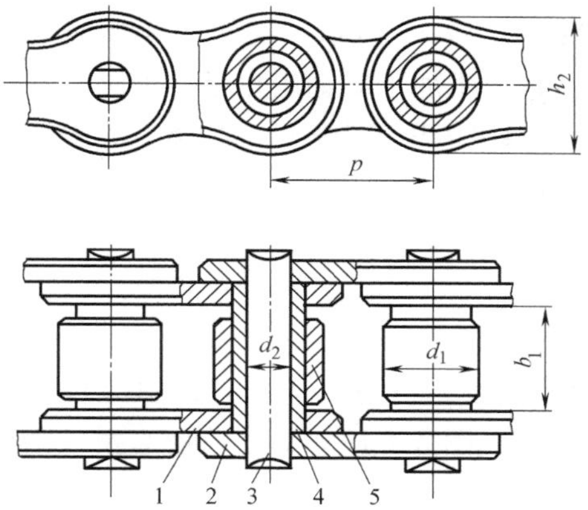

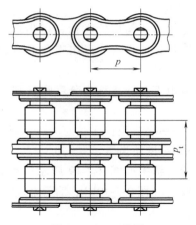

图 2-7-15　滚子链的结构

图 2-7-16　双排链

1—内链板　2—外链板　3—销轴　4—套筒　5—滚子

　　滚子链已标准化，分为 A、B 两个系列，由专业厂生产。常用的是 A 系列，表 2-7-1 列出了几种 A 系列滚子链的主要参数。

　　链条的长度以链节数 L_p 来表示。链节数 L_p 最好取偶数，以便链条连成环形时正好是内、外链板相接，接头处可用开口销或弹簧夹锁紧（图 2-7-17a、b）；若链节数必须采用奇数，则需要采用过渡链节（图 2-7-17c），但强度较差，应尽量避免使用。

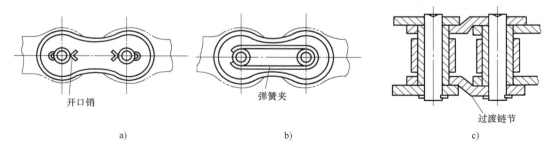

开口销

弹簧夹

过渡链节

a)　　　　　　　　　　　　b)　　　　　　　　　　　　c)

图 2-7-17　滚子链的接头形式

表 2-7-1　A 系列滚子链的主要参数

链号	节距 p /mm	排距 p_t /mm	滚子直径 d_1/mm max	内链节宽度 b_1/mm min	销轴直径 d_2/mm max	链板高度 h_2/mm max	极限载荷（单排）Q/N min	线质量（单排）q/(kg/m)
08A	12.7	14.38	7.92	7.85	3.98	12.07	13900	0.65
10A	15.875	18.11	10.16	9.40	5.09	15.09	21800	1.00
12A	19.05	22.78	11.91	12.57	5.96	18.10	31300	1.50
16A	25.4	29.29	15.88	15.75	7.94	24.13	55600	2.60
20A	31.75	35.76	19.05	18.90	9.54	30.17	87000	3.80
24A	38.10	45.44	22.23	25.22	11.11	36.20	125000	5.60
28A	44.45	48.87	25.40	28.22	12.71	42.23	170000	7.50
32A	50.8	58.55	28.58	31.55	14.29	48.26	223000	10.10
40A	63.5	71.55	39.68	37.85	19.85	60.33	347000	16.10
48A	76.2	87.83	47.63	47.35	23.81	72.39	500000	22.60

2. 链轮

链轮的形状与齿轮类似，但齿形不同，其形状如图 2-7-18 所示。链轮的齿形应能保证链条平稳自如地进入和退出啮合，啮合时接触良好，且便于加工。链轮也已标准化，常用的齿形为"三圆弧一直线"齿形，齿形的参数与尺寸可参见 GB/T 10855—2016。其中，链轮上被链节距等分的圆称为分度圆（图 2-7-18），分度圆直径 d 为

$$d = p/\sin(180°/z) \tag{7-24}$$

式中 p——链节距；

　　　　z——链轮齿数。

链轮的结构如图 2-7-19 所示。小直径链轮可制成实心式（图 2-7-19a）；中等直径的可制成孔板式（图 2-7-19b）；直径较大的可设计成组合式（图 2-7-19c），若轮齿磨损，则可更换齿圈。

链轮轮齿应具有足够的接触强度和耐磨性，齿面多经热处理。小链轮啮合次数比大链轮多，所用的材料应优于大链轮。常用的链轮材料有碳素钢（如 Q235、45、ZG310-570 等）、灰铸铁（如 HT200）等。重要的链轮可采用合金钢。

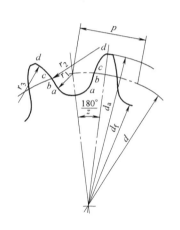

图 2-7-18　链轮的形状

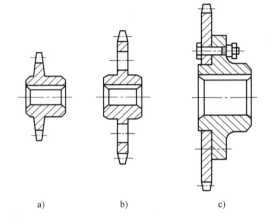

图 2-7-19　链轮的结构

习　　题

7-1　带传动有哪些类型？各有什么特点？

7-2　与其他传动形式相比，带传动有哪些优缺点？

7-3　带传动工作时，横截面内产生哪几种应力？应力沿全长如何分布？最大应力在何处？

7-4　带的弹性滑动是如何产生的？它与打滑有什么区别？它们对带传动各有什么影响？

7-5　链传动的工作原理是什么？它适用于什么场合？

7-6　与齿轮传动相比，链传动有哪些优缺点？

7-7　与带传动相比，链传动有哪些优缺点？

7-8　滚子链由哪些零件组成？各零件之间采用什么配合？

第 **8** 章

其他传动机构

在机械中，特别是在各种自动和半自动机械中，常常需要某些构件实现时动时停的间歇运动。将主动件的连续运动转换为从动件的周期性间歇运动的机构称为间歇运动机构，如棘轮传动机构、槽轮传动机构、不完全齿轮传动机构和万向联轴器等。

8.1 棘轮传动机构

8.1.1 组成及工作原理

棘轮机构主要由摇杆、棘轮、棘爪、止动棘爪和机架组成，如图 2-8-1 所示。其中，主动件摇杆 1 空套在与棘轮 3 固连的棘轮轴上（输出轴），可绕棘轮轴自由摆动。当主动件摇杆 1 沿逆时针方向摆动时，摇杆 1 上的棘爪 2 便插入棘轮齿槽中，推动棘轮同向转过一定角度，此时，止动棘爪在齿背上滑动。反之，当主动件摇杆 1 沿顺时针方向摆动时，止动棘爪 4 阻止棘轮 3 转动，而棘爪 2 在棘轮的齿背上滑过，此时，棘轮 3 静止不动。因此，当主动件做连续的往复摆动时，棘轮做单向间歇运动。为了工作可靠，棘爪 2 和止动棘爪 4 上装有扭簧 6，使棘爪紧压在棘轮齿面上。

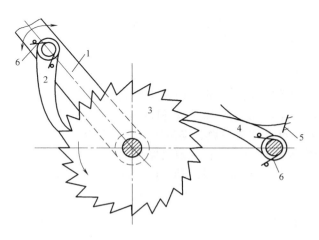

图 2-8-1 棘轮机构（单向）

1—摇杆 2—棘爪 3—棘轮 4—止动棘爪 5—机架 6—扭簧

8.1.2　棘轮机构的类型

棘轮机构按照棘轮的结构型式不同分为齿式棘轮机构和摩擦式棘轮机构两类。

1. 齿式棘轮机构

图 2-8-1～图 2-8-4 为典型的齿式棘轮机构,其中,棘轮轮齿有三角形、锯齿形、梯形和矩形等。齿式棘轮机构既可以采用锯齿形轮齿实现棘轮的单向间歇运动,如图 2-8-1 所示;也可以实现棘轮的双向间歇运动,如图 2-8-2 所示。当棘爪 2 在实线位置时,摇杆 1 推动棘轮 3 沿逆时针方向做间歇运动;当棘爪翻转到虚线位置时,摇杆将推动棘轮沿顺时针方向做间歇运动。双向棘轮机构常采用梯形或矩形轮齿。

与齿轮传动类型一样,齿式棘轮机构有外啮合(图 2-8-1 和图 2-8-2)和内啮合(图 2-8-3)之分。当棘轮的直径为无穷大时,棘轮变为棘条,此时棘轮的单向间歇转动变为棘条的单向间歇移动,如图 2-8-4 所示。其中,外啮合棘轮机构应用较广;内啮合棘轮机构棘轮的轮齿在圆柱面的内缘上,棘爪也安装在棘轮的内部。

齿式棘轮机构的主要优点是结构简单、制造方便且运动可靠,转角大小可在一定范围内调节。该机构的缺点是棘轮的转角必须以相邻两齿所夹中心角为单位有级地变化,而且棘爪在棘轮齿背上滑行时会产生噪声,棘爪和棘轮齿面接触时会产生冲击,且磨损较大,故不适用于高速机械。

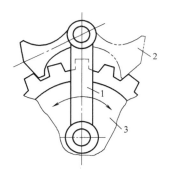
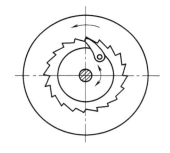

图 2-8-2　双向棘轮机构　　　　图 2-8-3　内啮合棘轮机构　　　　图 2-8-4　棘条

1—摇杆　2—棘爪　3—棘轮

2. 摩擦式棘轮机构

摩擦式棘轮机构的工作原理与齿式棘轮机构相同,它以偏心扇形楔块代替齿式棘轮机构中的棘爪,以摩擦轮代替棘轮,靠棘爪 2 和棘轮 3 间的摩擦实现棘轮的间歇运动,如图 2-8-5 所示。其主要特点是传动平稳、噪声小,棘轮的转角能够实现无级调节;变换棘爪相对棘轮的位置,能实现棘轮的变向;主要靠摩擦力传动,接触面间易产生滑动,这一方面能起到过载保护作用,但另一方面使得运动精度不高,可靠性低。所以,这种棘轮机构适用于低速轻载的场合。

8.1.3　棘轮机构的应用

棘轮机构可用于间歇送进、制动、超越等机构中。

1. 间歇送进

牛头刨床是运用棘轮机构的典型实例。为了切削工件,刨刀需做连续往复直线运动,工作台做间歇移动。曲柄转动时，经连杆带动摇杆做往复摆动；摇杆上装有双向棘轮机构的棘爪，棘轮与丝杠固连，棘爪带动棘轮做单向间歇转动，从而使螺母（即工作台）做间歇进给运动。若改变驱动棘爪的摆角，可以调节进给量；若改变驱动棘爪的位置，可改变进给运动的方向。

图 2-8-6 所示为浇注自动线的输送装置，棘轮和带轮固连在同一轴上。当气缸内活塞上移时，活塞杆 1 推动摇杆使棘轮转过一定角度，将输送带 2 向前移动一段距离；当气缸内活塞下移时，止动棘爪顶住棘轮使之静止不动，浇包对准砂型进行浇注。活塞不停地上下移动，完成砂型的浇注和输送任务。

2. 制动

棘轮机构还可以起到制动的作用，在一些起重机设备或牵引设备中，经常用棘轮机构作为制动器，以防止机构逆转，例如图 2-8-7 所示的卷筒棘轮制动器。

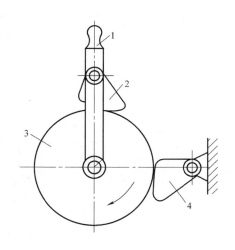

图 2-8-5 摩擦式棘轮机构

1—摇杆 2—偏心扇形楔块

3—摩擦轮 4—止退楔块

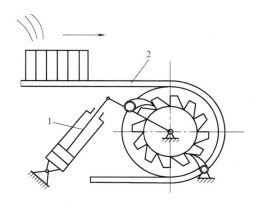

图 2-8-6 浇注自动线的输送装置

1—活塞杆 2—输送带

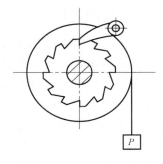

图 2-8-7 卷筒棘轮制动器

8.2 槽轮传动机构

8.2.1 组成及工作原理

槽轮机构由主动拨盘 1、从动槽轮 2 和机架组成，如图 2-8-8 所示。对于外槽轮机构，当拨盘 1 以等角速度连续转动，且拨盘 1 上的圆柱销 A 未进入槽轮 2 的径向槽内时，由于槽轮 2 的内凹锁止弧 $\overset{\frown}{efg}$ 被拨盘 1 的外凸圆弧 $\overset{\frown}{abc}$ 锁住，故槽轮静止不动。当圆柱销 A 刚开始进入槽轮的径向槽时，如图 2-8-8a 所示，内凹锁止弧 $\overset{\frown}{efg}$ 与外凸圆弧 $\overset{\frown}{abc}$ 脱开，槽轮由圆柱销 A

驱动而开始转动。而圆柱销 A 在另一边离开径向槽时，锁止弧又被锁住，槽轮又静止不动。直至圆柱销 A 再次进入槽轮的另一个径向槽，接着重复上述运动，从而实现槽轮的单向间歇转动。

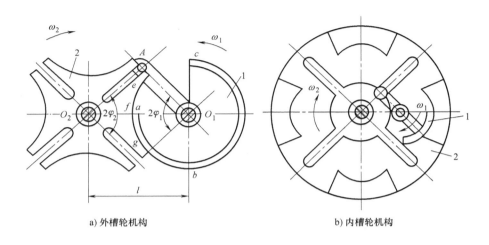

a) 外槽轮机构   b) 内槽轮机构

图 2-8-8   槽轮机构
1—拨盘   2—槽轮

8.2.2   槽轮机构的类型

槽轮机构可分为外啮合槽轮机构、内啮合槽轮机构和球面槽轮机构三种基本形式。

外槽轮机构与内槽轮机构均用于平行轴之间的间歇传动。在外槽轮机构中，拨盘与槽轮转向相反，如图 2-8-8a 所示；而在内槽轮机构中，拨盘与槽轮转向相同，如图 2-8-8b 所示。受加工制造条件的限制，外槽轮机构应用较为广泛。

球面槽轮机构属于空间机构，传递两垂直相交轴的间歇运动，如图 2-8-9 所示。从动槽轮 2 呈半球形，主动拨轮 1 的轴线与拨销 3 的轴线都通过球心 O，当主动拨轮 1 连续转动时，从动槽轮 2 做间歇转动。

8.2.3   槽轮机构的应用

槽轮机构具有结构简单、制造容易、工作可靠和机械效率较高等优点，但是该机构在工作时有冲击，并随着转速的增加及槽数的减少而加剧，故不宜用于传递高速运动的场合，适用范围受到一定的限制。槽轮机构一般用于转速不是很高的制动机械、轻工机械和仪器仪表中，如电影放映机中的送片机构、自动机床转位机构等。

图 2-8-10 所示为电影放映机中的送片机构。为了适应人眼的视觉暂留现象，要求影片做间歇移动。槽轮 2

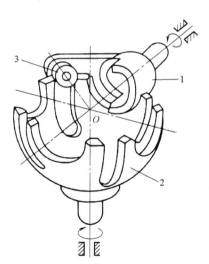

图 2-8-9   球面槽轮机构
1—主动拨轮   2—从动槽轮   3—拨销

上有四个径向槽，拨盘 1 每转一周，圆柱销 A 拨动槽轮 2 转过 1/4 周，胶片移过一幅画面，并停留一定的时间。

此外，槽轮机构也常与其他机构组合，作为工件传送或转位机构，如图 2-8-11 所示为槽轮机构在单轴转塔自动车床转塔刀架的转位机构中的应用。

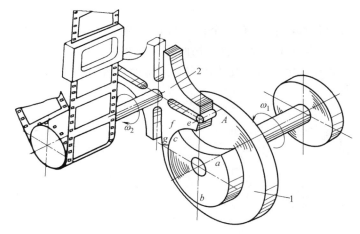

图 2-8-10 电影放映机中的送片机构
1—拨盘 2—槽轮

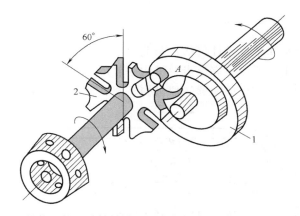

图 2-8-11 槽轮机构在单轴转塔自动车床转塔刀架的转位机构中的应用
1—拨盘 2—槽轮

8.3 不完全齿轮传动机构

8.3.1 组成及工作原理

不完全齿轮机构是由普通渐开线齿轮机构演化而成的一种间歇运动机构。它与普通渐开线齿轮机构的不同之处是轮齿没有布满整个圆周，其主动轮上的齿是不完整的，只有一个或几个齿；从动轮上的齿数与位置由从动轮的运动与间歇时间确定。主动轮的有齿部分与从动轮轮齿啮合时，推动从动轮转动；主动轮的有齿部分与从动轮脱离啮合时，从动轮停歇不动，此时，两个齿轮的轮缘各有锁止弧以对从动轮进行定位，防止从动轮在此状态下自由运动。因此，当主动轮连续转动时，从动轮获得时动时停的间歇运动。如图 2-8-12 所示，当主动轮 1 转一周时，从动轮 2 转 1/6 周，从动轮每转一周停歇 6 次。从动轮停歇时，轮 1 上的锁止弧 S_1 与轮 2 上的锁止弧 S_2 互相配合锁住，以保证从动轮停歇在预定的位置。

8.3.2　类型及应用

与普通渐开线齿轮机构一样，不完全齿轮机构的类型有外啮合（图 2-8-12）和内啮合（图 2-8-13）两种。外啮合的不完全齿轮机构两轮转向相反，内啮合的不完全齿轮机构两轮转向相同。当轮 2 的直径无穷大时，变为不完全齿轮齿条机构，这时轮 2 的转动变为齿条的移动，如图 2-8-14 所示。

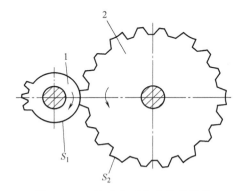

图 2-8-12　外啮合不完全齿轮机构

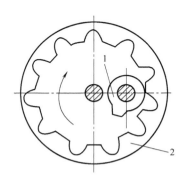

图 2-8-13　内啮合不完全齿轮机构

不完全齿轮机构结构简单，设计灵活，制造简单，工作可靠，但进入和退出啮合时，速度有突变，存在刚性冲击，所以不完全齿轮机构一般用于低速、轻载的工作场合，如在自动机床和半自动机床中用于工作台的间歇转位机构、间歇进给机构及计数机构等。

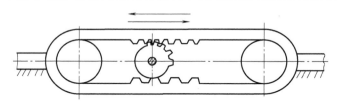

图 2-8-14　不完全齿轮齿条机构

习　　题

8-1　试比较棘轮传动与槽轮传动的特点与应用。

8-2　简述不完全齿轮传动机构的类型、特点及应用。

第 9 章

常用零部件

9.1 轴

9.1.1 轴的功用及类型

轴是保证机器正常运转的重要零件之一,用来支承做回转运动的零件(如齿轮、带轮、链轮、凸轮等)及传递运动和动力。

按其承受载荷的不同,轴可分为转轴、心轴和传动轴三类。工作时既承受转矩又承受弯矩的轴称为转轴,如图 2-9-1a 所示的装齿轮的轴。工作时只承受弯矩,不承受转矩的轴称为心轴。其中,固定不转动的心轴称为固定心轴,如图 2-9-1b 所示的自行车前轮轴;随轴上零件一起转动的心轴称为转动心轴,如图 2-9-1c 所示的火车轮轴。工作时只承受转矩,不承受弯矩的轴称为传动轴,如图 2-9-1d 所示的汽车主传动轴。

按其轴线形状不同,轴可分为直轴、曲轴和挠性钢丝轴。其中,应用最广的是直轴,包括各横截面直径相同的光轴(图 2-9-2a)和各横截面直径不同的阶梯轴,阶梯轴一般中间大、两头小,如图 2-9-2b 所示。曲轴是各轴段横截面中心不在同一直线上的轴,属于专用零件,多用于动力机械中,如图 2-9-2c 所示。挠性钢丝轴的轴线可随意变化,具有很好的挠性,能将回转运动灵活地传到任何位置,如图 2-9-2d 所示,常用于医疗设备、操纵机构、

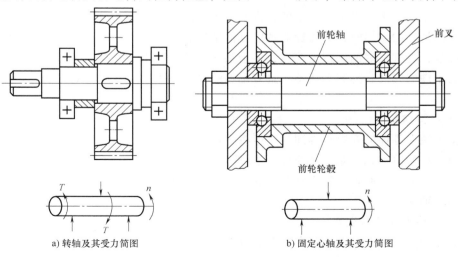

a) 转轴及其受力简图   b) 固定心轴及其受力简图

图 2-9-1 轴的分类

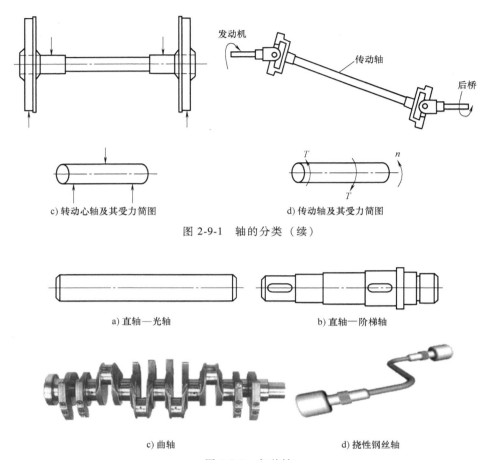

c) 转动心轴及其受力简图

d) 传动轴及其受力简图

图 2-9-1 轴的分类（续）

a) 直轴—光轴

b) 直轴—阶梯轴

c) 曲轴

d) 挠性钢丝轴

图 2-9-2 各种轴

仪表等机械中。

9.1.2 轴的结构设计

轴的结构是由许多因素综合决定的，没有标准的结构型式，其设计具有较大的灵活性和多变性。在设计轴的结构时，必须针对轴的具体情况进行分析，但原则上，轴的结构应满足如下基本要求：具有良好的制造工艺性，便于加工；确保轴和轴上零件有准确的工作位置；应便于轴上零件的安装、拆卸和调整；具有足够的强度和刚度、良好的应力状态，尽量减小应力集中。

1. 轴的典型结构

为了便于轴上零件的安装与拆卸，一般将轴设计成由多个不同直径的轴段组成，并制成中间大、两头小的阶梯轴。轴的典型结构如图 2-9-3 所示。轴由轴颈、轴头和轴身等组成。其中，轴与轴承配合处的轴段称为轴颈；安装并支承回转零件的轴段称为轴头；轴头与轴颈间的轴段称为轴身。

2. 轴上零件的定位与固定

轴上零件能正常工作，需要其在轴上具有确定的位置、可靠的固定。轴上零件的固定包括轴向和周向两种。

（1）**轴向定位和固定** 常用结构和辅助零件具体如下。

1）**轴肩和轴环**。轴肩和轴环是零件轴向定位和固定广泛应用的方法，其简单可靠，不需要附加零件，并能承受较大的轴向力，如图 2-9-4 所示。为了保证轴上零件的端面能靠紧定位面，要求轴肩和轴环的过渡圆角半径 r 必须小于轴上零件孔端的圆角半径 R 或倒角 C，且一般取定位轴肩高度 $a =$ （2 ~ 3）C 或 $a =$ （0.07 ~ 0.1）d；轴环宽度 $b \approx 1.4a$。

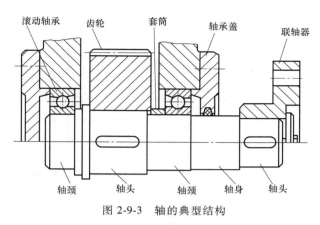

图 2-9-3 轴的典型结构

2）**套筒**。一般用于轴上两个近距离零件间的定位，其简单可靠，简化了轴的结构而不削弱轴的强度，如图 2-9-5 所示。

3）**圆螺母**。当两个零件间距离较大时，可采用圆螺母进行定位和固定，其能承受较大的轴向力，并能调整轴上零件的间隙，如图 2-9-6 所示。为了防止螺母松脱，常加上止动垫圈或采用双螺母结构。

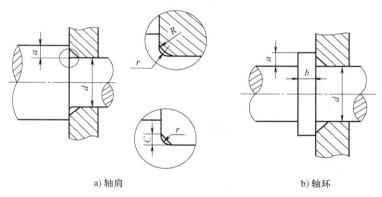

a) 轴肩

b) 轴环

图 2-9-4 轴肩和轴环

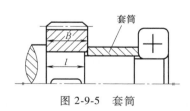

图 2-9-5 套筒

图 2-9-6 圆螺母

4）**轴端挡圈和圆锥面**。轴端的零件常采用轴端挡圈或圆锥面定位，如图 2-9-7 所示。

5）**弹性挡圈和紧定螺钉**。当轴向力较小时，可采用弹性挡圈、紧定螺钉或锁紧挡圈来实现定位，如图 2-9-8 所示。

（2）**周向定位和固定** 其主要目的是限制轴上零件与轴发生相对转动，实现两者间的运动和动力传递。常见的方法有：①过盈配合，一般用于传递转矩较小、不便开键槽或对中性要求较高的场合；②平键连接，一般用于传递转矩中等、对中性要求一般的场合；③花键

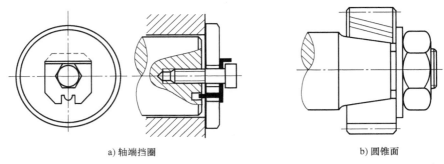

a) 轴端挡圈   b) 圆锥面

图 2-9-7   轴端挡圈和圆锥面

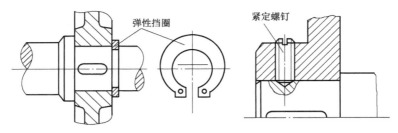

图 2-9-8   弹性挡圈和紧定螺钉

连接，一般用于传递转矩较大、对中性要求高及轴上零件移动时要求良好导向性的场合。

9.2 轴承

9.2.1 概述

轴承是用来支承轴及轴上零件、保持轴的旋转精度和减少转轴与支承之间摩擦和磨损的部件。

按其工作时摩擦性质不同，轴承可分为滑动轴承和滚动轴承。

按其承受载荷方向不同，轴承可分为承受径向载荷的向心轴承、承受轴向载荷的推力轴承和同时承受径向载荷与轴向载荷的向心推力轴承。

9.2.2 滑动轴承

1. 向心滑动轴承

向心滑动轴承中，与运动件相接触的零件称为轴瓦或轴套，按其结构，向心混动轴承可分为整体式、剖分式、调心式、间隙可调式及多油楔式等。

（1）**整体式向心滑动轴承**   整体式向心滑动轴承由轴承座、整体式轴套等组成，如图 2-9-9 所示。这种轴承结构简单，成本低廉；但装拆不便（只能从轴端部装拆），且磨损后，轴承间隙无法调整。所以，多用在低速、轻载、间歇性工作的场合中。

（2）**剖分式向心滑动轴承**   剖分式向心滑动轴承由轴承座、轴承盖、剖分式轴瓦、双头螺柱等组成，如图 2-9-10 所示。在轴承剖分面间放有垫片，当轴瓦磨损后，可通过减少垫片厚度来调整轴承间隙。剖分式轴承装拆方便，容易调整间隙，且结构尺寸已标准化，故应用广泛。

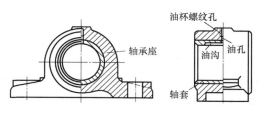

图 2-9-9 整体式向心滑动轴承

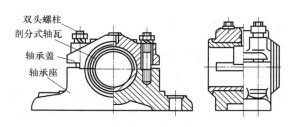

图 2-9-10 剖分式向心滑动轴承

（3）自动调心式向心滑动轴承 当轴承宽径比较大（轴承宽度与轴径之比 $B/d>1.5$）时，常采用自动调心式向心滑动轴承，如图 2-9-11 所示。这是由于在两轴承座孔难以保证同轴度或轴弯曲变形较大时，轴颈与轴瓦端部易发生局部接触，引起剧烈的摩擦和发热，导致严重的局部磨损。自动调心式向心滑动轴承的轴瓦（外表面做成球面）能随轴的倾斜自动调位，以保证轴瓦与轴颈的轴线一致，避免轴颈与轴瓦的局部磨损。

（4）间隙可调式向心滑动轴承 间隙可调式向心滑动轴承如图 2-9-12 所示，其轴套为锥形，可利用轴套两端的螺母使轴套沿轴向移动，从而调整轴承间隙。

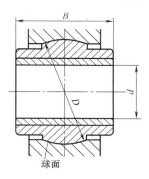

图 2-9-11 调心式向心滑动轴承

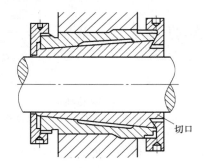

图 2-9-12 间隙可调式向心滑动轴承

2. 推力滑动轴承

推力滑动轴承主要应用于受轴向载荷的场合，根据其轴颈形状不同，可分为实心式、空心式、单环式和多环式，如图 2-9-13 所示。

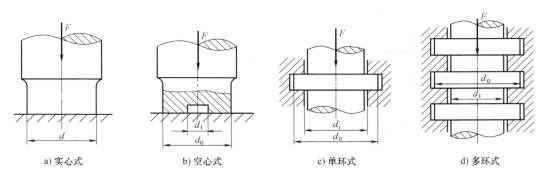

a) 实心式　　　　　b) 空心式　　　　　c) 单环式　　　　　d) 多环式

图 2-9-13 推力滑动轴承的结构简图

9.2.3 滚动轴承

1. 滚动轴承的结构

滚动轴承一般由外圈、内圈、滚动体和保持架四部分组成，如图 2-9-14 所示。内圈常装在轴颈上，外圈装在机座或其他零部件的轴承孔上。工作时，内圈一般随轴颈转动，外圈固定，但也有外圈转动而内圈不动，或者内、外圈同时转动的情况。此时，滚动体在内、外圈的滚道间滚动，形成滚动摩擦。保持架均匀隔开各个滚动体，以避免滚动体之间的接触摩擦和磨损。常用的滚动体有钢球、圆柱滚子、圆锥滚子、滚针等，以构成不同类型的滚动轴承，适应不同的载荷和工况。

2. 滚动轴承的分类

滚动体与外圈接触处的法线与轴承径向平面间的夹角称为轴承的公称接触角，用 α 表示，是滚动轴承重要的几何参数，如图 2-9-15 所示。轴承所能承受载荷的方向、大小与其有关。

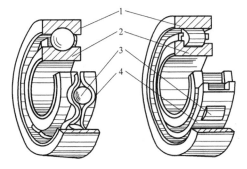

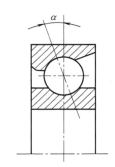

图 2-9-14　滚动轴承

1—外圈　2—内圈　3—滚动体　4—保持架

图 2-9-15　公称接触角

按所承受载荷的方向，滚动轴承主要分为向心轴承和推力轴承。向心轴承主要承受径向载荷。其中，$\alpha = 0°$ 的向心轴承称为径向接触轴承；$0° < \alpha < 45°$ 的向心轴承称为角接触向心轴承，主要承受径向载荷，还能承受一定的轴向载荷。推力轴承主要承受轴向载荷。其中，$\alpha = 90°$ 的推力轴承称为轴向接触轴承；$45° < \alpha < 90°$ 的推力轴承称为角接触推力轴承，主要承受轴向载荷，还能承受一定的径向载荷。

常用滚动轴承的类型及主要性能见表 2-9-1。

表 2-9-1　常用滚动轴承的类型及主要性能

轴承类型及代号	结构简图	载荷方向	性能和应用
调心球轴承 10000			主要承受径向载荷，能承受较小的轴向载荷；具有自动调心性能，允许角偏差为 2°~3°；适用于刚度小、难以对中及多支点的轴
调心滚子轴承 20000			基本性能同调心球轴承，但能承受更大的载荷。常用于其他类型轴承不能胜任的重载场合，如轧钢机、起重机走轮等

（续）

轴承类型及代号	结构简图	载荷方向	性能和应用
圆锥滚子轴承 30000 $\alpha = 10° \sim 18°$ 30000B $\alpha = 27° \sim 30°$	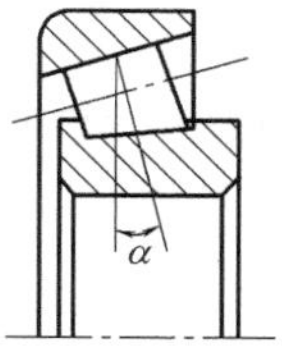	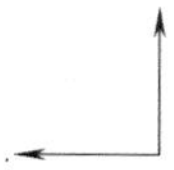	能同时承受较大的径向载荷和轴向载荷;内、外圈可分离,装拆方便,轴向和径向间隙可调整;一般成对使用;适用于刚度较大、载荷大的轴,如斜齿轮轴等
推力球轴承 50000	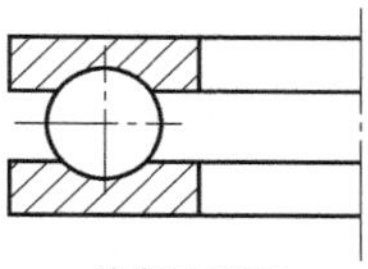 单向(51000) 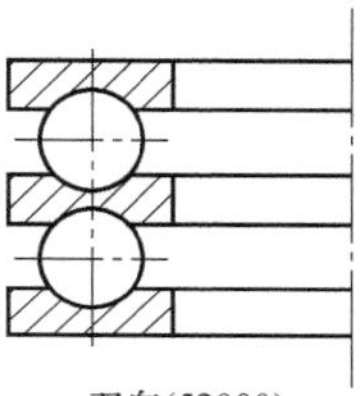 双向(52000)	 	只能承受轴向载荷,其中51000用于承受单向轴向载荷,52000用于承受双向轴向载荷;不宜用于高速工况;常用于轴向载荷大、转速较低的场合
深沟球轴承 60000	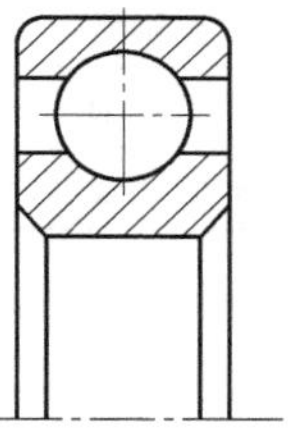	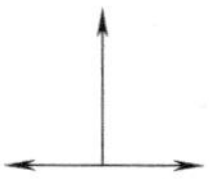	主要承受径向载荷及较小的轴向载荷,摩擦因数最小,极限转速较高;适用于转速高、刚度大的轴,如机床齿轮箱
角接触球轴承 70000	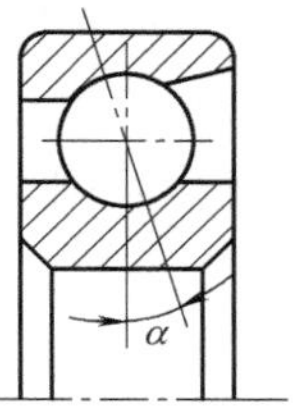		能承受径向载荷和单向轴向载荷,接触角 α 越大,轴向承载能力也越大,通常成对使用;适用于刚度较大、跨度不大的轴
圆柱滚子轴承 N0000	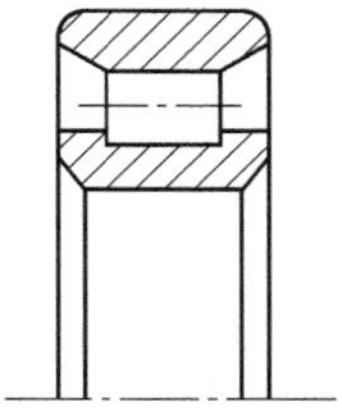		能承受大的径向载荷,不能承受轴向载荷;内、外圈可分离;适用于刚度较大、对中良好的轴,如大功率电动机、人字齿轮减速器等

3. 滚动轴承代号

滚动轴承代号是用字母加数字来表示轴承的基本类型、结构、尺寸、公差等级、技术性能等特征的产品代号。GB/T 272—2017 规定,滚动轴承代号由前置代号、基本代号、后置代号三部分组成,具体排列见表 2-9-2。

203

表 2-9-2　滚动轴承代号的构成

前置代号	基本代号				后置代号	
	轴承系列			内径代号	内部结构 密封、防尘与外部形状 保持架及其材料 轴承零件材料 公差等级	游隙 配置 振动及噪声 其他
轴承分部件代号	类型代号	尺寸系列代号				
	表示轴承类型	宽度（或高度）系列代号	直径系列代号			

（1）**基本代号**　滚动轴承基本代号表示轴承的基本类型、结构和尺寸，是轴承代号的基础，由类型代号、尺寸系列代号和内径代号组成。轴承外形尺寸应符合 GB/T 273.1、GB/T 273.2、GB/T 273.3、GB/T 3882 任一标准的规定。

1）**类型代号**　用数字或字母表示不同类型的滚动轴承，类型代号见表 2-9-3。

表 2-9-3　类型代号

代号	轴承类型	代号	轴承类型
0	双列角接触球轴承	7	角接触球轴承
1	调心球轴承	8	推力圆柱滚子轴承
2	调心滚子轴承和推力调心滚子轴承	N	圆柱滚子轴承
3	圆锥滚子轴承		双列或多列用字母 NN 表示
4	双列深沟球轴承	U	外球面球轴承
5	推力球轴承	QJ	四点接触球轴承
6	深沟球轴承	C	长弧面滚子轴承（圆环轴承）

2）**尺寸系列代号**。尺寸系列代号由轴承的宽（高）度系列代号和直径系列代号组成，用数字表示。

宽度系列代号表示结构、内径和直径系列都相同的轴承，可取不同的宽度。当宽度系列代号为 0 时，一般在基本代号里可不标出（除调心滚子轴承、圆锥滚子轴承外）。

直径系列代号表示内径相同的轴承在外径和宽度方面的变化系列。用数字 7、8、9、0、1、2、3、4、5 表示，轴承的外径尺寸依次增大。

3）**内径代号**。内径代号用数字表示，并按表 2-9-4 的规定。

表 2-9-4　内径代号

轴承公称内径/mm		内径代号	示例
0.6～10（非整数）		用公称内径毫米数直接表示,其与尺寸系列代号之间用"/"分开	深沟球轴承 617/2.5　$d=2.5mm$
1～9（整数）		用公称内径毫米数直接表示。对深沟球轴承和角接触球轴承直径系列 7、8、9,内径与尺寸系列代号之间用"/"分开	深沟球轴承 625　$d=5mm$ 深沟球轴承 618/5　$d=5mm$
10～17	10	00	深沟球轴承 6200　$d=10mm$ 推力球轴承 51103　$d=17mm$
	12	01	
	15	02	
	17	03	

（续）

轴承公称内径/mm	内径代号	示例
20~480（22、28、32 除外）	公称内径除以 5 的商数。商数为个位数时，需在商数左边加"0"，如 08	深沟球轴承 62308　$d = 40$mm 调心滚子轴承 21096　$d = 480$mm
≥500 以及 22、28、32	用公称内径毫米数直接表示，但其与尺寸系列代号之间用"/"分开	深沟球轴承 62/22　$d = 22$mm

（2）**前置代号**　前置代号经常用于表示轴承分部件（轴承组件），用字母表示。常用代号及其含义：L 表示可分离轴承的可分离内圈或外圈；R 表示不带可分离内圈或外圈的轴承组件；K 表示滚子和保持架组件；WS、GS 分别表示推力圆柱滚子轴承的轴圈和座圈等。

（3）**后置代号**　后置代号用字母（或加数字）表示，其由内部结构、密封与防尘与外部形状、保持架及其材料、轴承零件材料、公差等级、游隙、配置、振动及噪声、其他共 9 组代号组成。部分代号及含义如下，其他详见 GB/T 272—2017。

内部结构代号：用于表示类型和外形尺寸相同但内部结构不同的轴承。如角接触球轴承前加 C、AC 和 B 分别表示公称接触角为 15°、25° 和 40°。同一类型的加强型用 E 表示，如 7210E。

公差等级代号：分为 8 级，依次为/PN、/P6、/P6X、/P5、/P4、/P2、/SP、/UP。

游隙代号：分为 9 个组别，依次为/C2、/CN、/C3、/C4、/C5、/CA、/CM、/CN、/C9。

若需要同时表示公差等级代号和游隙代号，两者可进行简化。如/P63 表示轴承公差等级 6 级，径向游隙 3 组。

例 9-1　说明 6203/P4、719/7 AC/P65 的含义。

解： 6203/P4：6 表示深沟球轴承；2 表示尺寸系列代号 02；03 表示内径代号，其直径 $d = 17$mm；/P4 表示公差等级为 4 级。

719/7 AC/P65：7 表示角接触轴承；19 表示尺寸系列代号；7 表示内径代号，其直径 $d = 7$mm；AC 表示公称接触角 $\alpha = 25°$；/P65 表示公差等级为 6 级，径向游隙为 5 组。

4. 滚动轴承类型选择

常用的滚动轴承类型和尺寸已经标准化，不需要自行设计，可根据所承受载荷、转速及转动精度、工作条件、经济性等方面的要求进行选用，具体如下。

（1）**载荷方向和大小**　当载荷较大且有冲击时，宜选用承载能力大、耐冲击的滚子轴承，反之则选用球轴承；当只承受径向载荷时，应选用如深沟球轴承等向心轴承；当只承受轴向载荷时，应选用推力圆柱滚子轴承等推力轴承；当同时承受径向和轴向载荷时，若轴向载荷相对较小，可选用深沟球轴承或接触角较小的角接触球轴承；若轴向载荷相对较大，应选用接触角较大的角接触球轴承或圆锥滚子轴承。

（2）**轴承转速**　轴承的工作转速应低于其极限转速。当轴承工作转速较高时，应优先选用球轴承；在同类型轴承中，轴承高速运转时应优先选择轻、窄系列的轴承；推力轴承的极限转速都较低。

（3）**轴承调心性能**　轴弯曲刚度低、跨距大易产生较大的弯曲变形，多支点支承使对中困难，因此应选用调心轴承。

（4）**轴承的安装与拆卸**　对于需要经常装拆的轴承，应优先选用内、外圈可分离的圆柱滚子轴承或圆锥滚子轴承等。

（5）**经济性** 一般来讲，特殊结构轴承的价格高于一般结构轴承，滚子轴承的价格高于球轴承，普通精度轴承的价格低于其他较高公差等级轴承。在满足使用要求的情况下，应先选用价格低廉的轴承。

9.3 联轴器

联轴器是用于连接两根分开的轴，使之一起转动并传递转矩的部件。按照被连接两根轴的相对位置和相对位移情况，联轴器可分为刚性联轴器和挠性联轴器。其中，刚性联轴器用在两轴需要严格对中且工作时不会产生相对位移的场合；挠性联轴器用于两轴能发生相对位移的场合，如图 2-9-16 所示。挠性联轴器可分为无弹性元件的、有金属弹性元件的和有非金属弹性元件的联轴器，后两种也统称为弹性联轴器。

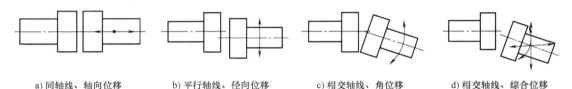

a) 同轴线、轴向位移　　　　b) 平行轴线、径向位移　　　　c) 相交轴线、角位移　　　　d) 相交轴线、综合位移

图 2-9-16　两轴的相对位置和相对位移

9.3.1　联轴器的类型

1. 刚性联轴器

（1）**凸缘联轴器** 凸缘联轴器是刚性联轴器中应用最广的一种，主要由两个分别用键与两轴连接的凸缘盘和连接它们的螺栓组成，如图 2-9-17 所示。凸缘联轴器的对中方式有两种：利用两凸缘盘凸肩与凹槽的配合来保证两轴对中，如图 2-9-17a 所示；利用铰制孔和受剪螺栓来保证两轴对中，如图 2-9-17b 所示。

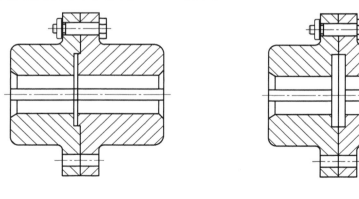

a) 用凸肩和凹槽对中　　　　　　　　　　　　　b) 用受剪螺栓对中

图 2-9-17　凸缘联轴器

凸缘联轴器装拆方便（拆下螺栓就可拆开），对中可靠，传递转矩较大，但对两轴的同轴度要求较高，无缓冲和吸振作用，一般用于载荷平稳的两轴连接。凸缘联轴器已经标准化，可按 GB/T 5843—2003 进行尺寸选型。

（2）**套筒联轴器** 套筒联轴器主要由连接两轴的套筒及连接套筒与轴的连接件（如键或销钉等）组成，如图2-9-18a、b所示，一般用于传递转矩较小的场合。套筒与轴的连接可采用紧定螺钉（图2-9-18c）、过盈配合（图2-9-18d）或弹性套筒（图2-9-18e）。套筒联轴器也可以连接直径不同的两根轴，如图2-9-18c所示。

总的来讲，刚性联轴器结构简单、价格低，但无法补偿两被连接轴产生的轴向偏斜和相对位移，对中性要求较高，缺乏缓冲和吸振的能力。

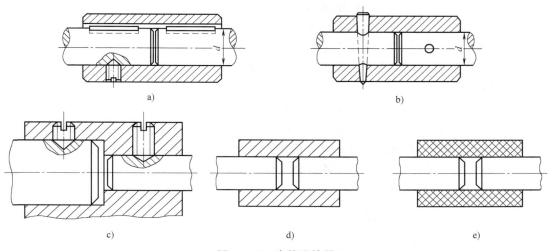

图2-9-18 套筒联轴器

2. 挠性联轴器

刚性联轴器两轴的对中性要求较高，但由于加工、安装等误差不能保证两轴的准确对中当长时间运行后，因温度变化、轴受载变形、运转不平衡等导致两轴线的相对位置发生变化。此时，采用挠性联轴器是解决上述问题的方法之一。

无弹性元件挠性联轴器是利用其组成零件间形成具有某一个方向或几个方向可活动的连接来补偿两轴产生的轴向偏斜和相对位移。而弹性联轴器是利用其内部弹性元件的变形来补偿两轴产生的轴向偏斜和相对位移。

（1）**无弹性元件挠性联轴器**

1）**盘销联轴器**。图2-9-19所示的盘销联轴器中圆盘1在某一半径的圆周上固定一个销钉，圆盘2上有相对应的径向槽，在装配时，将销钉插入该槽内即可。这种联轴器允许被连接轴有轴向位移，其位移量要小于两圆盘之间的最大间隙 Δ（一般为 $0.8\sim1.5$mm）。但由于间歇的存在，

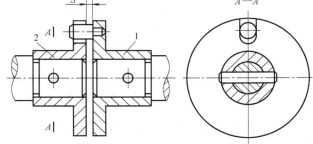

图2-9-19 盘销联轴器
1、2—圆盘

这种联轴器存在着一定的空回误差，会影响传递精度。为了减少传递误差，应尽量减少被连接轴的径向位移，增大销钉与被连接轴轴线间的距离。

2）**滑块联轴器**。滑块联轴器由两个端面带凹槽的半联轴器1、3以及一个两面带有互相垂直凸榫的中间圆盘2组成，如图2-9-20所示。两个半联轴器分别与主动轴和从动轴固

定连接，中间圆盘上的凸榫分别与两个半联轴器上的凹槽相嵌合而构成动连接。当两轴线不共线或有偏斜时，中间圆盘将在凹槽内滑动，以补偿轴线的偏移。这种联轴器主要用于连接径向位移或角位移较小、转速较低两轴的场合。与盘销联轴器类似，连接部分的间隙也会引起空回误差。

3）**齿式联轴器**。齿式联轴器由两个具有外齿的内套筒和两个具有内齿的外套筒组成，如图 2-9-21a 所示。其中两个内套筒分别固定在主动轴和从动轴上，两个外套筒则通过螺栓等连接成一体。内、外套筒的齿数相等，并相互啮合以传递转矩。外壳内贮有润滑介质以润滑齿轮，减少磨损和相对位移的阻力。

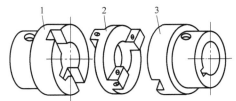

图 2-9-20　滑块联轴器

1、3—半联轴器　2—中间圆盘

通常将内套筒的外圆加工成球面，且该球面球心在齿轮轴线上，并在齿侧留有较大的侧隙，或者将其制成鼓形齿，如图 2-9-21b 所示，以补偿被连接两轴轴线的相对偏移或径向位移，因此，该联轴器具有良好的补偿综合偏移的性能。此外，因有较多的齿同时进行啮合工作，故其能传递较大的转矩，结构紧凑，且工作可靠；但也具有结构复杂、质量大、制造成本高等缺点；在重型机械中应用较广。

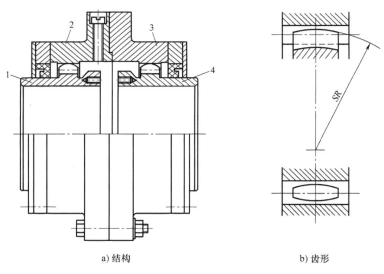

a) 结构　　　　　　　　　　b) 齿形

图 2-9-21　齿式联轴器

1、4—内套筒　2、3—外套筒

4）**万向联轴器**。万向联轴器利用其机构的特点，使两轴不在同一轴线，在有轴线夹角的情况下能实现所连接两轴的连续回转，并可靠地传递转矩和运动。万向联轴器最大的特点是其结构有较大的角位移补偿能力，且结构紧凑，传动效率高。万向联轴器有多种结构型式，其中最常用的为十字轴式和球笼式。万向联轴器按运动方向分为单万向联轴器和双万向联轴器。

① **单万向联轴器**。十字轴式单万向联轴器的结构如图 2-9-22 所示。轴 1 及轴 2 的末端各有一叉头，叉头分别通过转动副 A、B 用铰链与中间十字形构件 3 相连，转动副 A、B 的轴线垂直相交于十字形构件 3 的中心 O，轴 1 和轴 2 分别与机架 4 组成转动副，主动轴 1、

从动轴2的轴线也相交于 O 点，形成夹角 α。由图 2-9-22 可见，当轴 1 转一周时，轴 2 也必然转一周，但是两轴的瞬时角速度比却并不恒等于 1，而是随时变化的。

单万向联轴器的特点：可在两轴夹角变化时继续工作，只是瞬时角速度比值会产生变化。当主动轴做等速转动时，从动轴的转速将有波动，因此不能实现等角位移的传动，主要用于精度要求不高的场合。

② **双万向联轴器**。为了实现主动轴与从动轴间的等角位移的传动，可采用由两个单万向联轴器组成的双万向联轴器，如图 2-9-23 所示。工作

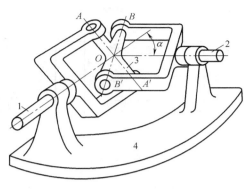

图 2-9-22 单万向联轴器
1、2—轴 3—十字形构件 4—机架

时，主、从动轴与中间轴之间的夹角 α_1、α_2 必须相等，中间轴两端的万向接头环应在同一平面内。双万向联轴器结构紧凑，维护方便，广泛用于组合机床、汽车、拖拉机等传动系统中。

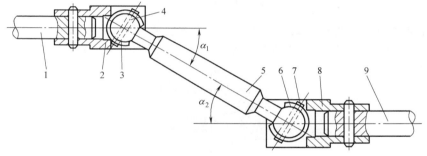

图 2-9-23 双万向联轴器
1—主动轴 2、8—万向接头套 3、6—万向接头环 4、7—圆柱销 5—中间轴 9—从动轴

（2）**弹性联轴器** 弹性联轴器因装有弹性元件，故不仅能补偿两轴线的偏移，而且具有缓冲和吸振能力，结构简单，制造成本低，因而应用广泛。弹性元件的材料分为金属和非金属材料两种。

1）**金属弹性元件挠性联轴器**。常用的金属弹性元件挠性联轴器如图 2-9-24 所示。因金属弹性元件具有强度高、传递载荷能力强、使用寿命长、尺寸小的特点，故该类联轴器具有良好的补偿偏斜或位移的能力，还具有一定的缓冲作用和吸振能力。其中波纹管联轴器和螺旋弹簧联轴器适用于传递小转矩的场合。

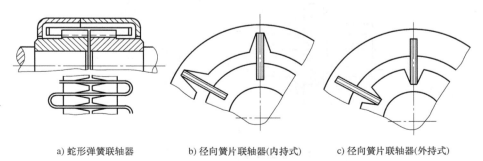

a) 蛇形弹簧联轴器　　b) 径向簧片联轴器(内持式)　　c) 径向簧片联轴器(外持式)

图 2-9-24 金属弹性元件挠性联轴器

209

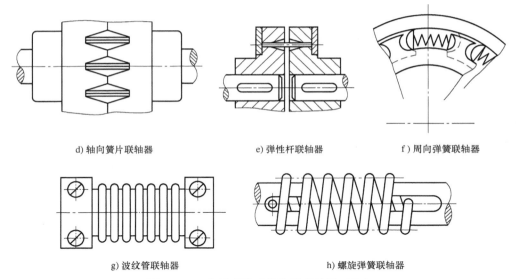

d) 轴向簧片联轴器 e) 弹性杆联轴器 f) 周向弹簧联轴器

g) 波纹管联轴器 h) 螺旋弹簧联轴器

图 2-9-24 金属弹性元件挠性联轴器（续）

2）**非金属弹性元件挠性联轴器**。常用的非金属弹性元件挠性联轴器如图 2-9-25 所示，主要包括弹性套柱销联轴器和弹性圆盘联轴器。该类联轴器的主要特点：具有弹性滞后特性

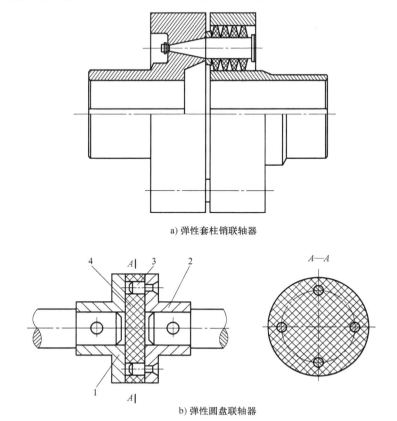

a) 弹性套柱销联轴器

b) 弹性圆盘联轴器

图 2-9-25 非金属弹性元件挠性联轴器
1—左套筒 2—右套筒 3—销钉 4—弹性圆盘

和一定的吸振能力；缓冲性能好；结构简单、价格便宜；但外形尺寸较大，强度较低，寿命也较短。

9.3.2　联轴器的选择

常用的联轴器大多已标准化，可参考有关手册进行选择。联轴器的选择包括类型选择和尺寸选择。

1. 类型选择

当被连接两轴能保证同轴对中时，可选用刚性联轴器；反之，则应选择具有补偿能力的挠性联轴器。若设备需频繁起动、被连接轴承受冲击载荷，则应选用弹性联轴器。若工作环境温度较高，一般不宜选用具有橡胶或尼龙等材料的弹性元件的联轴器，应选用采用金属弹性元件的联轴器。另外，可结合是否需要频繁装拆等来综合选择联轴器的类型。

2. 尺寸选择

当确定联轴器类型后，在所选定类型联轴器的允许范围内，根据轴的直径、转矩和转速来选定该联轴器的具体尺寸。考虑到机器起动时的惯性力矩和工作过程中的过载等因素，联轴器的尺寸应按计算转矩 T_c 选择，即 $T_c = KT$，其中 T 为名义转矩（根据原动机功率计算所得的转矩），K 为工作情况系数。K 值一般可根据起动质量、载荷情况来选定：起动质量小、载荷平稳时，K 为 $1 \sim 1.5$；起动质量中等、受变载荷时，K 为 $1.5 \sim 2$；起动质量较大、受冲击载荷时，K 为 $2 \sim 3$。

9.4　离合器

离合器与联轴器一样，都是用来连接两轴，使之一起转动并传递转矩的部件。但是联轴器连接的两轴只有在轴停止转动后，通过拆卸方式分开；而离合器连接的两轴可随意分离和接合，不需要轴停止转动。

离合器按工作原理可分为啮合式和摩擦式两大类。

啮合式离合器主要利用接合元件的啮合来传递转矩，具有结构简单、外形尺寸小、传递转矩大等优点，其缺点是只能在停转或低速下进行接合。

摩擦式离合器主要依靠接合面间的摩擦力来传递转矩，主要优点是接合平稳、可在较高的转速差下接合，其缺点是接合中摩擦面间会发生相对滑动，导致能量损耗，并引起摩擦面的发热和磨损。

按照操纵方式，离合器有机械操纵式、电磁操纵式、液压操纵式和气动操纵式等各种型式，并统称为操纵式离合器。

不需人为操纵而能自动进行接合和分离的离合器称为自动离合器，包括离心离合器、安全离合器、定向离合器等。例如：当离心离合器的转速达到一定值时，两轴能自动接合或分离；当安全离合器的转矩超过其限定值时，两轴能自动分离；定向离合器只允许单向传递运动，若反转则自动分离。离合器种类很多，下面只介绍两种常用的离合器。

9.4.1　牙嵌离合器

如图 2-9-26 所示的牙嵌离合器（也称为啮合式离合器）由两个端面带齿的半离合器、

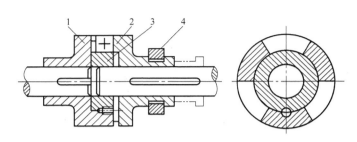

图 2-9-26　牙嵌离合器

1、2—半离合器　3—对中环　4—拨叉

对中环、拨叉等组成。其中，半离合器 1 用平键与主动轴连接，另一个半离合器 2 利用导向平键或花键与从动轴连接，并可由拨叉 4 操纵其轴向移动，以实现离合器的分离和接合。在半离合器 1 上由螺钉固定一个对中环 3，以实现导向和定心。必须指出，可移动的半离合器不应装在主动轴上，否则将使离合器分离后，半离合器与拨叉之间仍处于摩擦状态。

　　牙嵌离合器是靠端面上的凸齿来传递转矩的，凸齿齿形有多种型式。其中，矩形齿（图 2-9-27a）接合啮入最难，只能在静止状态下手动接合；梯形齿（图 2-9-27b）强度较高，能传递较大的转矩，接合也比较方便，并能补偿齿磨损后产生的间隙；锯齿形齿（图 2-9-27c）强度最高，但仅能传递单方向的转矩。

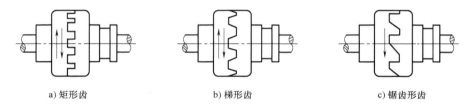

a) 矩形齿　　　　　　　　　b) 梯形齿　　　　　　　　　c) 锯齿形齿

图 2-9-27　常见齿形的牙嵌离合器

　　牙嵌离合器的特点是结构简单、尺寸紧凑且能传递较大的转矩；又由于其啮合是刚性啮合，齿面间无相对滑动，可以实现准确的运动传递，但在运转中接合时有冲击，故只能在低速和静止状态下接合，否则容易打坏凸齿。

9.4.2　摩擦离合器

　　摩擦离合器有圆盘式、多片式和圆锥式等各种型式，其中以多片式摩擦离合器应用最为广泛。

　　图 2-9-28a 所示为多片式摩擦离合器。主动轴 1 上由键固定一外套筒 2，从动轴 3 上由键固定一内套筒 4。一组外摩擦片 5（图 2-9-28b）的外缘与外套筒 2 之间为花键连接，因而随外套筒一起回转，它的内孔不与任何零件接触。另一组内摩擦片 6（图 2-9-28c）与内套筒 4 之间也通过花键连接，从而带动内套筒一起回转，而其外圆面不与其他零件接触。当滑环 7 向右移动时，杠杆 8 在弹簧 10 的作用下绕支点沿逆时针方向摆动，摩擦片松开，离合器使两轴分离。内、外摩擦片之间的间隙则通过螺母 11 来调节。

　　多片式摩擦离合器由于摩擦接合面较多，因此能传递较大的转矩，接合和分离过程较平稳，但结构复杂，成本较高。

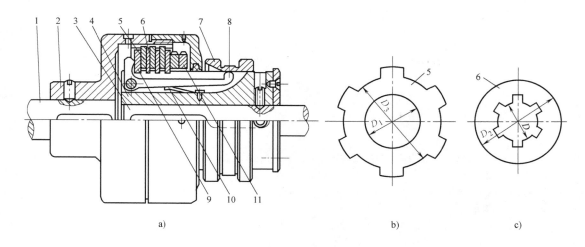

图 2-9-28　多片式摩擦离合器

1—主动轴　2—外套筒　3—从动轴　4—内套筒　5—外摩擦片　6—内摩擦片　7—滑环

8—杠杆　9—压板　10—弹簧　11—螺母

习　　题

9-1　轴的功用是什么？按照所受的载荷和应力的不同，轴可分为哪几种类型？各有何特点？试分析自行车的前轴、中轴和后轴的载荷，说明它们各属于哪些轴。

9-2　常见的轴为什么多为阶梯轴？其优点是什么？

9-3　简述几种轴上零件的轴向和周向固定方式。

9-4　滑动轴承的主要结构型式有哪几种？各有何特点？

9-5　滚动轴承主要由哪几部分组成？常见的滚动体有哪些？

9-6　滚动轴承的主要类型有哪几种？各有什么特点？

9-7　说明下列轴承代号的含义：6241、6410、7208/P6、7008C/P4、N307/P2。

9-8　联轴器有哪些种类？各自有何应用特点？

9-9　离合器有哪些种类？各自有何应用特点？

下 篇

机器人机构学

第1章

概述

　　机器人包括工业机器人、服务机器人、手术机器人、军用机器人等很多类型，由于工业机器人的机械机构最为典型，对其研究方法和研究成果可以应用到其他类型的机器人中，因此本书主要介绍工业机器人。

　　工业机器人是一种面向工业领域的多关节机械手或多自由度机械装置，它可将外部提供的能量转换成自身的机械能，在控制系统的指挥下，按照既定的程序，实现各种功能。它可以遵循操作人员示教的指令，自动执行某些操作，也可以按照预先编制的程序自动工作。某些具有简单"智能"的工业机器人还可以根据已有的经验或者规则，"像人类一样思考"，自主完成某些特定任务。工业机器人综合了机械制造、自动控制、电子技术、计算机技术、信息技术、传感器技术、人工智能等多个学科的知识，是当前最为活跃的科学研究及工程应用领域之一。

1.1　工业机器人的发展历史

　　工业机器人最早出现在 20 世纪 50 年代，由计算机控制的数控机床在机械加工中获得了巨大成功，与机床控制技术相似的机器人控制技术也开始在各个大学、研究院所得到重视。工业现场需要特定的自动机械去替代人从事一些恶劣环境、危险环境下的作业，工业机器人便应运而生了。经过了几十年的努力，到目前为止，工业机器人的发展大约经历了四个阶段。

　　第一，起步阶段，出现了以简易的"示教再现"为特点的工业机器人，这样的机器人是为某些特定场合而开发的。1954 年，美国乔治·戴沃尔最早提出了工业机器人的概念，并申请了专利。该专利的要点是借助伺服电动机来控制机器人的关节，利用人手对机器人进行动作示教，机器人能实现动作的记录和再现。示教过程中，机械手依次通过工作任务的关键位置，这些位置序列全部记录在存储器内，任务执行过程中，机器人的各个关节在伺服电动机的驱动下依次再现上述位置。这种工业机器人称为"示教再现"机器人。

　　1959 年，乔治·戴沃尔和约瑟·英格伯格发明了世界上第一台简单的示教再现工业机器人，该机器人被命名为"Unimate"。英格伯格设计机器人的"手""脚""身体"，即机器人的机械部分和操作部分；戴沃尔设计机器人的"头脑""神经系统""肌肉系统"，即机器人的控制装置和驱动装置。该机器人的结构如图 3-1-1 所示。基座上有一个大机械臂，大臂可绕基座上的轴转动；大臂上有一个小机械臂，可以伸出或缩回；小臂末端有一个腕部，可绕小臂进行俯仰和偏转，腕部安装末端执行器。Unimate 的定位精度可达 10^{-4} in。

第二，发展阶段，出现了通用的可编程工业机器人，这类机器人开始在某些通用岗位上得到大量应用。随着计算机技术的持续发展，工业机器人的性能和功能有了进一步的提高，它不仅能够实现简单的"示教再现"，还具有在线或离线编程功能。从 20 世纪 70 年代起，工业机器人通常与数控机床结合在一起，互相配合，成为柔性制造单元或柔性制造系统的重要组成部分：数控机床负责零件的加工，工业机器人负责零件的上下料。

图 3-1-1　示教再现工业机器人 Unimate

1973 年，第一台机电驱动的 6 轴机器人面世，德国库卡公司将其使用的 Unimate 机器人研发改造成其第一台产业机器人，命名为"Famulus"，这是世界上第一台机电驱动的 6 轴机器人。

1974 年，瑞典通用电机公司（ABB 公司的前身）开发出世界上第一台电力驱动、微处理器控制的通用可编程工业机器人——IRB 6（图 3-1-2）。IRB6 主要用于替代工业现场人员，完成工件的取放和物料的搬运。它的机械结构模仿人类，具有腰部、手臂、腕部等部分，具有 5 个自由度，IRB 6 的控制器使用了英特尔 8 位微处理器，内存容量为 16KB，有 16 个数字 I/O 接口，通过 16 个按键完成编程，并具有四位数 LED 显示屏。该工业机器人通用性好、适应性强，能用于多品种、批量产品的生产。

1978 年，美国 Unimation 公司推出通用工业机器人（Programmable Universal Machine for Assembly，PUMA），应用于通用汽车生产线，这标志着第二代工业机器人技术已经完全成熟，PUMA 至今仍然工作在工厂第一线，很多大学还用 PUMA 系列的工业机器人作为教具，讲解机器人坐标转换中的矩阵变换。

图 3-1-2　通用可编程
工业机器人 IRB6

第三，工业现场的大规模应用阶段，出现了带有感知反馈系统的、具有一定环境适应能力的自适应工业机器人。随着计算机技术的进一步发展，工业生产自动化和集成化程度的进一步提高，工业机器人技术进一步发展，1982 年美国通用汽车公司在其生产线上为机器人安装视觉传感器系统，这标志着自适应机器人问世。这代机器人最大的特点是具备特定的感知反馈系统，常见的传感器有温湿度传感器、触觉传感器、力传感器、转矩传感器、视觉传感器、声音传感器、语言功能等。在感知反馈系统的支持下，机器人在一定程度上能够自动纠正示教编程或离线编程中的位置偏差，如焊接机器人的焊缝自动跟踪、堆垛机器人的位置自动对准、装配机器人装配过程的姿态自动纠偏等。感知反馈系统的应用提高了产品质量和正品率，提高了工业机器人对周围环境的适应能力，受到产业界的欢迎。

第四，人机协作阶段，出现了以人工智能为特征、具有逻辑和自主判断功能的人机协作工业机器人。

20 世纪 80 年代至今，人机协作（Human-Robot Collaboration，HRC）机器人逐步在工业现场得到应用，它不但具有感知功能，还具有一定的决策和规划能力，能根据人的命令或所处环境自行决策，并具有一定的人机交互能力。人机协作机器人与人类具有一定的相互依存关系。丹麦 Universal Robots 公司在 2008 年推出了 UR3、UR5、UR10 系列人机协作机器人（图 3-1-3），ABB 公司也在 2014 年推出了首款双臂协作机器人——YuMi（图 3-1-4）。

 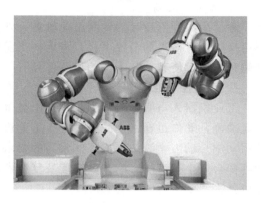

图 3-1-3　UR5 系列人机协作机器人　　　　图 3-1-4　双臂协作机器人——YuMi

工业机器人的智能研究可以分为两个层次：首先是应用模糊控制、神经网络等控制理论及控制策略，在被控对象对模型依赖性不强的情况下，解决机器人的复杂动作问题，以及在此基础上增加机器人的位姿（位置和姿态）、轮廓控制或动作规划等内容，目前的研究工作主要集中在这个层次；其次，要让智能机器人具有与人类类似的逻辑推理和问题求解能力，面对复杂的环境和任务，能够自主寻求解决问题的方案并加以执行的能力。

工业现场的智能化更多地体现出人机协作、多机协调作业的特征，如在大型生产线上，往往是多个机器人共同完成一个生产过程，因此对每个机器人的控制就不单纯是其自身的控制问题，还包括与其他机器人相协调的控制问题。

随着人工智能技术的逐渐成熟，工业机器人也越来越智能化，并将在多个领域承担更多的工作职责，成为人类的重要帮手。尽管这是一个长期渐进的过程，并且在发展中还有许多的挑战，但工业机器人融入人类世界应该是大势所趋。

1.2　工业机器人的特点与分类

1.2.1　工业机器人的特点

工业机器人在生产中的应用日益广泛，已成为制造生产中重要的自动化装备，工业机器人最显著的特点可以归纳为以下几个。

1. 柔性好

生产自动化的进一步发展是制造过程的柔性化、智能化，这是制造业大的趋势，以满足多品种、小批量的市场需求。工业机器人在工业现场的使用很好地适应了这个趋势，它使用灵活、可以重新编程，能够适应自动化生产线变更加工产品的要求，工业机器人已成为智能制造系统中的一个重要组成部分。

2. 适应能力强

工业机器人在机械结构上与人相类似，有腰、大臂、小臂、手腕、手爪等部分，这些结构使得机器人可以模仿人的各种动作，在大多数工业现场，如果不考虑使用成本，则其完全能够取代人完成大部分工作。智能化工业机器人还有许多类似人类的"生物传感器"，各类传感器的使用大大提高了工业机器人对周围环境的适应能力。

3. 通用程度高

除了少数专门设计的专用工业机器人外，大多数的工业机器人都具有较好的通用性，在不更换工业机器人的情况下，只需更换工业机器人的手部末端执行器（手爪、工具等），重新编程，便可使其执行不同的作业任务。

4. 运动控制准确

工业机器人与服务机器人相比一个显著的不同点是，对工业机器人末端执行器的控制要位置准确，动作迅速，加减速可控。工业机器人是典型的非线性控制系统，这对工业机器人的运动学、动力学算法提出了非常高的要求，算法的优劣对其工作质量、工作效率及机械寿命等都会产生很大的影响，其难度及复杂性远远高于一般的翻跟头、做体操、递茶水等的服务机器人。

5. 技术复杂

工业机器人技术涉及的学科相当广泛，包括机械制造、自动控制、计算机、电子技术等。此外，智能机器人除了配备获取外部环境信息的各种传感器外，还要具备知识获取能力、语言理解能力、图像识别能力、推理判断能力等。因此，机器人技术的发展必将带动其他相关科学技术的发展。

1.2.2 工业机器人的分类

对于工业机器人的分类，国际上没有统一的标准，一般来说，可以按照机械结构、控制方式、自由度、应用领域等来划分。

1. 按照机械结构分类

工业机器人的机械结构型式多种多样，为方便数学表达及运算，通常用其坐标特征来描述，常见的坐标结构包括直角坐标结构、圆柱坐标结构、球坐标结构和关节坐标结构等几种。

（1）直角坐标机器人　这种机器人的结构外形与数控铣床相似，例如，图 3-1-5 所示为一种龙门架构的直角坐标机器人，其三个关节都是移动关节，且关节轴线相互垂直，可以定义成直角坐标系的 x 轴、y 轴和 z 轴。这种类型的机器人大多做成龙门式结构，其优点是刚性好、位置精度高、运动学求解简单、控制无耦合，缺点是结构较庞大、动作范围小、灵活性差、占地面积较大，因其稳定性较好，一般适用于大负载搬运。

（2）圆柱坐标机器人　这种机器人主要由竖直立柱、水平机械手和底座构成。水平机械手装在竖直立柱上，能前后自由伸缩，并可沿立柱上下运动。竖直立柱安装在底座上，并与水平机械手形成一个部件且能在底座上移动，如图 3-1-6 所示。这种机器人的工作轨迹形成一个圆柱体，因此称为圆柱坐标机器人。圆柱坐标机器人的优点是结构简单、刚性好，缺点是空间利用率较低，一般用于完成重物的装卸、搬运等作业。

（3）球坐标机器人　这种机器人的机械手在其作业空间内有旋转、摆动和平移三个自由度，其动作轨迹形成球体的一部分，如图 3-1-7 所示。机械手能够前后伸缩移动、在竖直平面内上下摆动、在水平面内绕底座左右转动。球坐标机器人的特点是结构紧凑、所占空间体积较小、工作范围较大。

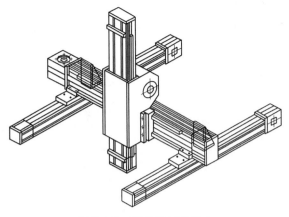

图 3-1-5 直角坐标机器人

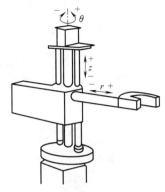

图 3-1-6 圆柱坐标机器人

（4）关节坐标机器人 这种机器人主要由底座（腰）、上臂和前臂构成。机器人在水平面内的旋转，可以通过绕底座（腰）的旋转来实现，上臂和前臂在通过底座（腰）轴线的竖直平面内运动。底座（腰）和上臂之间是肩关节，前臂和上臂之间是肘关节，如图 3-1-8 所示。这种机器人所占空间相对较小，工作范围相对较大，还可以绕过底座周围的障碍物，其控制较复杂，但是运动灵活性最好，是目前应用较多的一种机型，如焊接机器人、关节型搬运机器人等。

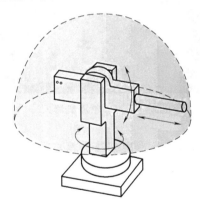

图 3-1-7 球坐标机器人

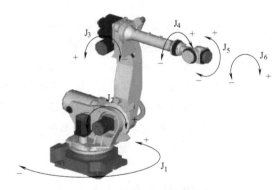

图 3-1-8 关节坐标机器人

2. 按照应用领域分类

工业机器人还可以根据应用场合分类，如焊接机器人、搬运机器人、喷漆机器人、装配机器人、点胶机器人、打磨机器人等，以下是最常见的几种工业机器人。

（1）焊接机器人 焊接机器人是在机器人的末端法兰上安装焊钳或焊枪，实现焊接功能的机器人，如图 3-1-9 所示。它主要由机械手、变位器、控制器、焊接系统、焊接传感器、中央控制计算机和相应的安全设备等组成。世界各国生产的焊接机器人基本上都属于关节坐标机器人。

（2）搬运机器人 搬运机器人是主要从事自动化搬运作业的工业机器人，如图 3-1-10 所示。所谓搬运作业，是指用一种设备握持工件，将其从一个位置移动到另一个位置。工件搬运和机床上下料是工业机器人的一个重要应用领域，物流行业也是搬运机器人应用极为广泛的一个行业。搬运机器人系统主要由搬运机械手和周边设备组成，搬运机械手可以搬运质量从几毫克至数吨的物品，周边设备包括自动识别装置、自动启动和自动传输装置等。搬运机器人可安装不同的末端执行器，以完成各种不同形态和状态物品的搬运工作，大大减轻了人类繁重的体力劳动。

图 3-1-9　焊接机器人

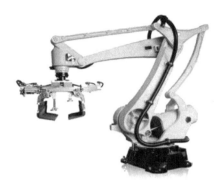

图 3-1-10　搬运机器人

（3）喷漆机器人　喷漆机器人主要由机器人本体、计算机和相应的控制系统组成，并配有自动喷枪、供漆装置、变更颜色装置等喷漆设备，如图 3-1-11 所示。油漆及其溶液属于易燃、易爆物品，喷漆过程中的任何一点火花都可能引起爆炸，需要做好安全防护工作。一部分喷漆机器人采用液压驱动，液压驱动的喷漆机器人还需要配备完整的液压装置，如液压泵、油箱和电动机等。喷漆机器人一般采用 5 个自由度或 6 个自由度的关节式结构，手臂运动范围较大，能做复杂的轨迹运动，腕部一般有 2 个或 3 个自由度，实现喷漆需要的各种姿态。

图 3-1-11　喷漆机器人

一些喷漆机器人采用柔性手腕，能轻松通过较小的孔而伸入工件内部，喷涂内表面。

1.3　工业机器人的组成与参数

1.3.1　工业机器人的组成

1. 机械系统

工业机器人的机械系统一般包括机身、臂部、腕部、末端执行器等部分，物理上支承整个机器人系统。每一部分都有若干个自由度，这几个部分构成一个多自由度的机械系统。末端执行器是直接装在机器人手腕法兰上的一个动作执行部件，它可以是指形手爪或其他夹持装置，也可以是喷漆枪、焊枪等作业工具。有的机器人还具备行走机构，这种机器人称为行走机器人。

2. 驱动系统

驱动系统主要是指将电能、化学能等转换成机械能，为机械本体执行动作做功提供能量的装置，根据驱动源的不同，驱动系统可分为电气驱动、液压驱动和气压驱动三种。

电气驱动系统在工业机器人中应用得最普遍，最常见的有步进电动机、直流伺服电动机和交流伺服电动机三种驱动形式；液压驱动系统运动平稳，且负载能力大，适用于重载的搬运和零件加工，但液压驱动存在管道复杂、清洁困难等缺点；气压驱动机器人结构简单，动作迅速，价格低廉，但由于空气具有可压缩性，其位置精度、工作速度稳定性差，但是可以有效避免手爪在抓取或夹紧物体时所受冲击力造成的破坏。

3．控制系统

控制系统的任务是根据机器人的作业指令、程序以及从传感器反馈回来的信号，控制机器人的执行机构，使其完成预期的运动和功能。如果机器人不具备信息反馈特征，则其控制系统称为开环控制系统，否则称为闭环控制系统。该部分主要由计算机硬件和控制软件组成。软件主要由人与机器人进行人机交互的系统和控制算法等组成。

4．感知系统

感知系统由各种传感器及其信息处理系统组成，传感器包括内部传感器和外部传感器，其作用是获取机器人内部和外部环境信息，并把这些信息反馈给控制系统。内部状态传感器用于检测各关节的位置、速度、加速度等参数，为闭环伺服控制系统提供反馈数据。外部状态传感器用于检测机器人与周围环境之间的一些状态，如用于识别物体的距离、形状等，并将识别的信息提交给控制系统以做出相应处理。

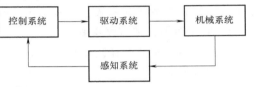

由图 3-1-12 可以看出，机器人系统是一个典型的机电一体化系统，其工作原理：控制系统发出动作指令给驱动系统，驱动系统的电动机在减速机构的协助下，带动机械系统运动，

图 3-1-12　工业机器人的组成及各部分的关系

使末端执行器到达空间某一位姿，完成一定的作业任务。末端执行器在空间的位姿由感知系统反馈给控制系统，控制系统根据位姿的偏差，实时调整控制参数，确保机械系统的位姿偏差在控制范围之内。

1．3．2　机器人的主要技术参数

机器人的技术参数反映了机器人工作的极限范围，是设计、应用机器人必须考虑的问题。机器人的主要技术参数有自由度、分辨率、工作空间、工作速度、工作载荷等。

1．自由度

自由度是指机器人所具有的独立运动的轴数。机器人独立运动的轴数越多，自由度就越多，机械结构运动的灵活性就越大，通用性越强。但是自由度增多，使得机械臂结构变得复杂，会降低机器人的刚性。当机械臂上的自由度多于完成工作所需要的自由度时，多余的自由度就可以为机器人提供一定的避障能力。目前大部分机器人都具有 3~6 个自由度，可以根据实际工作的复杂程度和障碍进行选择。手指的开、合，以及手指关节的自由度一般不包括在内。机器人的自由度数一般等于关节数目，常用机器人的自由度数一般不超过 6 个。

2．工作精度、重复精度和分辨率

简单来说，机器人的工作精度是指机器人每定位一个位置所产生的误差，重复精度是指机器人反复定位一个位置产生误差的均值，而分辨率则是指机器人的每个轴能够实现的最小移动距离或最小转动角度。这三个参数共同构成机器人的工作精确度。

3．工作空间

工作空间指的是机器人操作机正常工作时，末端执行器坐标系的原点能在空间活动的最大范围，或者说该点可以到达所有点所需的空间体积。工作空间的大小不仅与机器人各连杆的尺寸有关，而且与机器人的总体结构型式有关。工作空间的形状和大小是十分重要的，机器人在执行某项作业时，可能会因存在手部不能到达的盲区而不能完成任务的情况。

4．工作速度

工作速度指的是机器人在合理的工作载荷之下，匀速运动的过程中，机械接口中心或工具中心点在单位时间内转动的角度或移动的距离。简单来说，最大工作速度越高，其工作效率就越高。但要花费更多的时间完成加速或减速，对工业机器人的最大加速率或最大减速率的要求就更高。

5．工作载荷

工作载荷是指机器人在工作范围内任何位置上所能承受的最大负载，一般用质量、力矩、惯性矩表示。机器人的实际承载能力与机械传动系统结构、驱动电动机功率、运动速度和加速度、末端执行器的结构与形状等诸多因素有关。对于搬运、装配、包装类机器人，产品样本和说明书中所提供的承载能力，一般是指不考虑末端执行器的结构和形状，假设负载重心位于参考点时，机器人高速运动时可抓取的物品重量。当负载重心位于其他位置时，则需要以允许转矩或图表形式，来表示重心在不同位置时的承载能力。

6．典型机器人的技术参数

工业机器人制造商在提供产品时，一般都会提供相应的技术参数，ABB IRB 1400 的主要技术参数见表 3-1-1。

表 3-1-1　ABB IRB 1400 的主要技术参数

参数类型		数值
基本参数	机械结构	6 自由度
	各轴分辨率	0.01°
	重复定位精度	±0.03mm
	本体质量	30kg
	载荷质量	<5kg
	工作半径	810mm
最大工作空间	轴 1	−180°～+180°
	轴 2	−90°～+110°
	轴 3	−230°～+50°
	轴 4	−200°～+200°
	轴 5	−120°～+120°
	轴 6	−400°～+400°
最大工作速度	轴 1	200°/s
	轴 2	200°/s
	轴 3	260°/s
	轴 4	360°/s
	轴 5	360°/s
	轴 6	450°/s

（续）

参数类型		数值
最大允许力矩	轴 5	8.5N · m
	轴 6	4.9N · m
最大允许转动惯量	轴 5	0.35kg · m^2
	轴 6	0.24kg · m^2

　　虽然各个厂商所提供的技术参数项目是不完全相同的，所生产机器人的结构功能也不相同，但是，工业机器人的主要技术参数还是相通的，如自由度、工作精度、工作空间、最大工作速度、承载能力等。

习　　题

　　1-1　工业机器人的发展过程，经历了哪几个发展阶段？各有什么特点？

　　1-2　工业机器人如何分类？

　　1-3　常见的工业机器人的技术参数有哪些？

第 **2** 章

驱动方式与传动机构

驱动方式通常是指为机器人运动提供动力或能量的介质类型或传输方式，如液压驱动，其传递能量的介质是液压油，气压驱动传递能量的介质是空气。驱动机构的运动形式由不同的驱动介质及控制方式决定。

传动机构用于把驱动机构输出的运动及驱动力传递到机器人的关节和动作部位。按实现的运动方式，传动机构可分为直线传动机构和旋转传动机构两种。

2.1 驱动方式

机器人常用的驱动方式主要有液压驱动、气压驱动和电气驱动三种基本类型。工业机器人出现的初期，由于其大多采用曲柄结构和连杆结构等，因此较多使用液压与气压驱动方式。目前采用电气驱动的机器人所占比例越来越大。但在需要功率很大的应用场合或者运动精度不高、有防爆要求的场合，液压、气压驱动应用仍然较多。

2.1.1 液压驱动

液压驱动的特点就是功率大，结构简单，可省去减速装置，能直接与被驱动的杆件相连，响应快，具有较高的精度，但需要增设液压源，而且易产生液体泄漏，故目前多用于特大功率的机器人系统。

1. 液压驱动的优点

1）液压容易达到较高的压强（常用油压为 25MPa），液压设备体积较小，但可以获得较大的推力或转矩。

2）液压系统介质的可压缩性小，系统工作平稳可靠，并可得到较高的精度。

3）在液压系统中，力、速度和方向均比较容易实现自动控制。

4）液压系统采用油液做介质，具有防锈蚀和自润滑性能，可以提高机械效率，系统的使用寿命长。

2. 液压驱动的缺点

1）油液的黏度随温度的变化而变化，会影响系统的工作性能，且油温过高容易引起燃烧、爆炸等危险。

2）液体的泄漏难以克服，液压元件需要有较高的精度和质量，故造价高。

3）需要相应的供油系统，尤其是电液伺服系统要配备严格的滤油装置，避免引起油路故障。

2.1.2 气压驱动

气压驱动的能源、结构都比较简单，但与液压驱动相比，同体积条件下功率较小，而且速度不易控制，所以多用于精度要求不高的点位控制系统。

1. 气压驱动的优点

1）压缩空气黏度小，速度变化快，能量损失小。

2）可利用工厂集中的空气压缩机站供气，而不必添加动力设备，且空气介质对环境无污染，使用安全，可在易燃、易爆、粉尘、强磁、辐射、振动等工作环境中工作。

3）气动元件工作压力低，故制造要求也比液压元件低，价格低廉。

4）空气具有可压缩性，使气动系统具有过载自动保护能力，提高了系统的安全性和柔性。

2. 气压驱动的缺点

1）压缩空气常用压力为 0.4~0.6MPa，若要获得较大的驱动力，其结构就要相对增大。

2）空气的可压缩性好，导致气泵或气缸工作平稳性差，速度滞后严重，控制困难，很难实现准确的位置控制。

3）在压缩空气的过程中，其中的水蒸气会液化，时间长了，压缩机底部会积留很多水，除水问题是一个很重要的问题，处理不当会使钢类零件生锈，导致机器失灵。

4）排气会造成噪声污染。

2.1.3 电气驱动

电气驱动是指利用电动机直接驱动，或者通过机械传动装置来驱动，其特点如下。

1）电能来源丰富，电能的使用简单、方便。

2）机构速度变化范围大，驱动效率高。

3）速度和位置控制精度都很高。

4）使用方便，噪声低，控制灵活。

根据选用电动机及配套驱动器的不同，电气驱动系统大致分为步进电动机驱动系统、直流伺服电动机驱动系统和交流伺服电动机驱动系统等三种。

步进电动机一般用于开环控制，控制方式简单，功率不大，多用于低精度、低速度、小功率的机器人系统；直流伺服电动机易于控制，机械性能较好，但其电刷易磨损，并形成火花而产生干扰，在易燃易爆场合使用受限；交流伺服电动机结构简单，运行可靠，可频繁起动、制动，没有电刷，机械性能佳。

交流伺服电动机与直流伺服电动机相比较具有以下特点。

1）没有电刷等易磨损元件。

2）外形尺寸小。

3）能在重载下高速运行。

4）加速性能好，能实现动态控制和平滑运动。

5）控制较复杂。

目前，常用的交流伺服电动机有交流永磁伺服电动机（PMSM）、感应异步电动机（IM）、无刷直流电动机（BLDC）等，交流伺服电动机驱动已逐渐成为机器人的主流驱动方式。

2.2 常用传动机构

2.2.1 直线传动机构

机器人采用的直线驱动机构包括直角坐标结构的 x、y、z 三个方向的驱动，圆柱坐标结构的径向驱动和竖直升降驱动，以及极坐标结构的径向伸缩驱动。直线运动可以直接由气压缸或液压缸和活塞产生，也可以采用齿轮齿条、丝杠、螺母等传动元件由旋转运动转换而得到。

1. 齿轮齿条

通常齿条是固定不动的，如图 3-2-1 所示，当齿轮转动时，齿轮轴连同拖板沿齿条方向做直线运动，将齿轮的旋转运动转换成拖板的直线运动，拖板是由导杆或导轨支承的。该装置的反向间隙较大。

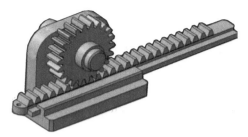

图 3-2-1　齿轮齿条

2. 普通丝杠

普通丝杠驱动采用一个旋转的精密丝杠驱动一个螺母沿丝杠轴向移动，将丝杠的旋转运动转换成螺母的直线运动。与滚珠丝杠相比，普通丝杠的摩擦力较大，效率较低，惯性较大，在低速时容易产生爬行现象，精度低，回差大，价格上也不具有太大的优势。因此机器人设计中，一般选用滚珠丝杠代替普通丝杠，普通丝杠与滚珠丝杠分别如图 3-2-2 和图 3-2-3 所示。

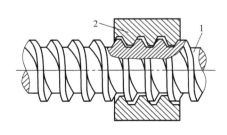

图 3-2-2　普通丝杠

1—丝杠　2—螺母

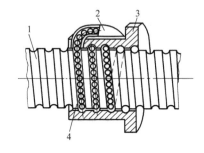

图 3-2-3　滚珠丝杠

1—丝杠　2—钢套管　3—螺母　4—滚珠

3. 滚珠丝杠

滚珠丝杠的摩擦力很小且运动响应速度快，在机器人中经常被采用。滚珠丝杠螺母的螺旋槽里放置了许多滚珠，丝杠在传动过程中所受的是滚动摩擦力，摩擦力较小，因此传动效率高，同时可消除低速运动时的爬行现象；在装配时施加一定的预紧力，可消除回差。如图 3-2-3 所示，滚珠丝杠里的滚珠从钢套管中出来，进入经过研磨的导槽，转动 2～3 圈以后，返回钢套管。滚珠丝杠的传动效率可以达到 96%，所以只需要极小的驱动力，就能够传递运动。

通常，人们还使用两个背靠背的双螺母对滚珠丝杠进行轴向预加载，以消除丝杠和螺母之间的间隙，提高运动精度。

4. 液压（气压）缸

液压（气压）缸将液压泵（空气压缩机）输出的压力能转换为机械能，驱动做直线往复运动的执行元件，使用液压（气压）缸可以很容易地实现直线运动，如图 3-2-4 所示。液压（气压）缸主要由缸筒、缸盖、活塞、活塞杆和密封圈等零件构成，活塞和缸筒采用精密滑动配合，液压油（压缩空气）从液压（气压）缸的一端进入，把活塞推向液压（气压）缸的另一端。调节进入液压（气压）缸液压油（压缩空气）的流动方向和流量可以控制液压（气压）缸的运动方向和速度，实现往复运动。

图 3-2-4　液压缸

2.2.2 旋转传动机构

多数普通电动机和伺服电动机都能够直接产生旋转运动，旋转运动的传递和转换可以高效率地完成，并且能保持机器人系统的定位精度、重复精度和可靠性。机器人中最常用的旋转传动机构就是齿轮机构和同步带传动机构。

1. 齿轮机构

齿轮机构是由两个及以上的齿轮组成的传动机构。它不但可以传递旋转运动的角位移、角速度和角加速度，而且可以传递力和力矩。现以两个齿轮构成的齿轮机构为例，说明其中的传动转换关系。如图 3-2-5 所示，一个齿轮装在输入轴上，另一个齿轮装在输出轴上，可以得到输入、输出运动的若干关系式。为了简化分析，假设齿轮工作时没有能量损失，齿轮的转动惯量和摩擦力均忽略不计。

首先分析能量传递关系，由于不存在能量损失，故输入轴所做的总功与输出轴所做的总功相等，即

$$T_i\theta_i = T_o\theta_o \qquad (2-1)$$

图 3-2-5　齿轮机构

式中　T_i——输入力矩（N·m）；

　　　T_o——输出力矩（N·m）；

　　　θ_i——输入齿轮角位移（°）；

　　　θ_o——输出齿轮角位移（°）。

由于啮合齿轮转过的总的圆周距离相等，因此齿轮半径与角位移之间的关系为

$$r_i\theta_i = r_o\theta_o$$

式中　r_i、r_o——输入、输出轴上的齿轮半径（m）。

考虑到齿轮的齿数与其半径成正比，齿轮的齿数与其转动角速度成反比，即

$$\frac{z_i}{z_o} = \frac{R_i}{R_o} \qquad \frac{z_i}{z_o} = \frac{\omega_o}{\omega_i}$$

可以得到输出轴与输入轴之间的运动转换关系，即

$$\omega_o = \frac{z_i}{z_o}\omega_i \qquad (2-2)$$

$$\theta_o = \frac{z_i}{z_o}\theta_i \qquad (2-3)$$

$$T_o = \frac{z_o}{z_i} T_i \tag{2-4}$$

式中　z_i——输入轴上齿轮的齿数；

　　　z_o——输出轴上齿轮的齿数；

　　　ω_i——输入轴上齿轮的角速度（rad/s）；

　　　ω_o——输出轴上齿轮的角速度（rad/s）。

最后通过动力学分析，可得在与驱动电动机相连的输入轴上，系统总的等效转动惯量为

$$J_\theta = \left(\frac{z_i}{z_o} \right)^2 J_o + J_i \tag{2-5}$$

式中　J_o——输出轴系统的总转动惯量（kg·m^2）；

　　　J_i——输入轴系统的总转动惯量（kg·m^2）。

2. 同步带传动机构

同步带和带轮的接触面都制成相同的齿形，靠啮合传递功率，其传动原理如图 3-2-6 所示。同步带传动的传动比计算公式为

$$i = \frac{n_1}{n_2} = \frac{z_2}{z_1} \tag{2-6}$$

式中　n_1——主动轮转速（r/min）；

　　　n_2——从动轮转速（r/min）；

　　　z_1——主动轮齿数；

　　　z_2——从动轮齿数。

同步带传动的优点如下。

1）传动时无滑动，传动比准确，传动平稳。

2）承受的拉力小，用于传动系统的高速端。

3）惯性小，适合于电动机和减速器之间的传动。

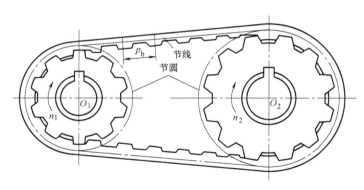

图 3-2-6　同步带传动

2.3　工业机器人的典型传动机构

工业机器人中有两种典型的传动部件：RV 减速器和谐波减速器。它们都是旋转传动机

构，RV 减速器一般用于要求精度高、刚性好、传动力矩大的腰部、肩部、肘部这三个旋转轴，而谐波减速器一般用于腕部的三个旋转轴，有时为了降低成本，对精度、刚性及力矩不做特殊要求的场合，也可以全部使用谐波减速器。

2.3.1 RV 减速器传动

RV 减速器的内部结构如图 3-2-7 所示，该减速器的输入轴 1 上固连太阳轮，与刚性盘 5 固连的转轴是输出轴，该传动可分为两个部分：输入轴（太阳轮）1 和行星轮 6 组成第一级行星减速机构；曲柄轴 7 和摆线轮 9、针轮 3、针齿 10、刚性盘 5 构成摆线针轮减速机构。

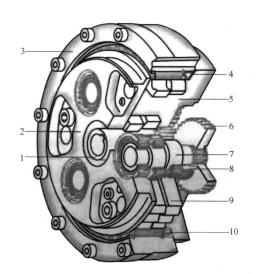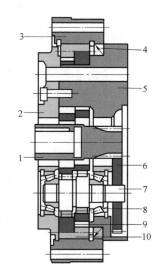

图 3-2-7 RV 减速器的内部结构

1—输入轴 2—端盖 3—针轮 4—密封圈 5—刚性盘 6—行星轮
7—曲柄轴 8—圆锥滚子轴承 9—摆线轮 10—针齿

1. 传动结构

RV 减速器的传动结构示意图如图 3-2-8 所示，它由输入轴（太阳轮）1、行星轮 2、曲柄轴 3、摆线轮 4、针齿 5、输出盘 6、针轮 7 组成。

（1）输入轴 输入轴上固连太阳轮，输入运动和动力，与渐开线行星轮互相啮合。

（2）行星轮 行星轮与曲柄轴固连，两个行星轮均匀地分布在一个圆周上，起分担功率的作用，将输入功率分成两路传递给摆线针轮减速机构。

（3）曲柄轴 曲柄轴是摆线轮的旋转轴，它的一端与行星轮相连接，另一端与支承圆盘相连接，带动摆线轮产生公转，同时又支承摆线轮产生自转。

（4）摆线轮 为了实现径向力的平衡，一般采用两个完全相同的摆线轮，分别安装在曲柄轴上，且两摆线轮的偏心相位差为 180°。

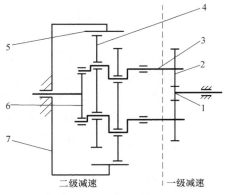

图 3-2-8 RV 减速器的传动结构示意图

1—输入轴 2—行星轮 3—曲柄轴 4—摆线轮
5—针齿 6—输出盘 7—针轮

（5）针齿　针轮与机架固连在一起成为针轮壳体，在针齿壳内安装针齿。

（6）输出盘　输出盘与刚性盘相互连接成为一个整体，输出运动和动力。在刚性盘上均匀分布两个转臂的轴承孔，输出端借助轴承安装在这个刚性盘上。

（7）针轮　针轮是针齿的安装壳体，通常是固定的。

2. 减速比

1）第一级减速。电动机的旋转运动由输入轴传递给两个行星轮，与行星轮固连在一起的曲柄轴减速输出，该部分进行第一级减速。

2）第二级减速。曲柄轴带动相距 $180°$ 的摆线轮转动，从而形成摆线轮的公转；由于摆线轮在公转过程中会受到固定于针齿壳上的针齿的作用力，形成与摆线轮公转方向相反的力矩，使得摆线轮自转，完成第二级减速。

两个曲柄轴使摆线轮与刚性盘构成平行四边形的等角速度输出机构，将摆线轮的转动等速传递给刚性盘及输出盘。

当针轮固定、输出盘输出时，RV 减速器的传动比计算公式为

$$i_{16} = 1 + \frac{z_2}{z_1} z_7 \qquad (2\text{-}7)$$

式中　z_1——太阳轮 1 齿数；

　　　z_2——行星轮 2 齿数；

　　　z_7——针轮 7 齿数，$z_7 = z_4 + 1$；

　　　z_4——摆线轮 4 齿数。

例 2-1　已知一 RV 减速器，其传动比 $i = 121$，$z_1 = 18$，$z_2 = 36$，求针轮的齿数 z_7。

解：由式（2-7）可知

$$i_{16} = 1 + \frac{z_2}{z_1} z_7$$

$$121 = 1 + \frac{36}{18} z_7$$

$$z_7 = 60$$

3. 主要特点

RV 减速器具有两级减速装置，并且其曲柄轴采用了中心圆盘支承结构的封闭式摆线针轮行星传动机构。其主要特点：三大（传动比大、承载能力大、刚度大）、二高（运动精度高、传动效率高）、一小（回差小）。

（1）传动比大　通过改变第一级减速装置中太阳轮和行星轮的齿数，可以方便地获得范围较大的传动比，其常用的传动比范围为 $i = 57 \sim 192$。

（2）承载能力大　由于采用两个及以上均匀分布的行星轮和曲柄轴，因此可以进行功率分流，而且采用了具有圆盘支承装置的输出机构，故其承载能力大。

（3）刚度大　由于采用了圆盘支承装置，改善了曲柄轴的支承情况，从而使得其传动轴的扭转刚度增大。

（4）运动精度高　由于系统的回转误差小，因此可获得较高的运动精度。

（5）传动效率高　除了针轮的针齿销支承部分外，其他构件均采用滚动轴承支承，传动效率高，传动效率 $\eta = 0.85 \sim 0.92$。

（6）回差小　各构件间所产生的摩擦和磨损较小，间隙小、传动性能好、回差小。

2.3.2　谐波减速器传动

1. 基本结构

谐波减速器的基本结构如图 3-2-9 所示，它主要由刚轮 1、柔轮 2、波发生器 3 三个基本部件构成，可任意固定其中一个部件，其余两个部件中的一个连接输入轴（主动），另一个即可作为输出部件（从动），实现减速或增速。作为减速器使用，通常采用波发生器主动、刚轮固定、柔轮输出的形式；有时候也采用柔轮固定、刚轮输出的形式。

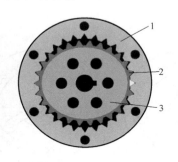

图 3-2-9　谐波减速器的基本结构
1—刚轮　2—柔轮　3—波发生器

（1）刚轮　刚轮是一个带有内齿圈的刚性圆环状零件，其齿数比柔轮略多（齿数差一般为 2 个或 4 个）。当刚轮固定时，刚轮的连接孔用来连接壳体；当柔轮固定时，连接孔可用来连接输出轴。为了减小体积，在薄形、超薄形或微型谐波减速器上，刚轮有时与减速器设计成一体，构成谐波减速器单元。

（2）柔轮　柔轮是一个带有外齿圈的柔性薄壁弹性体零件，它可以被制成水杯形、礼帽形，也可被制成薄饼形等其他形状，通过柔轮外齿与刚轮内齿的啮合，实现机械传动。水杯形柔轮的底部加工有安装孔：当刚轮固定时，底部安装孔可用来连接输出轴；当柔轮固定时，底部安装孔可用来固定柔轮。

（3）波发生器　波发生器由椭圆形的凸轮外侧固定一个能够产生弹性变形的薄壁滚珠轴承构成，波发生器安装在柔轮内圈。

常见内外圈啮合的齿形有渐开线齿、三角齿、P 型齿等，如图 3-2-10 所示。P 型齿是较新研制的齿形，具有如下特点。

1）齿高小，较小的啮合距离就可以获得较大的啮合量，可以承受较大的扭矩。

2）齿宽较大，齿根弧度较大，减少发生断裂失效的风险。

3）柔性变形量小，使柔轮寿命得到较大提高。

4）多达 20%~30% 的齿参与啮合，齿面压力小。

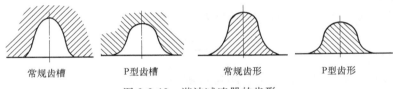

| 常规齿槽 | P型齿槽 | 常规齿形 | P型齿形 |

图 3-2-10　谐波减速器的齿形

如图 3-2-11 所示，轮式波发生器通常有如下两种类型。

（1）双滚轮式　结构简单，制造方便，用于低精度、轻载传动。

（2）多滚轮式　承载能力高，用于大型传动。

2．减速比计算

波发生器装在柔轮内圈，迫使柔轮的外齿圈部位变成椭圆形，使椭圆长轴附近的柔轮外齿与刚轮内齿完全啮合，短轴附近的柔轮外齿与刚轮内齿完全脱开。如图 3-2-12 所示，当波发生器连续旋转时，柔轮外齿与刚轮内齿的完全啮合位置不断变化。

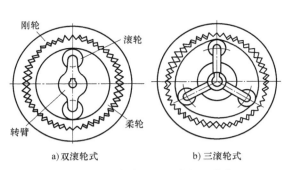

a）双滚轮式　　　　　　b）三滚轮式

图 3-2-11　谐波减速器的波发生器类型

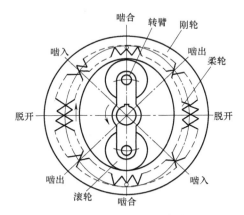

图 3-2-12　谐波减速器的变速原理

旋转开始时刻，假设谐波发生器椭圆长轴位于 0° 位置，此时，柔轮基准齿和刚轮 0° 位置的齿完全啮合。谐波发生器在输入轴的驱动下产生顺时针旋转时，椭圆长轴也将顺时针回转，使柔轮和刚轮的啮合位置也顺时针转移。

假设谐波减速器的刚轮固定、柔轮可旋转，由于柔轮的齿形与刚轮完全相同，但齿数少于刚轮（如相差 2 个齿），且当椭圆长轴的啮合位置到达刚轮-90°位置时，由于柔轮、刚轮所转过的齿数必须相同，故柔轮转过的角度将大于刚轮；如果刚轮和柔轮相差 2 个齿，柔轮上的基准齿将逆时针偏离刚轮 0° 基准位置 0.5 个齿。进而，当椭圆长轴的啮合位置到达刚轮-180°位置时，柔轮上的基准齿将逆时针偏离刚轮 0° 基准位置 1 个齿；而当椭圆长轴绕柔轮回转一周后，柔轮上的基准齿将逆时针偏离刚轮 0° 基准位置一个齿差（2 个齿）。

当刚轮固定、谐波发生器连接输入轴、柔轮连接输出轴时，如谐波发生器绕柔轮顺时针旋转 1 周（-360°），柔轮将相对于固定的刚轮逆时针转过一个齿差（2 个齿），其偏移的角度为

$$\theta = -\frac{z_c - z_f}{z_f} \times 360°$$

式中　z_c——刚轮齿数；

z_f——柔轮齿数。

柔轮输出和谐波发生器输入间的传动比为

$$i = -\frac{z_f}{z_c - z_f} \tag{2-8}$$

同理，如谐波减速器的柔轮固定、刚轮可旋转，当谐波发生器绕柔轮顺时针旋转 1 周（-360°）时，刚轮的基准齿顺时针偏离柔轮一个齿差，其偏移角度为 $\theta = \frac{z_c - z_f}{z_c} \times 360°$。因此，

当柔轮固定、谐波发生器连接输入轴、刚轮连接输出轴时，其传动比为

$$i = -\frac{z_c}{z_c - z_f} \qquad (2-9)$$

例 2-2 已知一谐波减速器的刚轮的内齿齿数 $z_1 = 82$，柔轮的外齿齿数 $z_2 = 80$，如果波发生器作为输入，刚轮固定，柔轮输出。试计算传动比 i。

解：由题意可知

$$z_c = z_1 = 82, \quad z_f = z_2 = 80$$

将其代入式（2-8）得

$$i = -\frac{z_f}{z_c - z_f}$$
$$= -\frac{80}{82 - 80}$$
$$= -40$$

3. 主要特点

由谐波齿轮传动装置的结构和原理可见，它与其他传动装置相比，主要有以下特点。

（1）传动比大　单级传动比范围可达 70~320，多级传动比可达 30000 以上。

（2）承载能力大　谐波齿轮传动中，同时啮合的齿数占总齿数的 30% 左右，而且是面接触，因此每个齿轮所承受的压力较小，可获得很高的转矩容量。

（3）传动精度高　多齿同时啮合，并且有两个 180° 对称的齿轮啮合，因此齿轮齿距误差和齿距累积误差对旋转精度的影响较为平均，使位置精度和旋转精度达到极高的水准。

（4）传动效率高　轮齿啮合部位滑动小，减少了摩擦产生的动力损失，因此在获得高减速比的同时，得以维持高传动效率，传动效率为 0.92~0.96。

（5）刚度小　柔轮是薄壁类零件，在大功率、大转矩传动中，刚性不容易保证。

（6）回差小　可以通过调整波发生器的半径来增加柔轮的变形，进而减小齿隙，甚至能做到无侧隙啮合。

（7）体积小　与其他减速器相比，其零件数约为 50% 左右，体积、重量约为 2/3，却能获得相同的转矩和减速比。

（8）噪声小　谐波齿轮传动装置进入和退出啮合的过程是连续渐进的，齿面滑移速度小，无突变，因此其传动平稳，无冲击，使用寿命长。

习　题

2-1　常见的驱动方式有哪几种？各有什么特点？

2-2　什么是直线传动机构？请举例说明。

2-3　什么是旋转传动机构？请举例说明。

2-4　已知一对直齿圆柱齿轮传动，输入轴转速 $n_1 = 300 \mathrm{r/min}$，主动齿轮齿数 $z_1 = 20$，从动齿轮齿数 $z_2 = 50$，传动效率 $\eta = 95\%$，如果输入轴的输入功率 $P = 2 \mathrm{kW}$，试计算输出齿轮的转速 n_2 及输出转矩 T_2。

2-5　试简述 RV 减速器的结构组成及其特点。

2-6　已知一 RV 减速器，太阳轮齿数 $z_1 = 30$，行星轮齿数 $z_2 = 60$，摆线轮齿数 $z_4 = 70$，针轮齿数 $z_7 = 71$。当针轮固定、输出盘输出时，试计算传动比 i_{16}。

2-7　试简述谐波减速器的结构组成及其特点，以及减速比的计算方法。

2-8　已知一谐波减速器的刚轮的内齿齿数 $z_1 = 120$，柔轮的外齿齿数 $z_2 = 122$，如果波发生器作为输入，刚轮固定，柔轮输出，试计算传动比 i。

第 **3** 章

机身与臂部机构

工业机器人通常安装在基座上，机身连接基座与臂部，是支承机器人的部件，机身也称为立柱，能实现臂部的升降、回转、俯仰等运动。臂部连接机身与腕部，也能实现腕部的升降、回转、俯仰等动作，臂部可以进一步扩大机器人的工作范围，提高机器人的灵活性。

3.1 机身和臂部设计的基本要求

工业机器人要完成焊接、抓举、放置工件等工作，需要有一定的刚度、灵活性和准确性。机身、臂部都作为机器人的连接部件和支承部件，在设计时需要满足一些基本的要求。

3.1.1 设计基本要求

机身及臂部的结构型式必须由机器人的运动形式、控制算法的复杂度、抓取动作自由度、运动精度等因素来确定。设计时必须考虑到机身和臂部的受力情况、液压（气压）缸及导向装置的布置、内部管路与腕部的连接形式等因素。通常机身及臂部设计要特别注意以下几个方面。

1. 结构布局要合理

机身和臂部的结构布局一般由机器人总体设计来确定，机器人坐标类型对机身的布局影响最大。直角坐标型机器人的机身和臂部通常设计成升降或水平移动结构；圆柱坐标型机器人通常设计成回转与升降移动结构；球（极）坐标型机器人通常设计成回转与俯仰这两种类型的结构；关节坐标型机器人则主要以回转机构为主。驱动机构、减速机构及机械本体的布局要简洁、合理，便于装配、维护，应在机身和臂部上留有固定工作辅件的结构。

2. 具有足够的承载能力和刚度

机身和臂部在工作中相当于一个悬臂梁，如果刚性不足，可能会导致其竖直面内的弯曲变形和侧向扭转变形过大，并在末端形成振动，影响机器人的额定载荷、运动稳定性、运动速度和定位精度等，以致无法工作。为避免这些问题出现，设计时要合理选择机身和臂部的截面形状。工字形截面构件的弯曲刚度一般比圆形截面构件的大，在相同截面面积的情况下，空心轴的扭转刚度要比实心轴的大得多，所以常用工字钢和槽钢做支承件，用钢管做臂杆和导向杆。

3. 导向性要好

为了使臂部在直线移动过程中不致发生相对转动，以保证腕部的方向正确，应设置导向装置，或者设计方形、花键等形式的臂杆。导向装置的具体结构型式一般应根据载荷大小以及臂部长度、行程、安装形式等因素来决定。导轨的长度不宜小于其间距的两倍，以保证导向性良好。

4. 重量和转动惯量要小

为提高机器人移动关节的运动速度及加速度，在满足强度和刚度要求的前提下，要尽量减轻臂部运动部分的重量。对于转动关节，在驱动转矩不变的情况下，转动惯量越小，转动的角加速度越大，关节的灵敏度越好。另外，应注意减小偏重力矩，偏重力矩过大易使臂部在升降时，驱动力小于摩擦力，形成自锁，导致发生卡死或爬行现象。可以通过以下方法减小或消除偏重力矩。

1）尽量减轻臂部运动部分的重量。

2）尽量使臂部的重心靠近立柱中心。

3）采取配重。

5. 定位精度和重复定位精度要高

定位精度和重复定位精度是衡量机器人性能的重要指标，它们决定了机器人运动位置的准确性，其受零部件精度、惯性冲击、定位方法、结构刚度、控制及驱动系统精度等因素的影响。

臂部运动的加速度越大、重量越大，由惯性力引起的定位冲击就越大，不仅影响运动的平稳性，而且影响定位精度。

6. 运动要平稳，且要采取一定的缓冲措施

串联多关节型机器人是典型的非线性控制系统，其运动平稳性较难保证，需要采取一定的缓冲措施。

工业机器人常用的缓冲装置有弹性缓冲元件、液压（气压）缸端部缓冲装置、缓冲回路和液压缓冲器等。按照它们在机器人或机械手结构中位置的不同，可以分为内部缓冲装置和外部缓冲装置两类。设置在驱动系统内的缓冲部件属于内部缓冲装置，液压（气压）缸端部节流缓冲环节与缓冲回路均属于此类。弹性缓冲元件和液压缓冲器一般设置在驱动系统之外，故属于外部缓冲装置。内部缓冲装置具有结构简单、紧凑等优点，但其安装位置受到限制；外部缓冲装置具有安装简便、灵活、容易调整等优点，但体积较大。

3.1.2 偏重力矩及自锁条件计算

例 3-1 已知如图 3-3-1 所示机器人结构示意图，其中立柱的重量 $G_0 = 400\text{N}$，手爪部分可抓取工件的最大重量 $G_1 = 500\text{N}$，距离立柱中轴线 $l_1 = 1500\text{mm}$；腕部重量 $G_2 = 100\text{N}$，$l_2 = 1200\text{mm}$；臂部重量 $G_3 = 150\text{N}$，$l_3 = 800\text{mm}$。

1）试计算该机器人的偏重力矩。

2）如果导套长度 $h = 100\text{mm}$，摩擦因数 $f = 0.08$，立柱直径忽略不计，立柱是否自锁？

3）设计中如何避免立柱自锁？

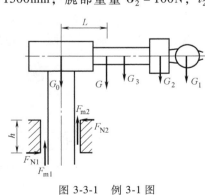

图 3-3-1　例 3-1 图

解： 1）偏重力矩 M（设逆时针为正）为

$$M = \sum M_i = M_0 + M_1 + M_2 + M_3$$
$$= -(G_0 l_0 + G_1 l_1 + G_2 l_2 + G_3 l_3)$$
$$= -(400 \times 0 + 500 \times 1.5 + 100 \times 1.2 + 150 \times 0.8)\text{N} \cdot \text{m}$$
$$= -990\text{N} \cdot \text{m}$$

2）由静力学平衡方程可知，立柱在静止状态下的受力情况如下。

由 $M+F_{N1}h=0$，可得

$$F_{N1} = -\frac{M}{h} = -\frac{-990\text{N} \cdot \text{m}}{0.1\text{m}} = 9900\text{N}$$

由 $M+F_{N2}h=0$，可得

$$F_{N2} = -\frac{M}{h} = -\frac{-990\text{N} \cdot \text{m}}{0.1\text{m}} = 9900\text{N}$$

假定立柱能向下滑动，则动摩擦力为

$$\begin{aligned}F &= F_{N1}f+F_{N2}f\\&= 9900\times0.08\text{N}+9900\times0.08\text{N}\\&= 1584\text{N}\end{aligned}$$

立柱向下的驱动力为

$$\begin{aligned}G &= G_0+G_1+G_2+G_3\\&= 400\text{N}+500\text{N}+100\text{N}+150\text{N}\\&= 1150\text{N}<F=1584\text{N}\end{aligned}$$

由于向下的驱动力不足以克服动摩擦力，故立柱自锁。

3）由以上计算分析可知，要避免立柱自锁，应减小摩擦力，可从以下三个方面入手：①减小偏重力矩 M；②增加导套长度；③降低摩擦因素 f。

3.2 机身设计

机身结构一般由机器人总体设计确定，圆柱坐标型机器人的回转与升降两个自由度归属于机身；球（极）坐标型机器人的回转与俯仰两个自由度归属于机身；关节坐标型机器人的腰部回转自由度归属于机身；直角坐标型机器人的升降或水平移动自由度有时也归属于机身。关节型机器人的机身设计具有典型意义。

3.2.1 关节型机器人机身的典型结构

关节型机器人机身只有一个回转自由度，即腰部的回转运动的自由度。腰部要支承整个机身绕基座进行旋转，在机器人六个关节中受力最大、最复杂，既承受很大的轴向力、径向力，又承受倾覆力矩。影响腰部结构最关键的因素是驱动电动机的布置方案，不同功能和需求的机器人有不同的布置方案。按照驱动电动机旋转轴线与减速器旋转轴线是否在一条线上，腰部关节电动机有同轴式与偏置式两种布置方案，如图 3-3-2 所示。

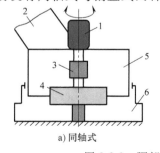 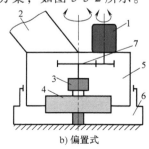

a) 同轴式　　　　　　　　b) 偏置式

图 3-3-2 腰部关节电动机布置方案

1—驱动电动机　2—大臂　3—联轴器　4—减速器　5—腰部　6—基座　7—齿轮

同轴式布置方案多用于小型机器人，腰部驱动电动机采用立式倒置安装。如图 3-3-2a 所示，驱动电动机 1 的输出轴与减速器 4 的输入轴通过联轴器 3 相连，减速器 4 输出轴法兰与基座 6 相连并固定，这样减速器 4 的外壳将旋转，带动安装在减速器机壳上的腰部 5 绕基座 6 做旋转运动。

偏置式布置方案多用于中、大型机器人，如图 3-3-2b 所示，从重力平衡的角度考虑，驱动电动机 1 与机器人大臂 2 相对安装，驱动电动机 1 通过一对外啮合齿轮 7 做一级减速，把运动传递给减速器 4，其工作原理与图 3-3-2a 所示结构相同。

腰部关节多采用高刚度和高精度的 RV 减速器传动，RV 减速器内部有一对径向推力球轴承，可承受机器人的倾覆力矩，能够满足在无基座轴承时抗倾覆力矩的要求，故可取消基座轴承。机器人的腰部回转精度靠 RV 减速器的回转精度保证。

对于中、大型机器人，为便于走线，常采用中空型 RV 减速器，其典型驱动案例如图 3-3-3 所示，驱动电动机 1 的轴齿轮与 RV 减速器 4 输入端的中空齿轮 3 相啮合，实现一级减速；RV 减速器 4 的输出轴固定在基座 5 上，减速器的外壳旋转实现二级减速，带动安装于其上的机身做旋转运动。

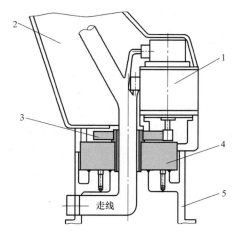

图 3-3-3　腰部使用中空型 RV 减速器驱动案例
1—驱动电动机　2—大臂　3—中空齿轮
4—RV 减速器　5—基座

3.2.2　机身设计举例

从上篇的工程力学基础可知，对于转动的刚体或构件，其转动惯量、惯性力矩、转动功率的计算公式如下。

1）转动惯量（kg·m²）计算公式为

$$J = mr^2 \tag{3-1}$$

式中　m——质量（kg）；

r——转动半径（m）。

2）惯性力矩（N·m）计算公式为

$$M = J\alpha \tag{3-2}$$

式中　J——转动惯量（kg·m²）；

α——转动角加速度（rad/s²）。

3）转动功率（W）的计算公式为

$$P = M\omega \tag{3-3}$$

式中　M——惯性力矩（N·m）；

ω——转动角速度（rad/s）。

1. 电动机选型计算

例 3-2　对如图 3-3-4 所示工业机器人，其最大伸展长度 $l_l = 1.4\text{m}$，末端最大负载 $m_l =$ 6kg，机器人转动部件的重心在离腰部转动关节中心 $l_0 = 0.6\text{m}$ 处，其总转动惯量 $J_0 = 10\text{kg·m}^2$，现已知腰部关节的最大角速度 $\omega =$ 3.2rad/s，最大角加速度 $\alpha = 12\text{rad/s}^2$，腰部关节 RV 减速器的总传动效率 $\eta = 85\%$，总摩擦阻力矩 $M_f = 100\text{N} \cdot \text{m}$，试估算腰部关节电动机的输出功率。

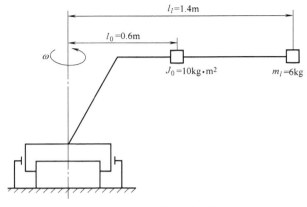

图 3-3-4　电动机功率计算

解：机器人的转动部件消耗的功率计算为

$$J_0 = 10\text{kg} \cdot \text{m}^2$$
$$M_0 = J_0\alpha = 10 \times 12\text{N} \cdot \text{m} = 120\text{N} \cdot \text{m}$$
$$P_0 = M_0\omega = 120 \times 3.2\text{W} = 384\text{W}$$

负载转动消耗的功率计算为

$$J_l = m_l r^2 = 6 \times 1.4^2\text{kg} \cdot \text{m}^2 = 11.76\text{kg} \cdot \text{m}^2$$
$$M_l = J_l\alpha = 11.76 \times 12\text{N} \cdot \text{m} = 141.12\text{N} \cdot \text{m}$$
$$P_l = M_l\omega = 141.12 \times 3.2\text{W} = 451.58\text{W}$$

克服摩擦转矩消耗的功率计算为

$$M_f = 100\text{N} \cdot \text{m}$$
$$P_f = M_f\omega = 100 \times 3.2\text{W} = 320\text{W}$$

所以消耗的总功率为

$$P_c = P_0 + P_l + P_f = 384\text{W} + 451.58\text{W} + 320\text{W} = 1155.58\text{W}$$

所选电动机的输出功率为

$$P = \frac{P_c}{\eta} = \frac{1155.58}{0.85}\text{W} = 1359.5\text{W}$$

2. 腰部底座的弯曲应力计算

例 3-3　如图 3-3-5 所示，已知一工业机器人的最大伸展长度 $l_l = 1.4\text{m}$，末端最大负载 $m_l = 6\text{kg}$，机器人转动部件的重心在离腰部转动关节中心 $l_0 = 0.6\text{m}$ 处，其总转动惯量 $J_0 = 10\text{kg} \cdot \text{m}^2$，机器人腰部的底座可以看成外径 $d = 200\text{mm}$、内径 $d_0 = 180\text{mm}$ 的空心圆筒。试计算静止时腰部底座所受的最大弯曲应力。

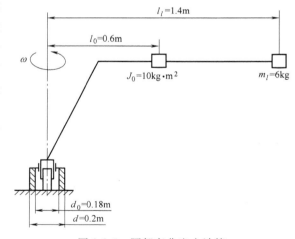

图 3-3-5　腰部弯曲应力计算

解：由 $J = mr^2$ 可知，机器人转动部件的质量为

$$m_0 = \frac{J_0}{l_0^2} = \frac{10}{0.6^2}\text{kg} = 27.8\text{kg}$$

负载产生的弯矩为

$$M_l = m_l g l_l = 6 \times 9.8 \times 1.4\text{N} \cdot \text{m} = 82.32\text{N} \cdot \text{m}$$

机器人转动部件产生的静弯矩为

$$M_0 = m_0 g l_0 = 27.8 \times 9.8 \times 0.6\text{N} \cdot \text{m} = 163.46\text{N} \cdot \text{m}$$

总的静弯矩为

$$M = M_l + M_0 = 82.32\text{N} \cdot \text{m} + 163.46\text{N} \cdot \text{m} = 245.78\text{N} \cdot \text{m}$$

则静止时腰部底座所受的最大弯曲应力为

$$\sigma_{max} = \frac{M_W}{W_z} = \frac{M}{0.1d^3 \left[1 - \left(\frac{d_0}{d} \right)^4 \right]}$$

$$= \frac{245.78}{0.1 \times 0.2^3 \left[1 - \left(\frac{0.18}{0.20} \right)^4 \right]} \text{Pa}$$

$$= 0.89 \text{MPa}$$

3.3　臂部设计

工业机器人的臂部由大臂、小臂（或多个臂）所组成，一般具有两个自由度，可以实现伸缩、回转、俯仰或升降等动作。臂部总重量较大，受力一般较复杂，运动时直接承受腕部、手部和工件（或工具）的静、动载荷，尤其在高速运动时，将产生较大的惯性力（或惯性力矩），引起冲击，影响定位的准确性。臂部是工业机器人的主要执行部件，其作用是支承手部和腕部，并改变它们的空间位置。臂部运动部分零件的重量直接影响着臂部结构的刚度和强度，工业机器人的臂部一般与控制系统和驱动系统一起安装在机身（即机座）上，机身可以是固定式的，也可以是移动式的。关节型机器人是最常见的工业机器人，研究其臂部结构具有普遍意义。

3.3.1　关节型机器人臂部的典型结构

关节型机器人的臂部由大臂和小臂组成，大臂与机身相连的关节称为肩关节，大臂与小臂相连的关节称为肘关节。与机身结构一样，电动机布局也是影响臂部结构设计的关键因素。

1. 肩关节电动机布置

肩关节要承受大臂、小臂、腕部和手部的重量和载荷，受到很大的力矩作用，也同时承受来自平衡装置的弯矩，需要具备较高的运动精度和刚度，因此肩关节大多采用高刚度的RV减速器传动。按照电动机旋转轴线与减速器旋转轴线是否在一条线上，肩关节电动机布置方案也可分为同轴式与偏置式两种，如图3-3-6所示，电动机和减速器均安装在机身上。

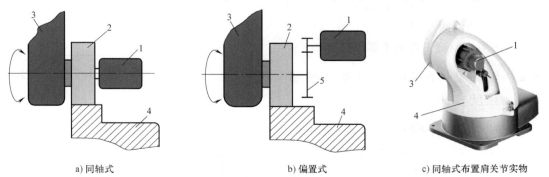

a) 同轴式　　　　　　　　　b) 偏置式　　　　　　　　c) 同轴式布置肩关节实物

图 3-3-6　肩关节电动机布置方案

1—肩关节电动机　2—减速器　3—大臂　4—机身　5—齿轮

239

同轴式布置如图 3-3-6a 所示，肩关节电动机 1 与减速器 2 同轴相连，减速器 2 输出轴带动大臂 3 实现旋转运动，这种结构多用于小型机器人。

偏置式布置如图 3-3-6b 所示，肩关节电动机 1 与减速器 2 偏置相连，电动机通过输出轴上的齿轮与齿轮 5 外啮合减速，把运动传递给减速器 2，减速器 2 输出轴带动大臂 3 实现旋转运动，偏置式结构多用于中、大型机器人。图 3-3-6c 所示为同轴式布置肩关节实物。

对于中、大型机器人，为便于走线，肩关节也常采用中空型 RV 减速器。

2. 肘关节电动机布置

肘关节要承受小臂、腕部和手部的重量和载荷，受到很大的力矩作用。肘关节也应具有较高的运动精度和刚度，同样采用高刚度的 RV 减速器传动。按照电动机旋转轴线与减速器旋转轴线是否在一条线上，肘关节电动机布置方案也可分为同轴式与偏置式两种，如图 3-3-7 所示，电动机和减速器均安装在小臂上。

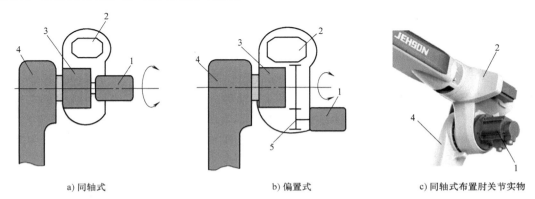

a) 同轴式　　　　　　　　b) 偏置式　　　　　　　c) 同轴式布置肘关节实物

图 3-3-7　肘关节电动机布置方案

1—肘关节电动机　2—小臂　3—减速器　4—大臂　5—齿轮

图 3-3-7a 所示为同轴式布局，肘关节电动机 1 与减速器 3 同轴相连，减速器 3 的输出轴固定在大臂 4 上端，减速器 3 的外壳旋转带动小臂 2 做上下摆动，这种布局多用于小型机器人。

图 3-3-7b 所示为偏置式布局，肘关节电动机 1 与减速器 3 偏置相连，肘关节电动机 1 通过一对外啮合齿轮 5 做一级减速，把运动传递给减速器 3，减速器 3 的输出轴固定于大臂 4 上端，减速器外壳与小臂 2 固定连接，做相对于大臂 4 的俯仰运动，这种布局多用于中、大型机器人。图 3-3-7c 所示为同轴式布置肘关节实物。

对于中、大型机器人，为便于走线，肘关节也常采用中空型 RV 减速器。

3.3.2　臂部设计举例——肘关节根部强度校核

例 3-4　如图 3-3-8 所示，已知一工业机器人的肘关节为空心圆轴，$d = 80mm$，$d_0 = 64mm$，小臂长 $l_a = 400mm$，末端手爪伸出长度 $l_b = 200mm$，机器人小臂及手爪在水平位置且相互垂直，手爪末端 A 有 $m = 14kg$ 的重

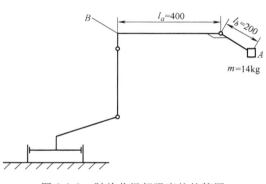

图 3-3-8　肘关节根部强度校核简图

物，向上的加速度 $a=10\text{m/s}^2$，小臂材料为铝合金，$[\sigma]=210\text{MPa}$，不考虑小臂和手爪的重量，试根据弯扭组合的第三强度理论，校核该肘关节根部 B 的强度。

解： 重物加速运动的驱动反力及重力在机器人末端 A 产生的合力为

$$F=mg+ma=14\times9.8\text{N}+14\times10\text{N}=277.2\text{N}$$

F 作用于 B 点的弯矩大小为

$$M_W=Fl_a=277.2\times0.4\text{N}\cdot\text{m}=110.88\text{N}\cdot\text{m}$$

F 作用于 B 点的扭矩大小为

$$M_T=Fl_b=277.2\times0.2\text{N}\cdot\text{m}=55.44\text{N}\cdot\text{m}$$

根据第三强度理论，有

$$
\begin{aligned}
\sigma_{e3}&=\frac{\sqrt{M_W^2+M_T^2}}{W_z}\\
&=\frac{\sqrt{M_W^2+M_T^2}}{0.1d^3\left[1-\left(\dfrac{d_0}{d}\right)^4\right]}\\
&=\frac{\sqrt{110.88^2+55.44^2}}{0.1\times0.08^3\left[1-\left(\dfrac{0.064}{0.08}\right)^4\right]}\text{Pa}\\
&=4.10\text{MPa}
\end{aligned}
$$

因 $\sigma_{e3}<[\sigma]$，故强度满足要求。

习 题

3-1 简述机身和臂部设计的基本要求。

3-2 机身腰部关节电动机有哪两种布置形式？有何特点？各自应用在哪种场合？

3-3 如图 3-3-5 所示的工业机器人，其最大伸展长度 $l_l=1.6\text{m}$，末端最大负载 $m_l=6\text{kg}$，机器人转动部件的重心在离腰部转动关节中心 $l_0=0.6\text{m}$ 处，其总转动惯量 $J_0=6\text{kg}\cdot\text{m}^2$，机器人腰部的底座可以看成外径为 200mm 的空心圆筒。现已测量出静止时腰部底座所受的最大弯曲应力 $\sigma=0.8\text{MPa}$，试估算其壁厚。

3-4 臂部的肩关节电动机有哪两种布置形式？有何特点？各自应用在哪种场合？

3-5 如图 3-3-8 所示的工业机器人，肘关节为空心圆轴，$d=72\text{mm}$，$d_0=56\text{mm}$，臂长 $l_a=300\text{mm}$，末端手爪伸出长度 $l_b=100\text{mm}$，现机器人小臂及手爪处于水平位置且相互垂直，手爪末端 A 有 $m=10\text{kg}$ 的重物，向上的加速度 $a=12\text{m/s}^2$，不考虑小臂和手爪的重量，试根据弯扭组合的第三强度理论，计算 B 点的等效应力。

第 4 章

腕部、手部与行走机构

机器人的手部也称为末端执行器，它安装于机器人臂部的前端，可以模仿人手的动作，抓握工件或执行作业，手部可安装夹持器、工具、传感器等。机器人腕部是连接手部与臂部的部件，起支承手部、调整机器人手部姿态的作用，通过控制腕部转动关节的转角来调整机器人的腕部姿态。行走机构可以扩大机器人的工作范围，支承机器人的机身、臂部和手部等。

4.1 腕部机构

4.1.1 腕部的自由度与作用

机器人要具有六个自由度才能使手部（末端执行器）达到目标位置并且处于期望的姿态，腕部的自由度主要用来控制机器人手部的姿态。为了使手部能处于空间任意方向，要求腕部能绕空间 x、y、z 三个坐标轴转动，具有回转、俯仰和偏转三个自由度，如图 3-4-1 所示。通常，把腕部绕 z 轴的回转称为 Roll，用 R 表示；把腕部绕 y 轴的俯仰称为 Pitch，用 P 表示；把腕部绕 x 轴的偏转称为 Yaw，用 Y 表示。

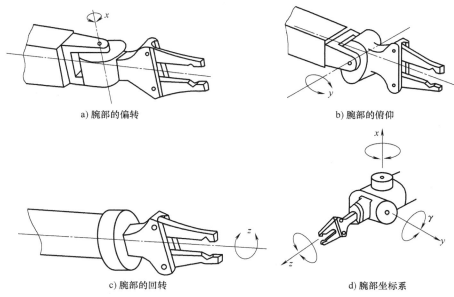

a) 腕部的偏转   b) 腕部的俯仰

c) 腕部的回转   d) 腕部坐标系

图 3-4-1 腕部的自由度

4.1.2 腕部的分类

腕部按自由度数可分为单自由度腕部、二自由度腕部、三自由度腕部等。

1. 单自由度腕部

单自由度腕部如图 3-4-2 所示。图 3-4-2a 所示为回转（roll）关节，也称为 R 关节，它使臂部纵轴线和腕部关节轴线共线，R 关节的旋转角度可达到 ±360°；图 3-4-2b、c 所示为弯曲（bend）关节，也称为 B 关节，关节轴线与前、后两个连接件的轴线相垂直，B 关节因为受到结构的干涉，旋转角度小，方向角也受到很大的限制；图 3-4-2d 所示为移动（translate）关节，也称为 T 关节。

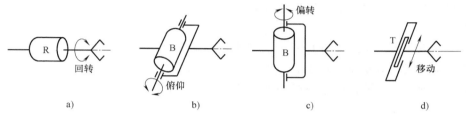

图 3-4-2　单自由度腕部

2. 二自由度腕部

常见的二自由度腕部有图 3-4-3 所示的三种，它可以是由一个 B 关节和一个 R 关节组成的 BR 腕部，如图 3-4-3a 所示；也可以是由两个 B 关节组成的 BB 腕部，如图 3-4-3b 所示。二自由度腕部不能由两个 R 关节组成，两个 R 关节共轴线，退化了一个自由度，构成单自由度腕部，如图 3-4-3c 所示。二自由度腕部中最常用的是 BR 腕部。

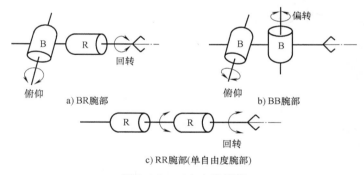

图 3-4-3　二自由度腕部

3. 三自由度腕部

三自由度腕部一般由 B 关节和 R 关节组成，实际应用中有 BBR、RRR、BRR 和 RBR 四种型式，如图 3-4-4 所示。RRR 结构型式的腕部一般用于喷涂、装配等作业，PUMA262 机

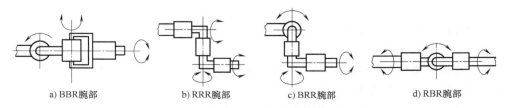

图 3-4-4　三自由度腕部的四种结构型式

243

器人的腕部采用的就是 RRR 结构型式；RBR 结构型式腕部的三条轴线相交于一点，运动学求解简单，又称为欧拉腕部，是目前主流的机器人腕部结构型式。

4.1.3　腕部关节的典型结构

通用型六自由度串联关节型机器人的机械结构从外观上看大同小异，从本质上讲，关节、机身、臂部和腕部结构也基本一致。如图 3-4-5 所示，从关节所起的主要作用来看，J_1、J_2 和 J_3 三个关节，决定了机器人手部的作业范围；J_4、J_5 和 J_6 三个关节，决定了机器人手部的姿态。J_2 关节轴线前置，偏移量为 d，扩大了机器人前向的作业范围；为了减小机器人的转动惯量，J_3 和 J_4 的关节轴线空间垂直交错，相距量为 a，以便 J_4 的关节电动机可以尽量后置布局；J_4、J_5 和 J_6 三个关节轴线相交于一点，形成 RBR 腕部结构，运动学求解方便。

对于小型机器人，J_1、J_2 和 J_3 三个关节电动机轴线通常与减速器轴线同线，J_4、J_5 和 J_6 三个关节电动机内藏于小臂内部；对于中、大型机器人，J_1、J_2 和 J_3 三个关节电动机轴线通常与减速器轴线偏置，通过一级外啮合齿轮传递运动，J_4、J_5 和 J_6 三个关节电动机后置于小臂末端，可以有效减小运动惯量。

安川 MOTOMAN SV3 机器人的六个轴为 S、L、M、R、B、T，分别对应于机器人的 J_1、J_2、J_3、J_4、J_5、J_6 六个关节，如图 3-4-6 所示。腕部关节是 RBR 结构，由 R、B 和 T 三个轴组成，其中 R 关节以小臂中心线为轴线，由伺服电动机带动同步带，经过 RV 减速器减速，驱动小臂绕 R 轴旋转。电动机安装在肘关节处，和 M 轴电动机交错安装。B 关节轴线与 T 关节轴线垂直相交，末端执行器的法兰盘绕 T 轴转动。

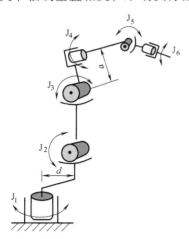

图 3-4-5　六自由度关节型机器人的关节布置与结构特点

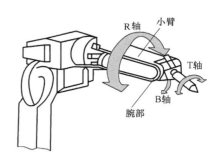

图 3-4-6　MOTOMAN SV3 机器人的腕部结构

4.2　手部机构（末端执行机构）

手部是安装在腕部直接抓握工件、执行作业的部件。手部与腕部之间装有接口法兰，可以方便地拆卸和更换。手部的通用性差，一般是专用装置。

手部要完成的作业种类繁多，手部的类型也多种多样。根据用途，手部可分为手爪和工具两大类，手爪有一定的通用性，用于握持工件，工具则用于特定的作业。根据夹持原理，手部又可分为机械钳爪式和吸附式两大类，其中，吸附式手部还可分为电磁吸附式和真空吸附式两类。吸附式手部的功能已超出了人手的功能范围。

1. 机械钳爪式手部结构

机械钳爪式手部按夹取的方式，可分为内撑式和外夹式两种，分别如图 3-4-7 和图 3-4-8 所示。两者的区别在于夹持工件的部位不同，手爪动作的方向相反。

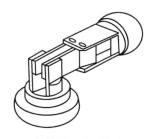

图 3-4-7　内撑钳爪式手部的夹取方式

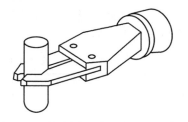

图 3-4-8　外夹钳爪式手部的夹取方式

采用两指内撑式钳爪夹持时，不易保持稳定，工业机器人多用三指内撑式钳爪来夹持工件，如图 3-4-9 所示。

钳爪式手部还有多种结构型式，如齿轮齿条移动式手爪（图 3-4-10）、重力式钳爪（图 3-4-11）、平行连杆式钳爪（图 3-4-12）等。

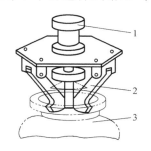

图 3-4-9　三指内撑式钳爪
1—手指驱动电磁铁　2—钳爪　3—工件

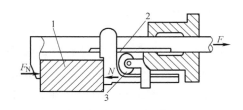

图 3-4-10　齿轮齿条移动式手爪
1—工件　2—齿条　3—齿轮

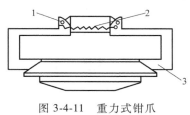

图 3-4-11　重力式钳爪
1—销　2—弹簧　3—钳

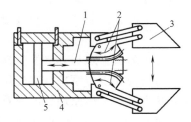

图 3-4-12　平行连杆式钳爪
1—齿条　2—扇形齿轮　3—钳爪
4—气（油）缸　5—钳

2. 吸附式手部结构

（1）电磁吸附式手部结构　电磁吸附式手部结构简单，控制方便。电磁吸盘是电磁吸附式手部的关键部件，图 3-4-13 所示为电磁吸盘的工作原理，线圈 1 通电后，铁心 2 产生磁场，磁力线穿过铁心、空气隙、衔铁 3，衔铁被磁化，在电磁力的作用下被吸住。电磁吸盘的应用有一定的局限性：只能吸住由铁磁材料制成的工件，被吸取过的工件上会有剩磁，吸盘上吸附的铁屑会降低工作的可靠性。

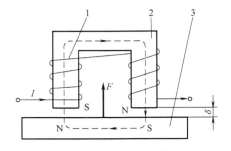

图 3-4-13　电磁吸盘的工作原理
1—线圈　2—铁心　3—衔铁

电磁吸盘设计中需要对电磁铁的吸力进行计算，包括铁心截面积、线圈导线直径、线圈匝数等参数，还要根据实际应用选择工况系数和安全系数。电磁铁吸力的计算公式见表 3-4-1。

表 3-4-1　电磁铁吸力的计算公式

名称	公式	说明
直流电磁铁吸力	$F = 4B^2 A \times 10 f$	F——电磁铁吸力（N） B——磁感应强度（T） A——铁心截面积（cm^2） f——安全系数，小于 1 的数
交流电磁铁吸力	$F_m = 4B_m^2 A \times 10 f$ $F = 2B_m^2 A \times 10 f$	F_m——电磁铁吸力的最大值（N） F——电磁铁吸力的平均值（N） B_m——磁感应强度的最大值（T）

例 4-1　一个铁心截面积为 $20cm^2$ 的电磁铁，在最大磁感应强度为 5T、安全系数为 0.5 的情况下，最大电磁铁吸力为多少？

解：由表 3-4-1 中的公式，有

$$F_m = 4B_m^2 A \times 10 f$$
$$= 4 \times 5^2 \times 20 \times 10 \times 0.5 N$$
$$= 10000 N$$

246

（2）真空吸附式手部结构　真空吸附式手部在机器人中得到广泛应用，用于搬运冰箱壳体、汽车壳体等体积大、重量轻的物体，玻璃、磁盘等易碎的物体，以及表面光滑、不易抓取的物体等。一个典型的真空吸附式手部系统由真空源、控制阀、真空吸盘及辅件组成。

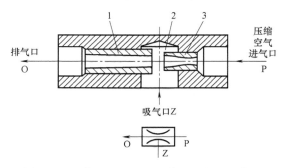

图 3-4-14　真空发生器的工作原理与图形符号
1—接收管　2—混合室　3—喷射管

真空源可分为真空泵与真空发生器两大类。真空泵的结构和工作原理与空气压缩机类似。真空发生器的工作原理与图形符号如图 3-4-14 所示，它利用管道中流动、喷射的高速气体对周围气体产生的卷吸作用来形成真空。真空发生器本身无运动部件、不发热、结构简单、价格便宜，在某些应用场合可以代替真空泵。

真空源抽出一定量的气体，使吸盘与工件之间的密闭容积内气体压力降低，吸盘内、外形成压力差，如图 3-4-15 所示。在这个压力差的作用下，工件被气体压向吸盘并被吸起，吸盘所产生的吸附力为

$$F_{\mathrm{w}} = \frac{pA}{s} \qquad (4\text{-}1)$$

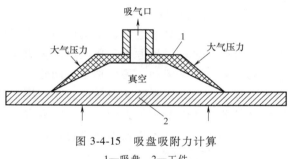

图 3-4-15　吸盘吸附力计算
1—吸盘　2—工件

式中　F_{w}——吸附力（N）；

p——吸盘内的真空度（Pa）；

A——吸盘的有效吸附面积（m^2）；

s——安全系数，大于 1 的数。

通常，吸盘的有效吸附面积取为吸盘面积的 80% 左右，真空度取为真空泵可产生的最大压强值的 90% 左右，安全系数随使用条件而异，水平吸附时取 $f \geqslant 4$，竖直吸附时取 $f \geqslant 8$。在确定安全系数时，除上述条件外，还应考虑以下因素：①工件吸附表面的表面粗糙度；②工件表面是否有油；③工件移动的加速度；④工件重力作用线是否与吸附力作用线重合；⑤工件的材料。可以根据实际情况再增加 1~2 倍。

例 4-2　对于重力 G 为 100N 的工件，真空泵可产生的最大压强值为 0.1MPa，真空度取其 90%，不计工件的其他因素，水平吸附时，至少设计多大的吸盘才可以在确保安全的情况下，吸附住工件？

解： 真空度 $p = 0.1 \times 90\% \mathrm{MPa} = 0.09 \mathrm{MPa} = 90000 \mathrm{Pa}$

水平吸附时，安全系数 $f \geqslant 4$，最小取 4。

需要的吸附力大小为

$$F_{\mathrm{w}} = G = 100\mathrm{N}$$

根据式（4-1）的吸附力计算公式可得，吸盘的最小有效面积为

$$A' = \frac{F_{\mathrm{w}}}{p} \times f \approx 0.0044 \mathrm{m}^2 = 44 \mathrm{cm}^2$$

吸盘的最小实际面积为

$$A = \frac{A'}{80\%} = 55 \mathrm{cm}^2$$

4.3　行走机构

大多数工业机器人工作时是固定在基座上的，也有一部分机器人为了增加工作范围，需要增加行走机构。行走机构是行走式机器人的重要执行部件，它由行走驱动装置、传动机构、位置检测元件、传感器、电缆及管路等组成。

行走机构按其运动轨迹可分为有轨式和无轨式两类。有轨行走机构主要用于定位精度高工业机器人，如横梁式机器人；无轨行走机构有轮式、履带式、步行式等。

4.3.1　轮式行走机构

轮式移动机器人有多种设计方案，其设计参数包括轮子的类型、数量、安装位置及运动参数等。常见轮式行走机构有单轮、双轮、三轮、四轮几种结构。单轮和双轮式行走机构在静止状态或者低速状态下是不稳定的，控制比较困难，使用较少；三轮或四轮式行走机构具有行走平稳、能耗小、容易控制等优点，应用较为广泛。

1. 三轮式行走机构

三轮式行走机构静态稳定、结构简单，应用最为广泛。根据单个轮子类型的不同选择，这类行走机构有多种设计方案。典型的配置方案是一个前轮、两个后轮，前轮作为操纵舵，改变方向，后轮用来驱动；另一种是后两轮独立驱动，前轮仅起支承作用，并靠两轮的转速差来改变移动方向，实现整体灵活的、小范围的移动。如果要做较长距离的直线移动，两驱动轮的直径差会影响前进的方向，因此需要专用的传感器获取机器人的位置与姿态，以便控制系统能自动校正，确保机器人正确行走。

2. 四轮式行走机构

四轮式行走机构也是一种应用广泛的行走机构，其基本原理类似于三轮式行走机构。图 3-4-16 所示为四轮式行走机构。其中图 3-4-16a、b 所示机构采用了两个驱动轮和两个自位轮，图 3-4-16a 中后面两轮和图 3-4-16b 中左、右两轮是驱动轮；图 3-4-16c 所示为与汽车行走方式相同的移动机构，转向采用了四连杆机构，回转中心大致在后轮车轴的延长线上；图 3-4-16d 所示机构可以独立地进行左、右转向，因而可以提高转弯精度；图 3-4-16e 所示机构的全部轮子都可以进行转向，能够减小转弯半径。

四轮式行走机构中，如果机器人行走过程中需要转向，自位轮可沿其回转轴自行转动，而驱动轮由于速度不同步而产生滑动，且滑动量很难计算，因此很难控制行走轨迹的精度。此外，使用转向机构来改变行走方向时，如果机器人从静止状态转为行走状态，行走机构需要克服很大的前进阻力。

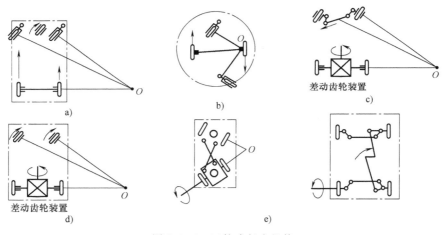

图 3-4-16　四轮式行走机构

4.3.2　履带式行走机构

履带式行走机构的主要特征是将圆环状的无限轨道带卷绕在多个车轮上，使车轮不直接与路面接触，履带可以缓冲路面状态，使机器人可以在各种路面条件下行走。图 3-4-17 所示的 INSPECTOR 反恐排爆机器人采用的就是履带式行走机构。

履带式行走机构主要有如下优点。

1）能登上较高的台阶。

图 3-4-17　履带式机器人

2）由于履带的突起，机器人对路面的适应性强，因此适合在荒地上移动。

3）能实现原地旋转。

4）重心低，稳定性好。

采用适应地形的履带，则可产生更有效地利用履带特性。图 3-4-18 是一些适应地形的履带型式。

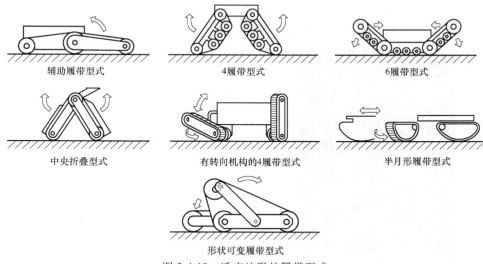

图 3-4-18　适应地形的履带型式

4.3.3　步行机构

类似于动物而利用腿部和脚部的关节机构，用步行的方式实现移动的机构，称为步行机构，采用该机构的机器人可称为步行机器人。步行机器人能够在凹凸不平的地上行走、爬坡、跨越沟壑，还可以上、下台阶，具有广泛的适应性。从控制角度来说，步行机器人作为一种多支链、强耦合、多变量和非线性的复杂系统，很难用传统的方法来对机器人各关节实施精确控制，目前一般使用仿生学的方法，综合利用各种传感器，让机器人模仿动物，如人、狗、驴等的行走动作。步行机构有两足、三足、四足、六足、八足等多种型式。

1. 两足步行机构

两足步行机构具有最好的适应性，也最接近人类，故又称为人类双足行走机构。两足步行机构的控制系统需要控制两足机构中多个关节的自由度，这种机构虽然结构简单，但其动态性能、稳定性等很难兼顾，如图 3-4-19 所示。两足步行机器人的步行控制系统不仅需要考虑步行中的步幅、惯性力、重力、冲击力等众多参数，还需要考虑平衡、速度变化、姿态调整、多关节协调等。

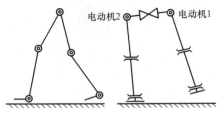

图 3-4-19　两足步行机构

图 3-4-20 所示为波士顿动力公司开发的两足步行机器人，它能模拟人类动作，实现支承、站立、行走、奔跑、跳跃、倒翻等基本的动作，还能在视觉传感器及图像处理技术的支持下，完成由基本动作组合而成的开门、越障、失稳后再平衡、滑倒后爬起、递送茶水等连贯的复杂动作。

249

2. 四足步行机构

四足步行机构比两足步行机构承载能力更强，稳定性更好，但是随着关节的增多，其控制也更加复杂。不同外部环境、不同行走速度、不同负载下，其步态也更复杂。无论实现哪一种步态，都要求机器人在行走中保持稳定状态，因此需要对四足机器人进行不同环境下的动态步态规划和动态稳定性研究。一般把四足机器人的步态分为爬行、溜蹄、对角、奔驰等几种，然后针对这几种不同的步态，分别建立不同的数学模型，来控制机器人各关节的运动，在动态稳定性的约束条件下，实现不同步态的运动。一种四足机器人如图 3-4-21 所示。

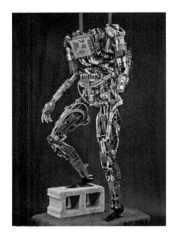

图 3-4-20　两足步行机器人

图 3-4-21　四足机器人

除了前面几种常见的行走机构以外，人们还研制了其他各种各样的移动机器人机构，多应用于特殊的目的，图 3-4-22 所示为爬壁机器人的行走机构，图 3-4-23 所示为多足机器人的行走机构。其他的还有次摆线机构推进移动车，用辐条突出的三轮车登台阶的轮椅机构，用压电晶体、形状记忆合金驱动的移动机构等。

图 3-4-22　爬壁机器人的行走机构

图 3-4-23　多足机器人的行走机构

习　　题

4-1　机器人的腕部有哪些功能？

4-2　为使机器人手部达到目标位置并且处于期望的姿态，一般需要几个自由度？腕部的自由度主要用来实现什么功能？

4-3　通用型六自由度关节型机器人的前三个关节和后三个关节各自的作用是什么？

4-4　为什么二自由度腕部不能由两个 R 关节组成？

4-5　在最大磁感应强度为 2T、安全系数为 2 的情况下，吸住一个重力为 100N 的工件，铁心截面积至少为多大？

4-6　对于重力 G 为 100N 的工件，真空度取为真空泵可以产生的最大压强值的 90%，不计工件的其他因素。垂直吸附时，至少设计多大的吸盘才可以在确保安全的情况下吸附住工件？

4-7　行走机构由哪些部分组成？

4-8　轮式机器人为什么一般都使用三轮或四轮结构？

4-9　请简要叙述两足机器人和四足机器人在运动时的特点。

第 **5** 章

位姿描述与坐标变换

要实现工业机器人在空间运动轨迹的控制，必须知道机器人各关节在空间中的瞬时位置与姿态以及这些坐标系之间的变换关系。这需要熟悉机器人位置及姿态的矩阵表示，掌握齐次坐标变换，以实现机器人的关节旋转和平移操作，进而推导出坐标变换方程。

5.1 位置与姿态的矩阵表示

矩阵可用来表示点、向量、坐标系，也可用来表示平移、旋转及其他变换，还可以表示坐标系中的物体和其他运动物体的位置和姿态。

5.1.1 空间点、向量、坐标系的表示

空间点 P（图 3-5-1）可以用它相对于参考坐标系的三个坐标来表示，即

$$p = a_x \boldsymbol{i} + b_y \boldsymbol{j} + c_z \boldsymbol{k} \tag{5-1}$$

其中，a_x、b_y、c_z 是参考坐标系中表示该点的三个坐标。显然，也可以用其他坐标来表示空间点的位置。

向量可以由三个起始和终止的坐标来表示。如果一个向量起始于点 A，终止于点 B，那么它可以表示为 $\overrightarrow{AB} = (B_x - A_x)\boldsymbol{i} + (B_y - A_y)\boldsymbol{j} + (B_z - A_z)\boldsymbol{k}$。特殊情况下，如果一个向量起始于原点（图 3-5-2），则有

$$p = a_x \boldsymbol{i} + b_y \boldsymbol{j} + c_z \boldsymbol{k} \tag{5-2}$$

其中，a_x、b_y、c_z 是该向量在参考坐标系中的三个分量。实际上，上述的点 P 就是用连接到该点的向量来表示的，具体地说，也就是用该向量的三个坐标来表示的。

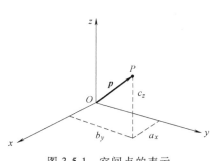

图 3-5-1　空间点的表示

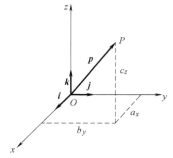

图 3-5-2　空间向量的表示

向量的三个分量也可以写成矩阵的形式。在本书中也将用这种形式来表示向量的分量，即

$$p = \begin{pmatrix} x \\ y \\ z \end{pmatrix} \tag{5-3}$$

这种表示法也可以稍做变化：加入一个比例因子 w，如果 x、y、z 各除以 w，则得到 a_x、b_y、c_z，则向量可以写为齐次坐标形式，即

$$p = \begin{pmatrix} x \\ y \\ z \\ w \end{pmatrix} = \begin{pmatrix} a_x \\ b_y \\ c_z \\ 1 \end{pmatrix} \tag{5-4}$$

其中，$a_x = \dfrac{x}{w}$，$b_y = \dfrac{y}{w}$，$c_z = \dfrac{z}{w}$。变量 w 可以为任意数，而且随着它的变化，向量的大小也会发生变化，这与在计算机图形学中缩放一张图片十分类似。如果 w 大于 1，向量的所有分量都变小；如果 w 小于 1，向量的所有分量都变大。齐次坐标方法用于计算机图形学中改变图形与画面的大小。

如果 w 是 1，则各分量的大小保持不变。但是，如果 $w = 0$，则 $\begin{bmatrix} x、y、z \end{bmatrix}^{\mathrm{T}}$ 表示一个方向向量，其方向由该向量的 x、y、z 三个分量来表示。

例 5-1　有一个向量 $p = 3i + 5j + 2k$，按如下要求将其表示成矩阵形式：

1）比例因子为 2。

2）将它表示为方向的单位向量。

解：该向量可以表示成比例因子为 2 的矩阵形式；当比例因子为 0 时，可以表示为方向向量，结果分别如下：

$$p = \begin{pmatrix} 6 \\ 10 \\ 4 \\ 2 \end{pmatrix}, \quad p = \begin{pmatrix} 3 \\ 5 \\ 2 \\ 0 \end{pmatrix}$$

然而，为了将方向向量变为单位向量，须将该向量归一化使之长度等于 1。这样，向量的每一个分量都要除以三个分量平方和的开方。

$$\lambda = \sqrt{p_x^2 + p_y^2 + p_z^2} = 6.16$$

有 $p_x = \dfrac{3}{6.16} = 0.487$，$p_y = \dfrac{5}{6.16} = 0.811$，$p_z = \dfrac{2}{6.16} = 0.324$，即 $p_{\text{unit}} = \begin{pmatrix} 0.487 \\ 0.811 \\ 0.324 \\ 0 \end{pmatrix}$。

5.1.2　移动坐标系的矩阵表示

1. 移动坐标系的方向向量

一个中心位于参考坐标系原点的移动坐标系的姿态由三个方向向量表示，通常这三个方向向量互相垂直，称为单位向量 **n**、**o**、**a**，分别表示法线（normal）、指向（orientation）和接近（approach）向量，如图 3-5-3 所示。每个单位向量都由其所在参考坐标系的三个分量表示，因此坐标系 $\{F\}$ 的姿态可以由三个向量以矩阵的形式表示为

$$F = \begin{pmatrix} n_x & o_x & a_x \\ n_y & o_y & a_y \\ n_z & o_z & a_z \end{pmatrix} \qquad (5\text{-}5)$$

2. 移动坐标系的位置向量

如果一个移动坐标系的原点与参考坐标系的原点不重合（实际上也可包括原点重合的情况），那么该坐标系的原点相对于参考坐标系的位置也必须表示出来，为此，采用一个位置向量，如图 3-5-4 所示的 p。

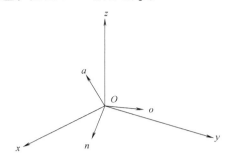

图 3-5-3 坐标系在参考坐标系原点的表示

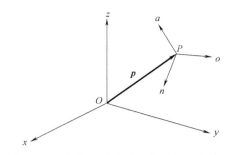

图 3-5-4 一个坐标系在另一个坐标系中的表示

这个向量由相对于参考坐标系的三个分量来表示，即 $(p_x, p_y, p_z)^{\mathrm{T}}$。因此，这个坐标系就可以由三个表示姿态的单位方向向量及第四个位置向量来表示，有

$$F = \begin{pmatrix} n_x & o_x & a_x & p_x \\ n_y & o_y & a_y & p_y \\ n_z & o_z & a_z & p_z \\ 0 & 0 & 0 & 1 \end{pmatrix} \qquad (5\text{-}6)$$

其中，前三个向量是 $w=0$ 的方向向量，表示该坐标系的 n、o、a 三个单位向量的方向，而第四个 $w=1$ 的向量表示该坐标系原点相对于参考坐标系的位置。与单位向量不同，向量 p 的长度十分重要，因而使比例因子为 1。坐标系也可以由一个没有比例因子的 3×4 矩阵表示，但不常用。

如图 3-5-5 所示的 $\{F\}$ 坐标系位于参考坐标系中 $(3, 6, 7)$ 的位置，它的 n 轴与 x 轴平行，o 轴在 zOy 平面内相对于 y 轴的角度为 45°，a 轴在 xOz 平面内相对于 z 轴的角度为 45°。该坐标系可以表示为

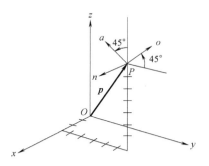

图 3-5-5 坐标系在空间中的表示

$$F = \begin{pmatrix} 1 & 0 & 0 & 3 \\ 0 & 0.707 & -0.707 & 6 \\ 0 & 0.707 & 0.707 & 7 \\ 0 & 0 & 0 & 1 \end{pmatrix}$$

5.1.3 刚体在空间的位姿表示

刚体在空间的位姿如图 3-5-6 所示，可以使用与刚体固连的空间坐标系的位置和该坐标

系的姿态来表示，用矩阵表示为

$$\boldsymbol{F}_{\text{object}} = \begin{pmatrix} n_x & o_x & a_x & p_x \\ n_y & o_y & a_y & p_y \\ n_z & o_z & a_z & p_z \\ 0 & 0 & 0 & 1 \end{pmatrix} \qquad (5\text{-}7)$$

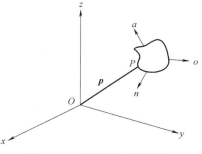

图 3-5-6　刚体在空间的位姿

空间中的一个点只有三个自由度，它只能沿三条参考坐标轴的方向移动。但在空间中的一个刚体有六个自由度，也就是说，它不仅可以沿着 x、y、z 三个轴的方向移动，而且可以绕这三个轴转动。因此，要全面地定义空间物体，需要用 6 条独立的信息来描述，即刚体在参考坐标系中的位置和刚体坐标系三个轴的分量。而式（5-7）给出了 12 条信息，其中 9 条为姿态信息，3 条为位置信息（排除矩阵中最后一行的比例因子，因为它们没有附加信息）。显然，在该表达式中必定存在一定的约束条件将上述信息数限制为 6。因此，需要用 6 个约束方程将 12 条信息减少到 6 条信息。这些约束条件来自于目前尚未利用的已知的坐标系特性，即：

1）三个方向向量 $\boldsymbol{n}$、$\boldsymbol{o}$、$\boldsymbol{a}$ 互相垂直。

2）每个单位向量的长度必须为 1。

可以将如上特性转换为以下 6 个约束方程。

$$\left. \begin{array}{l} \boldsymbol{n} \cdot \boldsymbol{o} = 0 \\ \boldsymbol{n} \cdot \boldsymbol{a} = 0 \\ \boldsymbol{a} \cdot \boldsymbol{o} = 0 \\ |\boldsymbol{n}| = 1 \\ |\boldsymbol{o}| = 1 \\ |\boldsymbol{a}| = 1 \end{array} \right\} \qquad (5\text{-}8)$$

因此，只有这些方程成立时，坐标系的值才能用矩阵表示；否则，坐标系将不正确。式（5-8）中的前三个方程可以用如下的三个向量的叉乘来代替，即

$$\boldsymbol{n} \times \boldsymbol{o} = \boldsymbol{a} \qquad (5\text{-}9)$$

例 5-2　对于下列坐标系，求解所缺元素的值，并用矩阵来表示这个坐标系。

$$\boldsymbol{F} = \begin{pmatrix} ? & 0 & ? & 5 \\ 0.707 & ? & ? & 3 \\ ? & ? & 0 & 2 \\ 0 & 0 & 0 & 1 \end{pmatrix}$$

解：显然，表示坐标系原点位置的值（5，3，2）对约束方程无影响。注意在三个方向向量中只有三个值是给定的，但这也已足够了。根据式（5-8），得

$$\left. \begin{array}{l} n_x o_x + n_y o_y + n_z o_z = 0 \\ n_x a_x + n_y a_y + n_z a_z = 0 \\ a_x o_x + a_y o_y + a_z o_z = 0 \\ n_x^2 + n_y^2 + n_z^2 = 1 \\ o_x^2 + o_y^2 + o_z^2 = 1 \\ a_x^2 + a_y^2 + a_z^2 = 1 \end{array} \right\} \Rightarrow \left. \begin{array}{l} n_x \cdot 0 + 0.707 o_y + n_z o_z = 0 \\ n_x a_x + 0.707 a_y + n_z \cdot 0 = 0 \\ a_x \cdot 0 + a_y o_y + 0 \cdot o_z = 0 \\ n_x^2 + 0.707^2 + n_z^2 = 1 \\ 0^2 + o_y^2 + o_z^2 = 1 \\ a_x^2 + a_y^2 + 0^2 = 1 \end{array} \right\}$$

255

化简得

$$\left.\begin{array}{l} 0.707o_y+n_zo_z=0 \\ n_xa_x+0.707a_y=0 \\ a_yo_y=0 \\ n_x^2+n_z^2=0.5 \\ o_y^2+o_z^2=1 \\ a_x^2+a_y^2=1 \end{array}\right\}$$

解得：$n_x=\pm0.707$，$n_z=0$，$o_y=0$，$o_z=1$，$a_x=\pm0.707$ 和 $a_y=-0.707$。应注意，n_x 和 a_x 必须同号。非唯一解的原因是给出的参数可能得到两组在相反方向上互相垂直的向量。最终得到的矩阵为

$$\boldsymbol{F}=\begin{pmatrix} 0.707 & 0 & 0.707 & 5 \\ 0.707 & 0 & -0.707 & 3 \\ 0 & 1 & 0 & 2 \\ 0 & 0 & 0 & 1 \end{pmatrix} \text{ 或 } \boldsymbol{F}=\begin{pmatrix} -0.707 & 0 & -0.707 & 5 \\ 0.707 & 0 & -0.707 & 3 \\ 0 & 1 & 0 & 2 \\ 0 & 0 & 0 & 1 \end{pmatrix}$$

由此例可见，两个矩阵都满足约束方程的要求。但应注意，三个方向向量所表述的值不是任意的，而是受这些约束方程的约束，因此不可任意给矩阵赋值。

同样，可通过 $\boldsymbol{n}$ 与 $\boldsymbol{o}$ 叉乘并令其等于 $\boldsymbol{a}$，即 $\boldsymbol{n}\times\boldsymbol{o}=\boldsymbol{a}$ 来求解，表示为

$$\begin{vmatrix} \boldsymbol{i} & \boldsymbol{j} & \boldsymbol{k} \\ n_x & n_y & n_z \\ o_x & o_y & o_z \end{vmatrix}=a_x\boldsymbol{i}+a_y\boldsymbol{j}+a_z\boldsymbol{k}$$

或者表示为

$$\boldsymbol{i}(n_yo_z-n_zo_y)-\boldsymbol{j}(n_xo_z-n_zo_x)+\boldsymbol{k}(n_xo_y-n_yo_x)=a_x\boldsymbol{i}+a_y\boldsymbol{j}+a_z\boldsymbol{k}$$

将已知值代入得

$$\boldsymbol{i}(0.707o_z-n_zo_y)-\boldsymbol{j}(n_xo_z)+\boldsymbol{k}(n_xo_y)=a_x\boldsymbol{i}+a_y\boldsymbol{j}+0\boldsymbol{k}$$

得到方程组为

$$\left.\begin{array}{l} 0.707o_z-n_zo_y=a_x \\ -n_xo_z=a_y \\ n_xo_y=0 \end{array}\right\}$$

以此来代替三个点乘方程。联立三个单位向量长度的约束方程，便得到六个方程，求解这六个方程，可得到相同的未知参数的解。

5.2 齐次变换矩阵

由于要以不同顺序将许多矩阵乘在一起得到机器人运动方程，因此应采用方阵进行计算，也就是将变换矩阵应写成方阵，如 3×3 或 4×4 矩阵均可。

为保证所表示的矩阵为方阵，如果同一矩阵既表示姿态又表示位置，那么可在矩阵中加入比例因子使之成为 4×4 矩阵。如果只表示姿态，则可去掉比例因子得到 3×3 矩阵，或者加入第四列全为 0 的位置数据以保持矩阵为方阵。一种既表示姿态又表示位置的齐次矩阵形

式为

$$F = \begin{pmatrix} n_x & o_x & a_x & p_x \\ n_y & o_y & a_y & p_y \\ n_z & o_z & a_z & p_z \\ 0 & 0 & 0 & 1 \end{pmatrix} \tag{5-10}$$

5.2.1 变换的表示

变换定义为空间的一个运动。当空间的一个向量、一个物体或一个运动坐标系相对于参考坐标系运动时，这一运动可以用类似于表示坐标系的方式来表示。变换可为如下几种形式中的一种。

1）纯平移。

2）绕轴的纯旋转。

3）平移与旋转的结合。

为了解它们的表示方法，下面将逐一进行探讨。

5.2.2 纯平移变换的表示

如果坐标系（它也可能表示一个物体）在空间以不变的姿态运动，那么该坐标系的运动就是纯平移。在这种情况下，它的方向向量保持不变。所有的改变只是坐标系原点相对于参考坐标系的变化，如图3-5-7所示。相对于参考坐标系的新坐标系的位置可以用原坐标系的原点位置向量加上位移向量求得。若用矩阵形式，则可以通过原坐标系左乘变换矩阵得到新坐标系。由于在纯平移中方向向量不改变，因此变换矩阵 T 可以简单地表示为

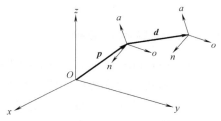

图 3-5-7 空间纯平移变换的表示

$$T = \begin{pmatrix} 1 & 0 & 0 & d_x \\ 0 & 1 & 0 & d_y \\ 0 & 0 & 1 & d_z \\ 0 & 0 & 0 & 1 \end{pmatrix} \tag{5-11}$$

其中，d_x、d_y、d_z 是纯平移向量 d 相对于参考坐标系 x、y、z 轴的三个分量。可以看到，矩阵的前三列表示没有旋转运动（等同于单位阵），而最后一列表示平移运动。新坐标系的位置为

$$F_{\text{new}} = \begin{pmatrix} 1 & 0 & 0 & d_x \\ 0 & 1 & 0 & d_y \\ 0 & 0 & 1 & d_z \\ 0 & 0 & 0 & 1 \end{pmatrix} \begin{pmatrix} n_x & o_x & a_x & p_x \\ n_y & o_y & a_y & p_y \\ n_z & o_z & a_z & p_z \\ 0 & 0 & 0 & 1 \end{pmatrix} = \begin{pmatrix} n_x & o_x & a_x & p_x+d_x \\ n_y & o_y & a_y & p_y+d_y \\ n_z & o_z & a_z & p_z+d_z \\ 0 & 0 & 0 & 1 \end{pmatrix} \tag{5-12}$$

也可用符号写为

$$F_{\text{new}} = \text{Trans}(d_x, d_y, d_z) F_{\text{old}} \tag{5-13}$$

首先，如前面所看到的，新坐标系的位置可通过原坐标系矩阵左乘变换矩阵得到，后面

将看到，无论以何种形式，这种方法对于所有的变换都成立；其次可以注意到，方向向量经过纯平移后保持不变，但是，新坐标系的位置是 d 和 p 向量相加的结果。

例 5-3 对如下坐标系 $\{F\}$，其沿参考坐标系的 x 轴移动 9 个单位，沿 z 轴移动 5 个单位。求新坐标系的位置。

$$F = \begin{pmatrix} 0.527 & -0.574 & 0.628 & 5 \\ 0.369 & 0.819 & 0.439 & 3 \\ -0.766 & 0 & 0.643 & 8 \\ 0 & 0 & 0 & 1 \end{pmatrix}$$

解： 由式（5-12）或式（5-13）得

$$F_{new} = \mathrm{Trans}(d_x, d_y, d_z) F_{old} = \mathrm{Trans}(9, 0, 5) F_{old}$$

$$F_{new} = \begin{pmatrix} 1 & 0 & 0 & 9 \\ 0 & 1 & 0 & 0 \\ 0 & 0 & 1 & 5 \\ 0 & 0 & 0 & 1 \end{pmatrix} \begin{pmatrix} 0.527 & -0.574 & 0.628 & 5 \\ 0.369 & 0.819 & 0.439 & 3 \\ -0.766 & 0 & 0.643 & 8 \\ 0 & 0 & 0 & 1 \end{pmatrix}$$

$$= \begin{pmatrix} 0.527 & -0.574 & 0.628 & 14 \\ 0.369 & 0.819 & 0.439 & 3 \\ -0.766 & 0 & 0.643 & 13 \\ 0 & 0 & 0 & 1 \end{pmatrix}$$

5.2.3 绕轴纯旋转变换的表示

为简化绕轴旋转的推导，首先假设该坐标系位于参考坐标系的原点并且与之平行，之后将结果推广到其他的旋转以及旋转的组合。

如图 3-5-8a 所示，假设旋转坐标系 (n, o, a) 位于参考坐标系 (x, y, z) 的原点，其绕参考坐标系的 x 轴旋转一个角度 θ，并且其中有一点 P 相对于参考坐标系的坐标为 (p_x, p_y, p_z)，相对于旋转坐标系的坐标为 (p_n, p_o, p_a)。当旋转坐标系绕 x 轴旋转时，其上的点 P 也随之一起旋转。旋转前，点 P 在两个坐标系中的坐标是相同的（这时两个坐标系位置相同，并且相互平行）；旋转后，该点在旋转坐标系中的坐标 (p_n, p_o, p_a) 保持不变，但在参考坐标系中的坐标 (p_x, p_y, p_z) 却改变了，如图 3-5-8b 所示。现在要求找到旋转坐标系旋转后，点 P 相对于参考坐标系的新坐标。

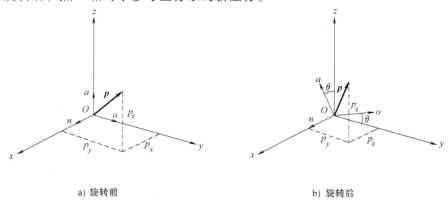

a) 旋转前　　　　　　　　　　　　b) 旋转后

图 3-5-8　坐标系旋转前、后点的坐标

由图 3-5-9 可以看出，p_x 不随坐标系 x 轴的转动而改变，而 p_y 和 p_z 却改变了，可以证明

$$\left.\begin{aligned} p_x &= p_n \\ p_y &= l_1 - l_2 = p_o\cos\theta - p_a\sin\theta \\ p_z &= l_3 + l_4 = p_o\sin\theta + p_a\cos\theta \end{aligned}\right\} \quad (5\text{-}14)$$

写成矩阵形式为

$$\begin{pmatrix} p_x \\ p_y \\ p_z \end{pmatrix} = \begin{pmatrix} 1 & 0 & 0 \\ 0 & \cos\theta & -\sin\theta \\ 0 & \sin\theta & \cos\theta \end{pmatrix} \begin{pmatrix} p_n \\ p_o \\ p_a \end{pmatrix} \quad (5\text{-}15)$$

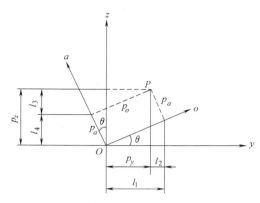

图 3-5-9　点 p 新坐标的计算

可见，为了得到在参考坐标系中的坐标，旋转坐标系中点 p（或向量 $\boldsymbol{p}$）的坐标必须左乘旋转矩阵。这个旋转矩阵只适用于绕参考坐标系的 x 轴做纯旋转变换的情况，它可表示为

$$\boldsymbol{p}_{xyz} = \text{Rot}(x,\theta)\boldsymbol{p}_{noa} \quad (5\text{-}16)$$

注意在式（5-15）中，旋转矩阵的第一列表示相对于 x 轴的位置，即（1，0，0），它表示沿 x 轴的坐标没有改变。因此，旋转矩阵可写为

$$\text{Rot}(x,\theta) = \begin{pmatrix} 1 & 0 & 0 \\ 0 & \cos\theta & -\sin\theta \\ 0 & \sin\theta & \cos\theta \end{pmatrix} \quad (5\text{-}17)$$

可用同样的方法来分析坐标系绕参考坐标系 y 轴和 z 轴旋转的情况，可以证明其结果为

$$\text{Rot}(y,\theta) = \begin{pmatrix} \cos\theta & 0 & \sin\theta \\ 0 & 1 & 0 \\ -\sin\theta & 0 & \cos\theta \end{pmatrix}, \ \text{Rot}(z,\theta) = \begin{pmatrix} \cos\theta & -\sin\theta & 0 \\ \sin\theta & \cos\theta & 0 \\ 0 & 0 & 1 \end{pmatrix} \quad (5\text{-}18)$$

式（5-16）也可写为习惯的形式，以便于理解不同坐标系间的关系。为此，可将该变换表示为 ${}^U\boldsymbol{T}_R$，读作坐标系 $\{R\}$ 相对于坐标系 $\{U\}$ 的变换；将 $\boldsymbol{p}_{noa}$ 表示为 ${}^R\boldsymbol{p}$，读作点 P 在坐标系 $\{R\}$ 上的坐标；将 $\boldsymbol{p}_{xyz}$ 表示为 ${}^U\boldsymbol{p}$，读作点 P 在坐标系 $\{U\}$ 上的坐标，则式（5-16）可简化为

$$^U\boldsymbol{p} = {}^U\boldsymbol{T}_R\,{}^R\boldsymbol{p} \quad (5\text{-}19)$$

由式（5-19）可见，经过变换便得到了点 P 在坐标系 $\{U\}$ 上的坐标。

例 5-4　旋转坐标系中有一点 $P(2，4，4)$，此坐标系绕参考坐标系的 x 轴旋转 $90°$。求旋转后该点相对于参考坐标系的坐标，并用图解法检验结果。

解： 由于点 P 固连在旋转坐标系中，因此点 P 相对于旋转坐标系的坐标在旋转前、后保持不变。该点相对于参考坐标系的坐标为

$$\begin{pmatrix} p_x \\ p_y \\ p_z \end{pmatrix} = \begin{pmatrix} 1 & 0 & 0 \\ 0 & \cos\theta & -\sin\theta \\ 0 & \sin\theta & \cos\theta \end{pmatrix} \begin{pmatrix} p_n \\ p_o \\ p_a \end{pmatrix} = \begin{pmatrix} 1 & 0 & 0 \\ 0 & 0 & -1 \\ 0 & 1 & 0 \end{pmatrix} \begin{pmatrix} 2 \\ 3 \\ 4 \end{pmatrix} = \begin{pmatrix} 2 \\ -4 \\ 3 \end{pmatrix}$$

如图 3-5-10 所示，根据前面的变换，得到旋转后点 P 相对于参考坐标系的坐标为（2，-4，3）。

259

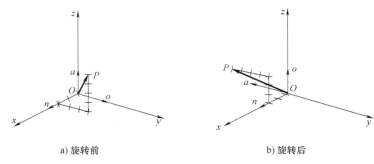

a) 旋转前　　　　　　　　　　　　b) 旋转后

图 3-5-10　相对于参考坐标系的坐标系旋转

5.2.4　复合变换的表示

复合变换是由参考坐标系或当前运动坐标系的一系列沿轴平移和绕轴旋转变换所组成的。任何变换都可以分解为按一定顺序的一组平移和旋转变换。例如，为了完成所要求的变换，可以先绕 x 轴旋转，再沿 x、y、z 轴平移，最后绕 y 轴旋转。在后面将会看到，这个变换顺序很重要，如果颠倒两个依次变换的顺序，结果将会完全不同。

为了探讨如何处理复合变换，假定坐标系（n，o，a）相对于参考坐标系（x，y，z）依次进行了下面三个变换：

1）绕 x 轴旋转 α 角。

2）平移 $(l_1, l_2, l_3)^T$（分别相对于 x、y、z 轴）。

3）绕 y 轴旋转 β 角。

例如点 P 固定在旋转坐标系，开始时旋转坐标系的原点与参考坐标系的原点重合。随着坐标系（n，o，a）相对于参考坐标系旋转或平移，坐标系中的点 P 相对于参考坐标系的坐标也跟着改变。如前所述，第一次变换后，点 P 相对于参考坐标系的坐标为

$$p_{1,xyz} = \mathrm{Rot}(x, \alpha) p_{noa} \qquad (5\text{-}20)$$

其中，$p_{1,xyz}$ 是第一次变换后该点相对于参考坐标系的坐标。第二次变换后，该点相对于参考坐标系的坐标为

$$p_{2,xyz} = \mathrm{Trans}(l_1, l_2, l_3) p_{1,xyz} = \mathrm{Trans}(l_1, l_2, l_3) \mathrm{Rot}(x, \alpha) p_{noa}$$

同样，第三次变换后，该点相对于参考坐标系的坐标为

$$p_{xyz} = p_{3,xyz} = \mathrm{Rot}(y, \beta) p_{2,xyz} = \mathrm{Rot}(y, \beta) \mathrm{Trans}(l_1, l_2, l_3) \mathrm{Rot}(x, \alpha) p_{noa}$$

可见，每次变换后该点相对于参考坐标系的坐标都是用该点的坐标左乘每个变换矩阵得到的。当然，矩阵的顺序不能改变。同时还应注意，每次相对于参考坐标系的变换，矩阵都是左乘的。因此，矩阵书写的顺序和进行变换的顺序正好相反。

例 5-5　固连在坐标系（n、o、a）上的点 $P(7, 3, 2)$ 经历如下变换，求变换后该点相对于参考坐标系的坐标。

1）绕 z 轴旋转 $90°$。

2）绕 y 轴旋转 $90°$。

3）平移 $(4, -3, 7)^T$。

解：表示该变换的矩阵方程为

$$p_{xyz} = \mathrm{Trans}(4, -3, 7) \mathrm{Rot}(y, 90) \mathrm{Rot}(z, 90°) p_{noa}$$

$$= \begin{pmatrix} 1 & 0 & 0 & 4 \\ 0 & 1 & 0 & -3 \\ 0 & 0 & 1 & 7 \\ 0 & 0 & 0 & 1 \end{pmatrix} \begin{pmatrix} 0 & 0 & 1 & 0 \\ 0 & 1 & 0 & 0 \\ -1 & 0 & 0 & 0 \\ 0 & 0 & 0 & 1 \end{pmatrix} \begin{pmatrix} 0 & -1 & 0 & 0 \\ 1 & 0 & 0 & 0 \\ 0 & 0 & 1 & 0 \\ 0 & 0 & 0 & 1 \end{pmatrix} \begin{pmatrix} 7 \\ 3 \\ 2 \\ 1 \end{pmatrix} = \begin{pmatrix} 6 \\ 4 \\ 10 \\ 1 \end{pmatrix}$$

三次顺序变换的过程和结果如图 3-5-11 所示，可以看到，坐标系（n，o，a）首先绕 z 轴旋转 90°，接着绕 y 轴旋转 90°，最后相对于参考坐标系的 x、y、z 轴平移。坐标系中的点 P 相对于 n、o、a 轴的位置如图 3-5-11d 所示，最后该点在 x、y、z 轴上的坐标分别为 $4+2 = 6$、$-3+7 = 4$、$7+3 = 10$。用图解法所得结果与用变换矩阵所得结果相一致。

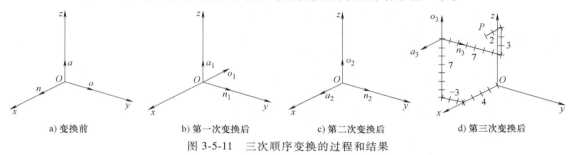

a) 变换前   b) 第一次变换后   c) 第二次变换后   d) 第三次变换后

图 3-5-11 三次顺序变换的过程和结果

例 5-6   根据例 5-5，假定坐标系（n，o，a）上的点 $P(7, 3, 2)$ 经历相同变换，但变换按如下不同顺序进行，求变换后该点相对于参考坐标系的坐标。

1）绕 z 轴旋转 90°。

2）平移 $(4, -3, 7)^{\mathrm{T}}$。

3）绕 y 轴旋转 90°。

解：表示该变换的矩阵方程为

$$\boldsymbol{p}_{xyz} = \mathrm{Rot}(y, 90°)\,\mathrm{Trans}(4, -3, 7)\,\mathrm{Rot}(z, 90°)\,\boldsymbol{p}_{noa}$$

$$= \begin{pmatrix} 0 & 0 & 1 & 0 \\ 0 & 1 & 0 & 0 \\ -1 & 0 & 0 & 0 \\ 0 & 0 & 0 & 1 \end{pmatrix} \begin{pmatrix} 1 & 0 & 0 & 4 \\ 0 & 1 & 0 & -3 \\ 0 & 0 & 1 & 7 \\ 0 & 0 & 0 & 1 \end{pmatrix} \begin{pmatrix} 0 & -1 & 0 & 0 \\ 1 & 0 & 0 & 0 \\ 0 & 0 & 1 & 0 \\ 0 & 0 & 0 & 1 \end{pmatrix} \begin{pmatrix} 7 \\ 3 \\ 2 \\ 1 \end{pmatrix} = \begin{pmatrix} 9 \\ 4 \\ -1 \\ 1 \end{pmatrix}$$

不难发现，尽管所有的变换与例 5-5 完全相同，但由于变换的顺序变了，因此该点的最终坐标与例 5-5 完全不同。用图 3-5-12 可以清楚地说明这点，从图中可以看出，尽管第一次变换后坐标系的变化与例 5-5 完全相同，但第二次变换后结果就完全不同了，这是由于相对

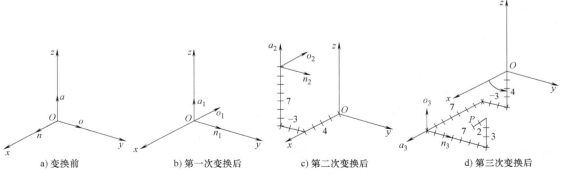

a) 变换前   b) 第一次变换后   c) 第二次变换后   d) 第三次变换后

图 3-5-12 变换顺序的改变将改变最终结果

于参考坐标系的平移使得旋转坐标系（n，o，a）向外移动了。经第三次变换，该坐标系绕参考坐标系的 y 轴旋转得向下了，坐标系上点 P 的位置也显示在图 3-5-12d 中。该点在参考坐标系中的 x、y、z 坐标分别为 $7+2=9$、$-3+7=4$ 和 $-4+3=-1$。用图解法所得结果与用变换矩阵所得结果相一致。

5.2.5　相对于运动坐标系的变换

到目前为止，所讨论的所有变换都是相对于固定的参考坐标系的。也就是说，所有平移、旋转的结果（除了相对于运动坐标系的点的位置）都是相对于参考坐标系的轴来测量的。然而事实上，也有可能做相对于运动坐标系或当前坐标系的变换。例如，可以以相对于运动坐标系（也就是当前坐标系）的 x 轴而不是参考坐标系的 x 轴旋转 $90°$。为计算当前坐标系中点的坐标相对于参考坐标系的变化，需要右乘变换矩阵而不是左乘。由于运动坐标系中的点或物体的位置总是相对于运动坐标系测量的，因此总是右乘描述该点或物体的位置矩阵。

例 5-7　假设点与坐标系均与例 5-5 相同，且进行相同的变换，但所有变换都是相对于当前坐标系的，具体变换如下。求变换完成后该点相对于参考坐标系的坐标。

1）绕 a 轴旋转 $90°$。

2）沿 n、o、a 轴平移 $(4，-3，7)^{\mathrm{T}}$。

3）绕 o 轴旋转 $90°$。

解：在本例中，因为所做变换是相对于当前坐标系的，所以右乘每个变换矩阵，可得表示该坐标的矩阵方程为

$$\boldsymbol{p}_{xyz} = \mathrm{Rot}(a,90°)\,\mathrm{Trans}(4,-3,7)\,\mathrm{Rot}(o,90°)\,\boldsymbol{p}_{noa}$$

$$=\begin{pmatrix} 0 & -1 & 0 & 0 \\ 1 & 0 & 0 & 0 \\ 0 & 0 & 1 & 0 \\ 0 & 0 & 0 & 1 \end{pmatrix}\begin{pmatrix} 1 & 0 & 0 & 4 \\ 0 & 1 & 0 & -3 \\ 0 & 0 & 1 & 7 \\ 0 & 0 & 0 & 1 \end{pmatrix}\begin{pmatrix} 0 & 0 & 1 & 0 \\ 0 & 1 & 0 & 0 \\ -1 & 0 & 0 & 0 \\ 0 & 0 & 0 & 1 \end{pmatrix}\begin{pmatrix} 7 \\ 3 \\ 2 \\ 1 \end{pmatrix}=\begin{pmatrix} 0 \\ 6 \\ 0 \\ 1 \end{pmatrix}$$

该结果与其他各例完全不同，不仅因为所做变换是相对于当前坐标系的，而且因为矩阵顺序的改变。图 3-5-13 展示了这一结果，应注意它是怎样相对于当前坐标系来完成变换的。

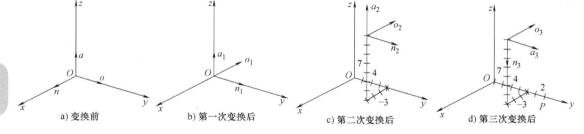

图 3-5-13　相对于当前坐标系的变换

同时应注意，在当前坐标系中点 P 的坐标 $(7，3，2)$ 经变换后得到相对于参考坐标系的坐标 $(0，6，0)$。用图解法所得结果与用变换矩阵所得结果相一致。

例 5-8　坐标系 $\{R\}$ 绕参考坐标系的 x 轴旋转 $90°$，然后沿当前坐标系的 a 轴做了 3 个单位长度的平移，再绕参考坐标系的 z 轴旋转 $90°$，最后沿当前坐标系的 o 轴做 5 个单位长度的平移。

1）写出描述该运动的方程。

2）求坐标系中的点 $P(1，5，4)$ 相对于参考坐标系的最终位置。

解：在本例中，相对于参考坐标系及当前坐标系的运动是交替进行的。

1）相应地左乘或右乘每个变换矩阵，可得

$$^{U}\boldsymbol{T}_{R} = \mathrm{Rot}(z,90°)\,\mathrm{Rot}(x,90°)\,\mathrm{Trans}(0,0,3)\,\mathrm{Trans}(0,5,0)$$

2）代入具体的矩阵并将它们相乘，可得

$$^{U}\boldsymbol{p} = {}^{U}\boldsymbol{T}_{R}{}^{R}\boldsymbol{p}$$

$$=\begin{pmatrix} 0 & -1 & 0 & 0 \\ 1 & 0 & 0 & 0 \\ 0 & 0 & 1 & 0 \\ 0 & 0 & 0 & 1 \end{pmatrix}\begin{pmatrix} 1 & 0 & 0 & 0 \\ 0 & 0 & -1 & 0 \\ 0 & 1 & 0 & 0 \\ 0 & 0 & 0 & 1 \end{pmatrix}\begin{pmatrix} 1 & 0 & 0 & 0 \\ 0 & 1 & 0 & 0 \\ 0 & 0 & 1 & 3 \\ 0 & 0 & 0 & 1 \end{pmatrix}\begin{pmatrix} 1 & 0 & 0 & 0 \\ 0 & 1 & 0 & 5 \\ 0 & 0 & 1 & 0 \\ 0 & 0 & 0 & 1 \end{pmatrix}\begin{pmatrix} 1 \\ 5 \\ 4 \\ 1 \end{pmatrix}$$

$$=\begin{pmatrix} 0 & 0 & 1 & 7 \\ 1 & 0 & 0 & 1 \\ 0 & 1 & 0 & 10 \\ 0 & 0 & 0 & 1 \end{pmatrix}$$

5.3 机器人姿态的表示方法

假设固连在机器人手部上的运动坐标系已经运动到期望的位置上，但它仍然平行于参考坐标系，或者其姿态并不是所期望的，那么下一步就是要在不改变位置的情况下，适当地旋转坐标系使其达到所期望的姿态。合适的旋转顺序取决于机器人腕部的设计以及关节装配在一起的方式。考虑以下两种常见的姿态表示方法：RPY 角表示和欧拉角表示。

5.3.1 姿态的 RPY 角表示

若机器人的手部分别绕当前坐标系的 a、o、n 三个轴旋转，则能够把机器人手部调整到所期望的姿态。此时，如果当前坐标系平行于参考坐标系，那么机器人手部姿态在 RPY 旋转（回转角、俯仰角、偏转角）运动前与参考坐标系相同。如果当前坐标系不平行于参考坐标系，那么机器人手部最终的姿态将会是先前的姿态与 RPY 变换矩阵右乘的结果。

如图 3-5-14 所示，RPY 角描述的姿态及旋转顺序依次如下：

1）绕当前坐标系的 a 轴旋转 ϕ_{a} 角，这个角称为回转角。

2）绕当前坐标系的 o 轴旋转 ϕ_{o} 角，这个角称为俯仰角。

3）绕当前坐标系的 n 轴旋转 ϕ_{n} 角，这个角度称为偏转角。

a) 回转角　　　　　b) 俯仰角　　　　　c) 偏转角

图 3-5-14　绕当前坐标轴的 RPY 旋转

RPY 角描述姿态变化的矩阵为

$$\mathrm{RPY}(\phi_a, \phi_o, \phi_n) = \mathrm{Rot}(a, \phi_a)\mathrm{Rot}(o, \phi_o)\mathrm{Rot}(n, \phi_n)$$

$$= \begin{pmatrix} \cos\phi_a\cos\phi_o & \cos\phi_a\sin\phi_o\sin\phi_n - \sin\phi_a\cos\phi_n & \cos\phi_a\sin\phi_o\cos\phi_n + \sin\phi_a\sin\phi_n & 0 \\ \sin\phi_a\cos\phi_o & \sin\phi_a\sin\phi_o\sin\phi_n + \cos\phi_a\cos\phi_n & \sin\phi_a\sin\phi_o\cos\phi_n - \cos\phi_a\sin\phi_n & 0 \\ -\sin\phi_o & \cos\phi_o\sin\phi_n & \cos\phi_o\cos\phi_n & 0 \\ 0 & 0 & 0 & 1 \end{pmatrix}$$

$$(5\text{-}21)$$

这个矩阵仅表示了由 RPY 变换引起的当前坐标系的姿态变化,该坐标系相对于参考坐标系的最终位态是由位置变换矩阵和 RPY 姿态变换矩阵的乘积来表示的。例如,假设一个机器人位姿由球坐标和 RPY 角来描述,那么这个机器人位姿就可以表示为

$$^R\boldsymbol{T}_H = \boldsymbol{T}_{sph}(r, \beta, \gamma)RPY(\phi_a, \phi_o, \phi_n)$$

由式(5-21)可知,如果已知机器人的姿态矩阵,可以反求 RPY 变换的三个旋转角。因为这里有三个耦合角,所以需要三个角各自的正弦值和余弦值的信息才能解出这三个角。为解出这三个角的正弦值和余弦值,必须将这些角解耦。因此,用 $\mathrm{Rot}(a, \phi_a)$ 的逆左乘式(5-21)第一行的两边,得

$$\mathrm{Rot}(a, \phi_a)^{-1}RPY(\phi_a, \phi_o, \phi_n) = \mathrm{Rot}(o, \phi_o), \mathrm{Rot}(n, \phi_n) \qquad (5\text{-}22)$$

假设用 RPY 角描述得到的最终所期望的姿态是用矩阵来表示的,则有

$$\mathrm{Rot}(a, \phi_a)^{-1}\begin{pmatrix} n_x & o_x & a_x & 0 \\ n_y & o_y & a_y & 0 \\ n_z & o_z & a_z & 0 \\ 0 & 0 & 0 & 1 \end{pmatrix} = \mathrm{Rot}(o, \phi_o)\mathrm{Rot}(n, \phi_n) \qquad (5\text{-}23)$$

进行矩阵相乘后得

$$\begin{pmatrix} n_x\cos\phi_a + n_y\sin\phi_a & o_x\cos\phi_a + o_y\sin\phi_a & a_x\cos\phi_a + a_y\sin\phi_a & 0 \\ n_y\cos\phi_a - n_x\sin\phi_a & o_y\cos\phi_a - o_x\sin\phi_a & a_y\cos\phi_a - a_x\sin\phi_a & 0 \\ n_z & o_z & a_z & 0 \\ 0 & 0 & 0 & 1 \end{pmatrix}$$

$$= \begin{pmatrix} \cos\phi_o & \sin\phi_o\sin\phi_n & \sin\phi_o\cos\phi_n & 0 \\ 0 & \cos\phi_n & -\sin\phi_n & 0 \\ -\sin\phi_o & \cos\phi_o\sin\phi_n & \cos\phi_o\cos\phi_n & 0 \\ 0 & 0 & 0 & 1 \end{pmatrix} \qquad (5\text{-}24)$$

式(5-23)中的 n、o、a 分量表示了最终的期望值,它们通常是给定或已知的,而 RPY 角的三个角度值是未知变量。让式(5-24)左、右两边对应的元素相等,可得到如下结果。

1)根据(2,1)元素,得

$$n_y\cos\phi_a - n_x\sin\phi_a = 0$$

$$\phi_a = \mathrm{arctan2}(n_y, n_x) \text{ 或 } \phi_a = \mathrm{arctan2}(-n_y, -n_x) \qquad (5\text{-}25)$$

这里,$\mathrm{arctan2}(n_y, n_x)$ 是求 $\dfrac{n_y}{n_x}$ 反正切值的函数。

2)根据(3,1)元素和(1,1)元素,得

$$\left.\begin{array}{l} \sin\phi_o = -n_z \\ \cos\phi_o = n_x\cos\phi_a + n_y\sin\phi_a \end{array}\right\} \tag{5-26}$$

$$\phi_o = \arctan2\left[-n_z, (n_x\cos\phi_a + n_y\sin\phi_a)\right]$$

3）根据（2，2）元素和（2，3）元素，得

$$\left.\begin{array}{l} \cos\phi_n = o_y\cos\phi_a - o_x\sin\phi_a \\ \sin\phi_n = -a_y\cos\phi_a + a_x\sin\phi_a \end{array}\right\} \tag{5-27}$$

$$\phi_n = \arctan2\left[(-a_y\cos\phi_a + a_x\sin\phi_a), (o_y\cos\phi_a - o_x\sin\phi_a)\right]$$

例 5-9　下面给出了一个笛卡尔坐标系中机器人手部所期望的最终位姿，求回转角、俯仰角、偏转角和位移。

$$^R\boldsymbol{T}_P = \begin{pmatrix} n_x & o_x & a_x & p_x \\ n_y & o_y & a_y & p_y \\ n_z & o_z & a_z & p_z \\ 0 & 0 & 0 & 1 \end{pmatrix} = \begin{pmatrix} 0.354 & -0.674 & 0.649 & 4.33 \\ 0.505 & 0.722 & 0.475 & 2.50 \\ -0.788 & 0.160 & 0.595 & 8 \\ 0 & 0 & 0 & 1 \end{pmatrix}$$

解：根据上述方程，得到两组解

$$\phi_a = \arctan2(n_y, n_x) = \arctan2(0.505, 0.354) = 55°或235°$$

$$\phi_o = \arctan2\left[-n_z, (n_x\cos\phi_a + n_y\sin\phi_a)\right] = \arctan2(0.788, 0.616) = 52°或128°$$

$$\phi_n = \arctan2\left[(-a_y\cos\phi_a + a_x\sin\phi_a), (o_y\cos\phi_a - o_x\sin\phi_a)\right]$$
$$= \arctan2(0.259, 0.966) = 15°或195°$$

$$p_x = 4.33 \qquad p_y = 2.5 \qquad p_z = 8$$

5.3.2　姿态的欧拉角表示

除了最后的旋转仍绕当前坐标系的 a 轴外，欧拉角的其他方面均与 RPY 角相似，如图 3-5-15 所示。欧拉角描述的姿态及旋转顺序依次如下：

1）绕当前坐标系的 a 轴旋转，旋转角度记为 ϕ。

2）绕当前坐标系的 o 轴旋转，旋转角度记为 θ。

3）绕当前坐标系的 a 轴旋转，旋转角度记为 ψ。

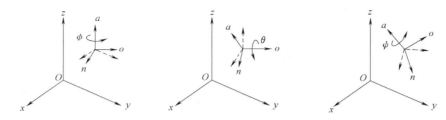

图 3-5-15　绕当前坐标轴的欧拉旋转

欧拉角描述姿态变化的矩阵为

$$\mathrm{Euler}(\phi, \theta, \psi) = \mathrm{Rot}(a, \phi)\mathrm{Rot}(o, \theta), \mathrm{Rot}(a, \psi)$$

$$= \begin{pmatrix} \cos\phi\cos\theta\cos\psi - \sin\phi\cos\psi & -\cos\phi\cos\theta\sin\psi - \sin\phi\cos\psi & \cos\phi\sin\theta & 0 \\ \sin\phi\cos\theta\cos\psi + \cos\phi\sin\psi & -\sin\phi\cos\theta\sin\psi + \cos\phi\cos\psi & \sin\phi\sin\theta & 0 \\ -\sin\theta\cos\psi & \sin\theta\sin\psi & \cos\theta & 0 \\ 0 & 0 & 0 & 1 \end{pmatrix} \tag{5-28}$$

需强调的是，矩阵（5-28）只表示了由欧拉角所引起的姿态变化。相对于参考坐标系，当前坐标系的最终位姿是表示位置变化的矩阵和表示欧拉角的矩阵的乘积。

与 RPY 变换类似，如果已知机器人的姿态矩阵，同样可以反求欧拉变换的三个旋转角度。式（5-28）第一行的两边左乘 $Rot^{-1}(a,\phi)$ 可以消去其中一边的 ϕ，则有

$$Rot^{-1}(a,\phi)\begin{pmatrix} n_x & o_x & a_x & 0 \\ n_y & o_y & a_y & 0 \\ n_z & o_z & a_z & 0 \\ 0 & 0 & 0 & 1 \end{pmatrix} = \begin{pmatrix} \cos\theta\cos\psi & -\cos\theta\sin\psi & \sin\theta & 0 \\ \sin\psi & \cos\psi & 0 & 0 \\ -\sin\theta\cos\psi & \sin\theta\sin\psi & \cos\theta & 0 \\ 0 & 0 & 0 & 1 \end{pmatrix} \tag{5-29}$$

或者

$$\begin{pmatrix} n_x\cos\phi+n_y\sin\phi & o_x\cos\phi+o_y\sin\phi & a_x\cos\phi+a_y\sin\phi & 0 \\ -n_x\sin\phi+n_y\cos\phi & -o_x\sin\phi+o_y\cos\phi & -a_x\sin\phi+a_y\cos\phi & 0 \\ n_z & o_z & a_z & 0 \\ 0 & 0 & 0 & 1 \end{pmatrix}$$

$$= \begin{pmatrix} \cos\theta\cos\psi & -\cos\theta\sin\psi & \sin\theta & 0 \\ \sin\psi & \cos\psi & 0 & 0 \\ -\sin\theta\cos\psi & \sin\theta\sin\psi & \cos\theta & 0 \\ 0 & 0 & 0 & 1 \end{pmatrix} \tag{5-30}$$

式（5-29）中的 n、o、a 分量表示了最终的期望值，它们通常是给定或已知的，而欧拉角的值是未知变量。让式（5-30）左、右两边对应的元素相等，可得到如下结果。

1）根据（2，3）元素，得

$$-a_x\sin\phi+a_y\cos\phi=0$$

$$\phi=\arctan2(a_y,a_x) \text{ 或 } \phi=\arctan2(-a_y,-a_x) \tag{5-31}$$

2）由于求得了 ϕ 值，因此式（5-30）左边所有的元素都是已知的。根据（2，1）元素和（2，2）元素，得

$$\left.\begin{array}{l} \sin\psi=-n_x\sin\phi+n_y\cos\phi \\ \cos\psi=-o_x\sin\phi+o_y\cos\phi \end{array}\right\} \tag{5-32}$$

$$\psi=\text{arcran}2(-n_x\sin\phi+n_y\cos\phi, -o_x\sin\phi+o_y\cos\phi)$$

3）最后根据（1，3）元素和（3，3）元素，得

$$\left.\begin{array}{l} \sin\theta=a_x\cos\phi+a_y\sin\phi \\ \cos\theta=a_z \end{array}\right\} \tag{5-33}$$

$$\theta=\text{arcran}2(a_x\cos\phi+a_y\sin\phi, a_z)$$

例 5-10 给定一个直角坐标系中机器人手部的最终期望状态，求相应的欧拉角。

$$^R\boldsymbol{T}_H = \begin{pmatrix} n_x & o_x & a_x & 0 \\ n_y & o_y & a_y & 0 \\ n_z & o_z & a_z & 0 \\ 0 & 0 & 0 & 1 \end{pmatrix} = \begin{pmatrix} 0.579 & -0.548 & -0.604 & 0 \\ 0.540 & 0.813 & -0.220 & 0 \\ 0.611 & -0.199 & 0.766 & 0 \\ 0 & 0 & 0 & 1 \end{pmatrix}$$

解： 根据前面的方程，可得

$$\phi=\arctan2(a_y,a_x)=\arctan2(-0.220,-0.604)=20° \text{ 或 } 200°$$

将 20° 和 200° 的正弦值和余弦值应用于其他部分，可得

$$\psi = \arctan2(-n_x\sin\phi + n_y\cos\phi, -o_x\sin\phi + o_y\cos\phi) = \arctan2(0.31, 0.952) = 18° 或 198°$$

$$\theta = \arctan2(a_x\cos\phi + a_y\sin\phi, a_z) = \arctan2(-0.643, 0.766) = -40° 或 40°$$

习　　题

5-1　如果一个向量起始于点 $A(1, 2, 5)$，终止于点 $B(3, 4, 8)$。

1）写出向量 $\overrightarrow{AB}$。

2）求单位向量 $\boldsymbol{p}_{\text{unit}}$。

5-2　如图 3-5-16 所示，有 (x_0, y_0, z_0) 坐标系和 (x_1, y_1, z_1) 坐标系，(x_0, y_0, z_0) 坐标系的矩阵表达式为 $\begin{pmatrix} 1 & 0 & 0 \\ 0 & 1 & 0 \\ 0 & 0 & 1 \end{pmatrix}$，经过如下变换后，求 (x_1, y_1, z_1) 坐标系的矩阵表达式。

1）坐标系 (x_1, y_1, z_1) 绕 x_0 轴顺时针旋转 90°。

2）坐标系 (x_1, y_1, z_1) 绕 z_1 轴顺时针旋转 45°。

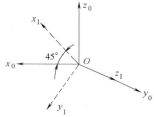

图 3-5-16　题 5-2 图

5-3　运动坐标系 $\{B\}$ 的初始位置与参考坐标系相同，$\{B\}$ 先绕参考坐标系的 z 轴旋转 30°，然后沿运动坐标系 $\{B\}$ 的 n 轴平移 2 个单位，最后沿 o 轴平移 1 个单位。

1）写出运动坐标系 $\{B\}$ 的变换矩阵。

2）计算运动坐标系 $\{B\}$ 中的点 $P(2, 5, 8)$ 相对于参考坐标系的最终位置。

5-4　假设旋转矩阵 $\boldsymbol{R}$ 是一基本矩阵按照以下顺序叠加而成，求旋转矩阵 $\boldsymbol{R}$ 的变换矩阵表达式。

1）绕运动坐标系的 n 轴旋转 θ。

2）绕运动坐标系的 a 轴旋转 ϕ。

3）绕参考坐标系的 z 轴旋转 α。

4）绕运动坐标系的 o 轴旋转 β。

5）绕参考坐标系的 x 轴旋转 δ。

5-5　已知物体的位姿矩阵 $\boldsymbol{T}_1 = \begin{pmatrix} 0 & 1 & 0 & 2 \\ 1 & 0 & 0 & 6 \\ 0 & 0 & -1 & 2 \\ 0 & 0 & 0 & 1 \end{pmatrix}$。

1）若绕参考坐标系的 z 轴旋转 90°，求旋转后的位姿矩阵 $\boldsymbol{T}_2$。

2）若绕运动坐标系的 a 轴旋转 90°，求旋转后的位姿矩阵 $\boldsymbol{T}_3$。

5-6　验证公式（5-24）。

5-7　验证公式（5-30）。

第 6 章

运动学分析

工业机器人运动学主要研究机器人的正向运动学和逆向运动学，正向运动学是已知机器人各关节变量，计算机器人末端的位置姿态；逆向运动学是已知机器人末端的位置姿态，计算机器人在该位姿时的全部关节变量。本章主要讨论正向运动学，对逆向运动学仅做简单介绍。

6.1 坐标变换

6.1.1 链式坐标变换

工业机器人都具有两个以上的自由度，从固定坐标系到末端执行器需要经过多次坐标变换。如图 3-6-1 所示，$\{O_0: x_0, y_0, z_0\}$ 为固定坐标系，$\{O_1: x_1, y_1, z_1\}$、$\{O_2: x_2, y_2, z_2\}$、$\cdots$、$\{O_n: x_n, y_n, z_n\}$ 分别为固连在连杆 1、连杆 2、$\cdots$、连杆 n 上的动坐标系（关节坐标系）。从 $\{O_0: x_0, y_0, z_0\}$ 到 $\{O_n: x_n, y_n, z_n\}$ 需要经过 n 次坐标变换，每次变换都在上一次坐标变换后的新坐标系中进行。工业机器人中，按照关节前后顺序，依次进行的坐标变换称为链式坐标变换。

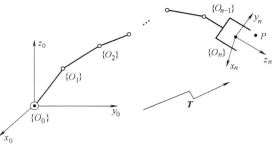

图 3-6-1　链式坐标变换

假设定义 T_n 为坐标系 $\{O_n: x_n, y_n, z_n\}$ 相对于坐标系 $\{O_{n-1}: x_{n-1}, y_{n-1}, z_{n-1}\}$ 的变换矩阵，则从 $\{O_0: x_0, y_0, z_0\}$ 到 $\{O_n: x_n, y_n, z_n\}$ 总的变换矩阵 T 可表示为

$$T = T_1 \cdot T_2 \cdots T_n$$

齐次坐标变换方程可以表示为

$$X_n = T \cdot X$$

式中，$X = (x_0 \quad y_0 \quad z_0 \quad 1)^T$；$X_n = (x_n \quad y_n \quad z_n \quad 1)^T$。

6.1.2 工业机器人中的坐标系

为了规范起见，有必要给机器人和工作空间专门命名并确定专门的"标准"坐标系。图 3-6-2 所示为一种典型的情况，机器人抓持某种工具，并把工具移动到操作者指定的位置，图 3-6-2 所示的五个坐标系就是需要进行命名的坐标系。

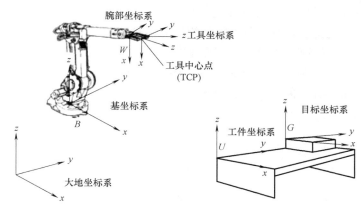

图 3-6-2 机器人的多种坐标系定义

（1）基坐标系 $\{B\}$ 基坐标系固定在机器人基座上，通常情况下 x 轴表示机器人手臂方向，z 轴表示机器人身高方向，y 轴由右手定则确定。在默认情况下，基坐标系与大地坐标系重合。

（2）腕部坐标系 $\{W\}$ 腕部坐标系是机器人最后一个连杆确定的坐标系，其坐标原点位于法兰盘中心处。相对于基坐标系的变换矩阵定义为 ${}^{B}\boldsymbol{T}_{W}$。

（3）工具坐标系 $\{T\}$ 工具坐标系固定在末端执行工具的端部，其坐标原点称为工具中心点（Tool Center Point，TCP），相对于腕部坐标系的变换矩阵定义为 ${}^{W}\boldsymbol{T}_{T}$。在没有末端执行工具的情况下，工具坐标系与腕部坐标系重合。

（4）工件（用户）坐标系 $\{U\}$ 工件坐标系固定在工作台上，常位于工作台的一个角上，工件坐标系有时候也称用户坐标系。相对于基坐标系的变换矩阵定义为 ${}^{B}\boldsymbol{T}_{U}$。

（5）目标坐标系 $\{G\}$ 目标坐标系是机器人移动工具时对工具位置的描述。特指在机器人运动结束时，工具坐标系应该与目标坐标系重合。相对于工件坐标系的变换矩阵定义为 ${}^{U}\boldsymbol{T}_{G}$，相对于工具坐标系的变换矩阵定义为 ${}^{T}\boldsymbol{T}_{G}$。

当需要机器人移动到搬运位置时，则应有坐标系 $\{T\}$ 与 $\{G\}$ 重合。

6.2   机器人的 D-H 表示法

1955 年，Denavit 和 Hartenberg 在 *ASME Journal of Applied Mechanics* 上发表了一篇论文，首次提出利用齐次矩阵来表示机构间的关系，并对机器人进行表示和建模，导出了它们的运动方程，这种方法称为 D-H 表示法，可用于任何机器人构型，不管机器人的结构顺序和复杂程度如何。D-H 表示法也可用于任何坐标中的变换，如直角坐标、圆柱坐标、球坐标、欧拉角坐标及 RPY 角坐标等。

机器人由一系列的关节和连杆组成，这些关节可能是移动的，也可能是转动的，并可以按任意的顺序连接，连杆也可以是任意的长度。为便于分析和计算，需要给每个关节指定一个关节坐标系，并给出从一个关节坐标系到下一个关节坐标系来进行变换的步骤。用变换过程中运动坐标系移动的长度或转动的角度，计算这两关节坐标系的变换矩阵。如果将基座坐标系到第一个关节坐标系、再从第一个关节坐标系到第二个关节坐标系、直到最后一个关节坐标系的所有变换连接起来，就得到了该机器人总的变换矩阵。

假设一个机器人由任意多的关节和连杆以任意形式构成，图 3-6-3a 表示了其中任意三个连续的关节和两个连杆，这些关节可能是旋转的、移动的或两者都有。常见的机器人关节只有一个自由度，但图 3-6-3 中的关节既可以只有一个自由度，也可以有两个自由度。图 3-6-3a 中，指定第一个关节为关节 n，第二个关节为关节 $n+1$，第三个关节为关节 $n+2$，这些关节的前后可能还有其他关节，连杆 n 位于关节 n 与关节 $n+1$ 之间，连杆 $n+1$ 位于关节 $n+1$ 与关节 $n+2$ 之间。

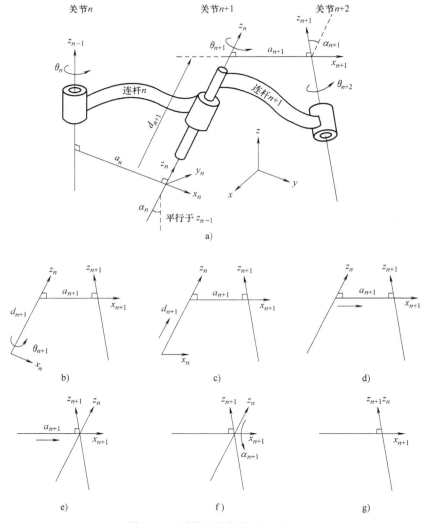

图 3-6-3　关节和连杆的 D-H 表示

采用 D-H 表示法对机器人建模，首先要为每个关节建立一个坐标系，关节 n 上建立的坐标系就是关节坐标系，记为坐标系 $\{n\}$。

关节坐标系建立的步骤如下。

1）确定 z 轴。如果关节是旋转的，则 z 轴方向是旋转轴线的方向，如果关节是移动的，则 z 轴方向为沿直线运动的方向。关节 $n+1$ 处 z 轴的下标为 n，即关节 $n+1$ 处的 z 轴是 z_n。对于旋转关节，绕 z 轴的旋转角 θ 是关节变量；对于滑动关节，沿 z 轴的连杆长度 d 是关节变量。

2）确定 x 轴。若两个相邻关节的 z 轴不相交，则 x 轴在两关节 z 轴的公垂线上。如果 a_n 表示 z_{n-1} 与 z_n 之间的公垂线，则 x_n 的方向沿 a_n 从 z_{n-1} 指向 z_n。若两个相邻关节的 z 轴是相交的，则可将垂直于两条 z 轴线构成平面的直线定义为 x 轴。

3）根据右手定则和已知的 x、z 轴确定 y 轴方向。

例如在图 3-6-3a 中，连杆转角 θ 表示绕 z 轴的旋转角，连杆距离 d 表示在 z 轴上两条相邻的公垂线之间的长度，连杆长度 a 表示 x 轴方向上相邻两公垂线之间的长度，连杆扭角 α 表示两个相邻关节坐标系的 z 轴之间的角度。通常，只有 θ 和 d 是关节变量。

将一个关节坐标系 $\{n\}$ 变换到下一个关节坐标系 $\{n+1\}$，通过以下四步运动即可。

1）绕 z_n 轴旋转 θ_{n+1}，使得 x_n 和 x_{n+1} 互相平行，如图 3-6-3b 所示。因为 a_n 和 a_{n+1} 都是垂直于 z_n 轴的，所以绕 z_n 轴旋转 θ_{n+1} 可使它们平行。

2）沿 z_n 轴平移 d_{n+1} 的距离，使得 x_n 和 x_{n+1} 共线，如图 3-6-3c 所示。因为 x_n 和 x_{n+1} 已经互相平行并且都垂直于 z_n 轴，所以沿着 z_n 轴移动 d_{n+1} 可使它们共线。

3）沿 x_n 轴平移 a_{n+1} 的距离，使得 x_n 和 x_{n+1} 的原点重合，如图 3-6-3d、e 所示。此时，两个坐标系的原点重合。

4）将 z_n 轴绕 x_{n+1} 轴旋转 α_{n+1}，使得 z_n 轴与 z_{n+1} 轴重合，如图 3-6-3f 所示。此时，坐标系 $\{n\}$ 和坐标系 $\{n+1\}$ 完全重合，如图 3-6-3g 所示。

通过以上四个步骤，就可以实现一系列相邻坐标系之间的变换。从机器人的参考坐标系开始，然后到第一个关节坐标系、第二个关节坐标系……直至末端执行器上的关节坐标系。

依次右乘表示四个运动的四个矩阵就可以得到变换矩阵 A。由于所有的变换都是相对于当前坐标系的，因此所有的矩阵都是右乘的。从而得到如下结果：

$$
{}^nT_{n+1}=A_{n+1}=\mathrm{Rot}(z,\theta_{n+1})\,\mathrm{Tran}(0,0,d_{n+1})\,\mathrm{Tran}(a_{n+1},0,0)\,\mathrm{Rot}(x,\alpha_{n+1})
$$

$$
=\begin{pmatrix}\cos\theta_{n+1} & -\sin\theta_{n+1} & 0 & 0\\ \sin\theta_{n+1} & \cos\theta_{n+1} & 0 & 0\\ 0 & 0 & 1 & 0\\ 0 & 0 & 0 & 1\end{pmatrix}\begin{pmatrix}1 & 0 & 0 & 0\\ 0 & 1 & 0 & 0\\ 0 & 0 & 1 & d_{n+1}\\ 0 & 0 & 0 & 1\end{pmatrix}\begin{pmatrix}1 & 0 & 0 & a_{n+1}\\ 0 & 1 & 0 & 0\\ 0 & 0 & 1 & 0\\ 0 & 0 & 0 & 1\end{pmatrix}\begin{pmatrix}1 & 0 & 0 & 0\\ 0 & \cos\alpha_{n+1} & -\sin\alpha_{n+1} & 0\\ 0 & \sin\alpha_{n+1} & \cos\alpha_{n+1} & 0\\ 0 & 0 & 0 & 1\end{pmatrix}
$$

得

$$
A_{n+1}=\begin{pmatrix}\cos\theta_{n+1} & -\sin\theta_{n+1}\cos\alpha_{n+1} & \sin\theta_{n+1}\sin\alpha_{n+1} & a_{n+1}\cos\theta_{n+1}\\ \sin\theta_{n+1} & \cos\theta_{n+1}\cos\alpha_{n+1} & -\cos\theta_{n+1}\sin\alpha_{n+1} & a_{n+1}\sin\theta_{n+1}\\ 0 & \sin\alpha_{n+1} & \cos\alpha_{n+1} & d_{n+1}\\ 0 & 0 & 0 & 1\end{pmatrix}
$$

例如，一般机器人的关节 2 与关节 3 之间的变换可以简化为

$$
{}^2T_3=A_3=\begin{pmatrix}\cos\theta_3 & -\sin\theta_3\cos\alpha_3 & \sin\theta_3\sin\alpha_3 & a_3\cos\theta_3\\ \sin\theta_3 & \cos\theta_3\cos\alpha_3 & -\cos\theta_3\sin\alpha_3 & a_3\sin\theta_3\\ 0 & \sin\alpha_3 & \cos\alpha_3 & d_3\\ 0 & 0 & 0 & 1\end{pmatrix}
$$

从机器人参考坐标系变换到第一个关节坐标系，然后从第一个关节坐标系开始变换到第二个关节坐标系，再到第三个关节坐标系……最后到机器人的手部，则在机器人的基座与手部之间的总变换为

$$
{}^RT_H={}^RT_1\,{}^1T_2\,{}^2T_3\cdots{}^{n-1}T_n=A_1A_2A_3\cdots A_n \tag{6-1}
$$

其中 n 是关节数。对于一个具有六个自由度的机器人而言，有 6 个 A 矩阵。

为了简化 A 矩阵的计算，可以制作一张关节和连杆参数的表格，见表 3-6-1。其中每个连杆和关节的参数值可从机器人的原理示意图上确定，并且可将这些参数代入 A 矩阵，最终获得总变换矩阵。

表 3-6-1　D-H 参数表

关节	θ	d	a	α
1				
2				
…	…	…	…	…
n				

6.3　机器人的正向运动学方程建立

6.2 节详细介绍了 D-H 表示法的坐标系建立过程和参数表的使用方法，本节将用实例建立各个连杆坐标系，填写参数表，并将这些数值代入 A 矩阵，计算得到总变换矩阵。

例 6-1　图 3-6-4 所示的 PUMA560 是一个六自由度机器人，其所有关节均为转动关节。根据 D-H 表示法，建立必要的坐标系，填写相应的参数表，并推导出正向运动学方程。

解：1）建立 D-H 坐标系。将坐标系 $\{O_0: x_0, y_0, z_0\}$ 建立在关节 1 的轴线上，与坐标系 $\{O_1: x_1, y_1, z_1\}$ 的原点重合，如图 3-6-5 所示。$\{O_6: x_6, y_6, z_6\}$ 为末端坐标系。为了简化计算，不考虑工具长度，令 $d_6 = 0$。

图 3-6-4　PUMA560 机器人

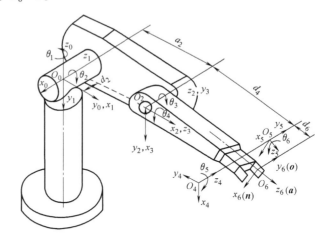

图 3-6-5　D-H 坐标系

2）确定连杆的 D-H 参数，见表 3-6-2。

表 3-6-2　连杆的 D-H 参数表

序号	θ	d	a	α
1	θ_1	0	0	$-90°$
2	θ_2	d_2	a_2	0
3	θ_3	0	0	$90°$
4	θ_4	d_4	0	$-90°$
5	θ_5	0	0	$90°$
6	θ_6	0	0	0

3）确定两连杆之间的齐次变换矩阵。根据表 3-6-2 所列的 D-H 参数，可求得 $\boldsymbol{A}_i$：

$$\boldsymbol{A}_1 = \begin{pmatrix} \cos\theta_1 & 0 & -\sin\theta_1 & 0 \\ \sin\theta_1 & 0 & \cos\theta_1 & 0 \\ 0 & -1 & 0 & 0 \\ 0 & 0 & 0 & 1 \end{pmatrix} \boldsymbol{A}_2 = \begin{pmatrix} \cos\theta_2 & -\sin\theta_2 & 0 & a_2\cos\theta_2 \\ \sin\theta_2 & \cos\theta_2 & 0 & a_2\sin\theta_2 \\ 0 & 0 & 1 & d_2 \\ 0 & 0 & 0 & 1 \end{pmatrix} \boldsymbol{A}_3 = \begin{pmatrix} \cos\theta_3 & 0 & \sin\theta_3 & 0 \\ \sin\theta_3 & 0 & -\cos\theta_3 & 0 \\ 0 & 1 & 0 & 0 \\ 0 & 0 & 0 & 1 \end{pmatrix}$$

$$\boldsymbol{A}_4 = \begin{pmatrix} \cos\theta_4 & 0 & -\sin\theta_4 & 0 \\ \sin\theta_4 & 0 & \cos\theta_4 & 0 \\ 0 & -1 & 0 & d_4 \\ 0 & 0 & 0 & 1 \end{pmatrix} \boldsymbol{A}_5 = \begin{pmatrix} \cos\theta_5 & 0 & \sin\theta_5 & 0 \\ \sin\theta_5 & 0 & -\cos\theta_5 & 0 \\ 0 & 1 & 0 & 0 \\ 0 & 0 & 0 & 1 \end{pmatrix} \boldsymbol{A}_6 = \begin{pmatrix} \cos\theta_6 & -\sin\theta_6 & 0 & 0 \\ \sin\theta_6 & \cos\theta_6 & 0 & 0 \\ 0 & 0 & 1 & 0 \\ 0 & 0 & 0 & 1 \end{pmatrix}$$

4）求机器人正向运动学方程。

$$^{0}\boldsymbol{T}_6 = \boldsymbol{A}_1\boldsymbol{A}_2\boldsymbol{A}_3\boldsymbol{A}_4\boldsymbol{A}_5\boldsymbol{A}_6 = \begin{pmatrix} n_x & o_x & a_x & p_x \\ n_y & o_y & a_y & p_y \\ n_z & o_z & a_z & p_z \\ 0 & 0 & 0 & 1 \end{pmatrix}$$

式中　$n_x = \cos\theta_1 \left[\cos(\theta_2+\theta_3)(\cos\theta_4\cos\theta_5\cos\theta_6 - \sin\theta_4\sin\theta_6) - \sin(\theta_2+\theta_3)\sin\theta_5\cos\theta_6 \right] - \sin\theta_1$
$(\sin\theta_4\cos\theta_5\cos\theta_6 + \cos\theta_4\sin\theta_6)$

$n_y = \sin\theta_1 \left[\cos(\theta_2+\theta_3)(\cos\theta_4\cos\theta_5\cos\theta_6 - \sin\theta_4\sin\theta_6) - \sin(\theta_2+\theta_3)\sin\theta_5\cos\theta_6 \right] + \cos\theta_1$
$(\sin\theta_4\cos\theta_5\cos\theta_6 + \cos\theta_4\sin\theta_6)$

$n_z = -\sin(\theta_2+\theta_3)(\cos\theta_4\cos\theta_5\cos\theta_6 - \sin\theta_4\sin\theta_6) - \cos(\theta_2+\theta_3)\sin\theta_5\cos\theta_6$

$o_x = \cos\theta_1 \left[-\cos(\theta_2+\theta_3)(\cos\theta_4\cos\theta_5\sin\theta_6 + \sin\theta_4\cos\theta_6) + \sin(\theta_2+\theta_3)\sin\theta_5\sin\theta_6 \right] - \sin\theta_1$
$(-\sin\theta_4\cos\theta_5\sin\theta_6 + \cos\theta_4\cos\theta_6)$

$o_y = \sin\theta_1 \left[-\cos(\theta_2+\theta_3)(\cos\theta_4\cos\theta_5\sin\theta_6 + \sin\theta_4\cos\theta_6) + \sin(\theta_2+\theta_3)\sin\theta_5\sin\theta_6 \right] + \cos\theta_1$
$(-\sin\theta_4\cos\theta_5\sin\theta_6 + \cos\theta_4\cos\theta_6)$

$o_z = \sin(\theta_2+\theta_3)(\cos\theta_4\cos\theta_5\sin\theta_6 + \sin\theta_4\cos\theta_6) + \cos(\theta_2+\theta_3)\sin\theta_5\sin\theta_6$

$a_x = \cos\theta_1 \left[\cos(\theta_2+\theta_3)\cos\theta_4\sin\theta_5 + \sin(\theta_2+\theta_3)\cos\theta_5 \right] - \sin\theta_1\sin\theta_4\sin\theta_5$

$a_y = \sin\theta_1 \left[\cos(\theta_2+\theta_3)\cos\theta_4\sin\theta_5 + \sin(\theta_2+\theta_3)\cos\theta_5 \right] + \cos\theta_1\sin\theta_4\sin\theta_5$

$a_z = -\sin(\theta_2+\theta_3)\cos\theta_4\sin\theta_5 + \cos(\theta_2+\theta_3)\cos\theta_5$

$p_x = \cos\theta_1 \left[\sin(\theta_2+\theta_3)d_4 + a_2\cos\theta_2 \right] - \sin\theta_1 d_2$

$p_y = \sin\theta_1 \left[\sin(\theta_2+\theta_3)d_4 + a_2\cos\theta_2 \right] + \cos\theta_1 d_2$

$p_z = \cos(\theta_2+\theta_3)d_4 - a_2\sin\theta_2$

6.4　机器人的逆向运动学

6.3 节讨论的是机器人正向运动学，但是在机器人控制器中，往往需要根据腕部在笛卡儿坐标系下的位姿求取关节变量，用来驱动关节电动机。这就是机器人逆向运动学问题，也称为求运动学逆解。

6.4.1 逆向运动学特性

1. 解的存在性

判断解是否存在，应首先考虑机器人的工作空间，其工作空间是指机器人末端能够到达的范围，若解存在，则被指定的目标点必然在机器人工作空间内，反之则解不存在。例如图 3-6-6 所示的两连杆机器人，其可达空间为一外径为 (l_1+l_2)、内径为 (l_1-l_2) 的圆环。机器人末端只有在此范围内，逆解才存在。

2. 解的多重性

求解逆向运动学方程时可能遇到多解问题。例如图 3-6-7a 所示的两连杆机器人，如果末端在图 3-6-7a 所示的位置，就存在两种解。但是系统只能选择一个解，解的选择标准是变化的，然而比较合理的是选择最近解。例如在图 3-6-7b 中，如果机器人位于点 A，希望机器人移动到点 B，最近解就是使得每个关节的运动量最小的解，因此在无障碍情况下，可选择上侧虚线所示的关节参数值。

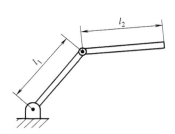

图 3-6-6 两连杆机器人

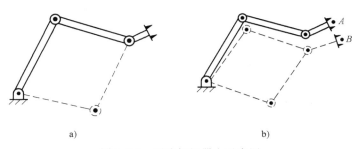

a)   b)

图 3-6-7 两连杆机器人示意图

3. 解法的多样性

与线性方程不同，非线性方程没有通用的求解方法，机器人的求解方法分为两大类：封闭解法和数值解法，封闭解法主要分为代数法和几何法。由于数值解法的迭代性质，因此它相对于封闭解法求解速度慢得多。本书主要讨论封闭解法。

6.4.2 逆向运动学实例

例 6-2 求解例 6-1 中 PUMA560 机器人的运动学逆解。

解：PUMA560 机器人运动学方程可以写为

$$
\begin{pmatrix}
n_x & o_x & a_x & p_x \\
n_y & o_y & a_y & p_y \\
n_z & o_z & a_z & p_z \\
0 & 0 & 0 & 1
\end{pmatrix} = A_1 A_2 A_3 A_4 A_5 A_6 \tag{6-2}
$$

其中，n_x、n_y、n_z、o_x、o_y、o_z、a_x、a_y、a_z、p_x、p_y、p_z 都是已知量，等式右边 6 个矩阵是未知量，它们的值取决于关节变量 $\theta_1 \sim \theta_6$。

1) 求解 θ_1。用逆矩阵 A_1^{-1} 左乘式 (6-2) 得

$$
A_1^{-1} \, {}^0T_6 = A_2 A_3 A_4 A_5 A_6 \tag{6-3}
$$

即

$$\begin{pmatrix} \cos\theta_1 & \sin\theta_1 & 0 & 0 \\ 0 & 0 & -1 & 0 \\ -\sin\theta_1 & \cos\theta_1 & 0 & 0 \\ 0 & 0 & 0 & 1 \end{pmatrix} \begin{pmatrix} n_x & o_x & a_x & p_x \\ n_y & o_y & a_y & p_y \\ n_z & o_z & a_z & p_z \\ 0 & 0 & 0 & 1 \end{pmatrix} = A_2 A_3 A_4 A_5 A_6 \tag{6-4}$$

将式（6-4）展开，根据矩阵左、右两边的（2，4）元素分别相等，得

$$-\sin\theta_1 p_x + \cos\theta_1 p_y = d_2 \tag{6-5}$$

令

$$\left.\begin{array}{l} p_x = \rho\cos\phi \\ p_y = \rho\sin\phi \\ \rho = \sqrt{p_x^2 + p_y^2} \end{array}\right\} \tag{6-6}$$

将式（6-6）代入式（6-5）得

$$\sin(\phi - \theta_1) = \frac{d_2}{\rho}$$

$$\cos(\phi - \theta_1) = \pm\sqrt{1 - \left(\frac{d_2}{\rho}\right)^2}$$

$$\phi - \theta_1 = \arctan2\left[\frac{d_2}{\rho}, \pm\sqrt{1 - \left(\frac{d_2}{\rho}\right)^2}\right]$$

于是得

$$\theta_1 = \arctan2(p_y, p_x) - \arctan2\left(d_2, \pm\sqrt{p_y^2 + p_x^2 - d_2^2}\right)$$

2）求解 θ_2。将式（6-3）左乘 A_2^{-1} 可得

$$A_2^{-1} A_1^{-1} {}^0T_6 = A_3 A_4 A_5 A_6 \tag{6-7}$$

令式（6-7）矩阵左、右两边（1，4）元素、（2，4）元素分别相等，得

$$\left.\begin{array}{l} \cos\theta_2\cos\theta_1 p_x + \cos\theta_2\sin\theta_1 p_y - \sin\theta_2 p_z - a_2 = d_4\sin\theta_3 \\ -\sin\theta_2\cos\theta_1 p_x - \sin\theta_2\sin\theta_1 p_y - \cos\theta_2 p_z = -d_4\cos\theta_3 \end{array}\right\} \tag{6-8}$$

求两式的平方和得

$$-\sin\theta_2 p_z + \cos\theta_2 m = k$$

其中，$k = (c_1^2 p_x^2 + s_1^2 p_y^2 + p_z^2 + a_2^2 + 2\cos\theta_1\sin\theta_1 p_x p_y - d_4^2)/(2a_2)$，$m = \sin\theta_1 p_y + \cos\theta_1 p_x$。

可求得

$$\theta_2 = \arctan2(m, p_z) - \arctan2\left(k, \pm\sqrt{p_z^2 + m^2 - k^2}\right)$$

3）求解 θ_3。由式（6-8）得

$$\left.\begin{array}{l} d_4\sin\theta_3 = \cos\theta_2\cos\theta_1 p_x + \cos\theta_2\sin\theta_1 p_y - \sin\theta_2 p_z - a_2 \\ -d_4\cos\theta_3 = -\sin\theta_2\cos\theta_1 p_x - \sin\theta_2\sin\theta_1 p_y - \cos\theta_2 p_z \end{array}\right\} \tag{6-9}$$

可求得

$$\theta_3 = \arctan2(\cos\theta_2\cos\theta_1 p_x + \cos\theta_2\sin\theta_1 p_y - \sin\theta_2 p_z - a_2, \sin\theta_2\cos\theta_1 p_x + \sin\theta_2\sin\theta_1 p_y + \cos\theta_2 p_z)$$

4）求解 θ_4。将式（6-7）左乘 A_3^{-1} 可得

$$A_3^{-1} A_2^{-1} A_1^{-1} {}^0T_6 = A_4 A_5 A_6 \tag{6-10}$$

令式（6-10）矩阵左、右两边（1，3）元素、（2，3）元素分别相等，得

$$\left.\begin{array}{l} \cos\theta_1\cos(\theta_2 + \theta_3)a_x + \sin\theta_1\cos(\theta_2 + \theta_3)a_y - \sin(\theta_2 + \theta_3)a_z = \cos\theta_4\sin\theta_5 \\ -\sin\theta_1 a_x + \cos\theta_1 a_y = \sin\theta_4\sin\theta_5 \end{array}\right\} \tag{6-11}$$

只要 $\sin\theta_5 \neq 0$，便可得

$$\theta_4 = \arctan2\big[\,(-\sin\theta_1 a_x + \cos\theta_1 a_y)/\sin\theta_5\,,\,(\cos\theta_1\cos(\theta_2+\theta_3)a_x +$$
$$\sin\theta_1\cos(\theta_2+\theta_3)a_y - \sin(\theta_2+\theta_3)a_z)/\sin\theta_5\,\big]$$

5）求解 θ_5。令式（6-10）矩阵左、右两边（2，3）元素、（3，3）元素分别相等，得

$$\left.\begin{array}{l}\cos\theta_1\sin(\theta_2+\theta_3)a_x + \sin\theta_1\sin(\theta_2+\theta_3)a_y + \cos(\theta_2+\theta_3)a_z = \cos\theta_5 \\[4pt] -\sin\theta_1 a_x + \cos\theta_1 a_y = \sin\theta_4\sin\theta_5\end{array}\right\}$$

可求得

$$\theta_5 = \arctan2\big[\,(-\sin\theta_1 a_x + \cos\theta_1 a_y)/\sin\theta_4\,,\,\cos\theta_1\sin(\theta_2+\theta_3)a_x + \sin\theta_1\sin(\theta_2+\theta_3)a_y + \cos(\theta_2+\theta_3)a_z\,\big]$$

6）求解 θ_6。令式（6-10）矩阵左、右两边（3，1）元素、（3，2）元素分别相等，得

$$\left.\begin{array}{l}\cos\theta_1\sin(\theta_2+\theta_3)n_x + \sin\theta_1\sin(\theta_2+\theta_3)n_y + \cos(\theta_2+\theta_3)n_z = -\sin\theta_5\cos\theta_6 \\[4pt] \cos\theta_1\sin(\theta_2+\theta_3)o_x + \sin\theta_1\sin(\theta_2+\theta_3)o_y + \cos(\theta_2+\theta_3)o_z = \sin\theta_5\sin\theta_6\end{array}\right\}$$

可求得

$$\theta_6 = \arctan2\big[\,-(\cos\theta_1\sin(\theta_2+\theta_3)o_x + \sin\theta_1\sin(\theta_2+\theta_3)o_y + \cos(\theta_2+\theta_3)o_z)/\sin\theta_5\,,$$
$$(\cos\theta_1\sin(\theta_2+\theta_3)n_x + \sin\theta_1\sin(\theta_2+\theta_3)n_y + \cos(\theta_2+\theta_3)n_z)/\sin\theta_5\,\big]$$

习　题

6-1　有一旋转变换，先绕参考坐标系 z_0 轴旋转 $45°$，再绕其 x_0 轴旋转 $30°$，最后绕其 y_0 轴旋转 $60°$，试求该变换的齐次坐标变换矩阵。

6-2　坐标系 $\{B\}$ 起初与参考坐标系 $\{O\}$ 相重合，现坐标系 $\{B\}$ 绕 z_B 轴旋转 $30°$，然后绕旋转后的动坐标系的 x_B 轴旋转 $45°$，试写出坐标系 $\{B\}$ 的起始矩阵表达式和最后矩阵表达式。

6-3　如图 3-6-8 所示的二自由度平面机械手，关节 1 为转动关节，关节变量为 θ_1；关节 2 为移动关节，关节变量为 d_2。

1）建立关节坐标系，并写出该机械手的正向运动学方程。

2）按表 3-6-3 所列关节变量参数求出手部中心 B 点的位置值。

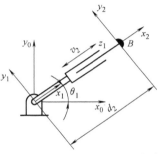

图 3-6-8　二自由度平面机械手

表 3-6-3　关节变量参数

θ_1	0°	30°	60°	90°
d_2/m	0.50	0.80	1.00	0.70

6-4　如图 3-6-9 所示三连杆直角坐标型机器人示意图，使用 D-H 表示法推导它的正向运动学方程及逆向运动学方程。

6-5　如图 3-6-10 所示三连杆关节坐标型机器人示意图，使用 D-H 表示法推导它的正向运动学方程及逆向运动学方程。

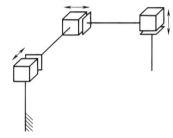

图 3-6-9　三连杆直角坐标型机器人示意图

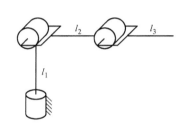

图 3-6-10　三连杆关节坐标型机器人示意图

参 考 文 献

[1] 罗特军. 理论力学 [M]. 2版. 武汉：武汉大学出版社，2018.

[2] 黄小清，何庭惠. 材料力学教程 [M]. 广州：华南理工大学出版社，2016.

[3] 刘鸿文，林建兴，曹曼玲. 材料力学：Ⅰ [M]. 北京：高等教育出版社，2017.

[4] 刘鸿文，林建兴，曹曼玲. 材料力学：Ⅱ [M]. 北京：高等教育出版社，2017.

[5] 孙训方，方孝淑，关来泰. 材料力学：Ⅰ [M]. 6版. 北京：高等教育出版社，2019.

[6] 孙训方，方孝淑，关来泰. 材料力学：Ⅱ [M]. 6版. 北京：高等教育出版社，2019.

[7] 范钦珊，殷雅俊，唐靖林. 材料力学 [M]. 3版. 北京：清华大学出版社，2015.

[8] 蒋平. 工程力学基础：Ⅰ [M]. 北京：高等教育出版社，2003.

[9] 蒋平. 工程力学基础：Ⅱ [M]. 北京：高等教育出版社，2003.

[10] 王义质，李叔涵. 工程力学 [M]. 3版. 重庆：重庆大学出版社，2011.

[11] 张秉荣，章剑青. 工程力学 [M]. 2版. 北京：机械工业出版社，2003.

[12] 单辉祖，谢传锋. 工程力学：静力学与材料力学 [M]. 北京：高等教育出版社，2004.

[13] 郭卫东. 机械原理 [M]. 北京：科学出版社，2010.

[14] 张静. 机械原理 [M]. 北京：电子工业出版社，2015.

[15] 王欣. 机械基础 [M]. 北京：清华大学出版社，2014.

[16] 陈秀宁. 机械基础 [M]. 2版. 杭州：浙江大学出版社，2019.

[17] 初嘉鹏，刘艳秋. 机械设计基础 [M]. 北京：机械工业出版社，2014.

[18] 许贤泽. 精密机械学基础 [M]. 武汉：华中科技大学出版社，2009.

[19] 韩建海. 工业机器人 [M]. 4版. 武汉：华中科技大学出版社，2019.

[20] 刘极峰，易际明. 机器人技术基础 [M]. 北京：高等教育出版社，2006.

[21] 胡中华，陈焕明，熊震宇，等. Motoman-UP20机器人运动学分析及求解 [J]. 机械研究与应用，2006，20 (5)：24-26.

[22] 朱世强，王宣银. 机器人技术及其应用 [M]. 2版. 杭州：浙江大学出版社，2019.

[23] 张铁，谢存禧. 机器人学 [M]. 广州：华南理工大学出版社，2001.

[24] 蔡自兴，谢斌. 机器人学 [M]. 3版. 北京：清华大学出版社，2015.

[25] 熊有伦. 机器人技术基础 [M]. 武汉：华中理工大学出版社，1996.

[26] 张建民. 工业机器人 [M]. 北京：北京理工大学出版社，1988.

[27] 吴振彪，王正家. 工业机器人 [M]. 2版. 武汉：华中科技大学出版社，2006.

[28] 陈哲，吉熙章. 机器人技术基础 [M]. 北京：机械工业出版社，1997.

[29] 吴瑞祥. 机器人技术及应用 [M]. 北京：北京航空航天大学出版社，1994.